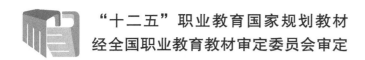

"十二五"职业教育国家规划教材
经全国职业教育教材审定委员会审定

电子测量仪器

邱勇进　路红娟　主　编

王　卫　郝　明　宋兆霞　副主编

电子工业出版社

Publishing House of Electronics Industry

北京·BEIJING

内 容 简 介

本教材以电子仪器为线索安排各项目内容，全书共 16 个项目。书中介绍的仪器有指针万用表、数字万用表、双踪示波器、低频信号发生器、高频信号发生器、函数信号发生器、电子计数器、钳形电流表、兆欧表、交流毫伏表、频率特性测试仪、晶体管特性图示仪、直流稳压电源、数字电桥。本书编写思路清晰、内容翔实、图文并茂、文句流畅、通俗易懂，利于教学，便于学生自学与训练。

本书既可以作为中等职业学校电子技术应用专业的教材使用，也可以作为职业院校电子、电气、通信、控制与检测等专业的教学参考用书，同时可以作为从事电子信息技术工作和计量测试人员的学习资料。

图书在版编目（CIP）数据

电子测量仪器 / 邱勇进，路红娟主编. —北京：电子工业出版社，2015.8

ISBN 978-7-121-25395-9

Ⅰ. ①电… Ⅱ. ①邱… ②路… Ⅲ. ①电子测量设备—中等专业学校—教材 Ⅳ. ①TM93

中国版本图书馆 CIP 数据核字（2015）第 009744 号

策划编辑：杨宏利
责任编辑：杨宏利　　　特约编辑：李淑寒
印　　刷：北京虎彩文化传播有限公司
装　　订：北京虎彩文化传播有限公司
出版发行：电子工业出版社
　　　　　北京市海淀区万寿路 173 信箱　邮编 100036
开　　本：787×1 092　1/16　印张：14.75　字数：377.6 千字
版　　次：2015 年 8 月第 1 版
印　　次：2023 年 7 月第 12 次印刷
定　　价：32.00 元

凡所购买电子工业出版社图书有缺损问题，请向购买书店调换。若书店售缺，请与本社发行部联系，联系及邮购电话：（010）88254888，88258888。

质量投诉请发邮件至 zlts@phei.com.cn，盗版侵权举报请发邮件至 dbqq@phei.com.cn。

本书咨询联系方式：（010）88254592，bain@phei.com.cn。

P 前 言
PREFACE

近年来，随着电子技术的飞速发展，电子仪器、仪表的市场需求也保持了一个很高的增长趋势，其技术更新越来越快，产品不断推陈出新，旧的仪器、仪表不断被新的、性能更可靠、功能更强大、使用更方便灵活的现代自动控制仪器、仪表所取代。为适应职业培训的发展，培养实用型、应用型人才，我们组织编写了本书。

本书按照教育部最新教学标准电子技术应用专业对专业核心课程的要求，以电子仪器为线索安排各项目内容，全书共 16 个项目。书中介绍的仪器有指针万用表、数字万用表、双踪示波器、低频信号发生器、高频信号发生器、函数信号发生器、电子计数器、钳形电流表、兆欧表、交流毫伏表、频率特性测试仪、晶体管特性图示仪、直流稳压电源、数字电桥。本书编写思路清晰、内容翔实、图文并茂、文句流畅、通俗易懂，利于教学，便于学生自学与训练。

全书撰写力求理论与应用相结合，取材于生产和教学实践，既反映当前电子测量仪器仪表的技术发展水平，又突出其实用性要求，大部分仪器都有实例介绍，便于读者的理解与掌握。

本书由青岛工程职业学院邱勇进和无锡工艺职业技术学院路红娟任主编，路红娟编写了项目一到项目四，邱勇进编写了项目五到项目十，王卫、宋兆霞、郝明等编写了项目十一到项目十六，本书的编写同时得到了一些企业工程师的大力支持，他们积极参与本书的指导和编写工作，从生产实际和职业岗位人才培养需求出发，为本书的编写提出了宝贵的指导性意见。

本书既可以作为中等职业学校电子技术应用专业的教材使用，也可以作为职业院校电子、电气、通信、控制与检测等专业的教学参考用书，同时可以作为从事电子信息技术工作和计量测试人员的学习资料。为了方便教学本书还配有电子教案，请有需要的读者登录华信教育资源网下载使用。

由于编著者水平所限，不妥之处在所难免，敬请广大读者批评指正。

编 者
2015 年 8 月

目 录
CONTENTS

VIII

电子测量仪器和维护

▶ **场景描述**

在正确使用电子测量仪器前，首先要了解电子测量的内容、电子电路测量的基本方法、电子仪器维护基本措施、电子仪器使用注意事项及电子仪器检修的一般程序。

▶ **基础知识**

正确使用电子仪器，不仅能使仪器保持良好性能，防止和减少非正常磨损和突发性故障，而且在保证仪器完好状态下，提供准确、可靠测量数据的同时，能使仪器发挥最大的效能，保障测量成果质量，提高工作效率，延长其使用寿命，降低生产成本，提高经济效益。

知识链接 1　电子测量仪器的基本知识

测量是指为确定被测对象的量值而进行的实验过程。电子测量是测量的一个重要分支，电子测量是指以电子技术作为理论基础，以电子测量设备和仪器为工具，对各种电量进行测量。

1. 电子测量的内容

用万用表测量市电电压的大小，用示波器测量信号的波形，都属于电子测量的范围，电子测量的范围很广，主要包括以下内容。

（1）基本电量的测量

基本电量的测量包括电压、电流和功率等的测量。

（2）电信号的波形及特征测量

电信号的波形测量可以直观地观察到各种电信号的波形，电信号的特征测量包括各种电信号的幅度、频率、相位、周期和失真度等的测量。

（3）电路元器件参数的测量

电路元器件参数的测量包括电阻、电容、电感、阻抗以及其他参数（如三极管的放大倍数、电感的品质因数 Q 值等）的测量。

（4）电路特性的测量

电路特性的测量包括电路的衰减量、增益、灵敏度和通频带等的测量。

2. 电子电路测量的基本方法

（1）直接测量法

使用按已知标准定度的电子仪器，对被测量值直接进行测量，从而测得其数据的方法，称为直接测量法。例如，用电压表测量交流电源电压等。下面举例说明直接测量法的应用，如图 1-1（a）所示，如果想知道流过灯泡电流的大小，可以在 B 点将电路断开，再将电流表的两根表笔分别接在断开处的两端，电流流过电流表，电流表就会显示电流的大小。

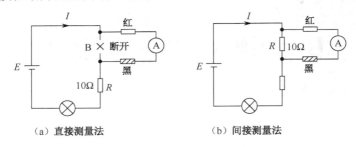

（a）直接测量法　　　　　　（b）间接测量法

图 1-1　电子电路测量方法

需要说明的是，直接测量并不意味着就是用直读式仪器进行测量，许多比较式仪器虽然不一定能直接从仪器度盘上获得被测量之值，但因参与测量的对象就是被测量，所以这种测量仍属直接测量。一般情况下直接测量法的精确度比较高。

（2）间接测量法

使用按照已知标准定度的电子仪器，不直接对被测量值进行测量，而对一个或几个与被测量具有某种函数关系的物理量进行直接测量，然后通过函数关系计算出被测量值，这种测量方法称为间接测量法。例如，要测量电阻的消耗功率，可以通过直接测量电压、电流或测量电流、电阻，然后根据 $P=UI=I^2R=U^2/R$ 求出电阻的功率。下面举例说明间接测量法的应用，如图 1-1（b）所示，如果想知道流过灯泡电流的大小，可以用电压表测量电阻 R 两端的电压 U，然后根据欧姆定律 $I=U/R$ 就可以求出电流的大小。

同样是测一个电路的电流大小，可以采用图 1-1（a）所示的直接测量法，也可以采用图 1-1（b）所示的间接测量法。图 1-1（a）中的直接测量法可以直接读出被测对象的量值大小，但需要断开电路；而图 1-1（b）中的间接测量法不需要断开电路，比较方便，但测量后需要通过欧姆定律进行计算。

直接测量法和间接测量法没有优劣之分，在进行电子测量时，选择哪一种方法要根据实际情况来决定。

有的测量需要直接测量法和间接测量法兼用，称为组合测量法。例如将被测量和另外几个量组成联立方程，通过直接测量这几个量，最后求解联立方程，从而得出被测量的大小。

（3）直读测量法与比较测量法

直读测量法是直接从仪器仪表的刻度上读出测量结果的方法。如一般用电压表测量电压、利用频率计测量信号的频率等都是直读测量法。这种方法是根据仪器仪表的读数来判断被测量的大小，这种方法简单方便，因而被广泛采用。

比较测量法是在测量过程中，通过被测量与标准直接进行比较而获得测量结果的方法，电桥就是典型的例子，它利用标准电阻（电容、电感）对被测量进行测量。

3．电子测量仪器的放置

在电子测量中完成一项电参量的测量，往往需要数台测量仪器及各种辅助设备。例如，要观测负反馈对单级放大器的影响，就需要低频信号发生器、示波器、电子电压表及直流稳压电源等仪器。电子测量仪器摆放位置、连接方法等是否合理都会对测量过程、测量结果及仪器自身安全产生影响。因此要注意以下两点。

（1）测量前应安排好电子测量仪器的位置

放置仪器时，应尽量使仪器的指示电表或显示器与操作者的视线平行，以减少视差；对那些在测量中需要频繁操作的仪器，其位置的安排应方便操作者的使用；在测量中当需要两台或多台仪器重叠放置时，应把重量轻、体积小的仪器放在上层；对散热量大的仪器还要注意它的散热条件及对邻近仪器的影响。

（2）电子测量仪器之间的连线

电子测量仪器之间的连线除了稳压电源输出线，其他的信号线要求使用屏蔽导线，而且要尽量短，尽量做到不交叉，以免引起信号的串扰和寄生振荡。例如在图 1-2 所示的仪器布置中，图 1-2（a）、（c）的布置和连线是正确的，图 1-2（b）的连线过长，图 1-2（d）的连线有交叉，这两种情况都是不妥当的。

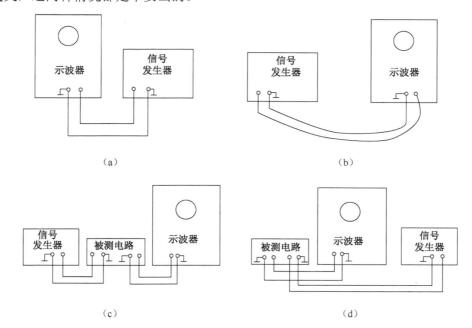

（a）　　　　　　　　　　　　　　　（b）

（c）　　　　　　　　　　　　　　　（d）

图 1-2　仪器的布置和连线

4．电子测量仪器的接地

电子测量仪器的接地有两层意义，一是以保障操作者人身安全为目的的安全接地，二是以保证电子测量仪器正常工作为目的的技术接地。

（1）安全接地

安全接地的"地"是指真正的大地，即实验室大地。大多数电子测量仪器一般都使用 220V 交流电源，而仪器内部的电源变压器的铁芯及初、次级之间的屏蔽层都直接与机壳连接，正常时，绝缘电阻一般很大（达 $100M\Omega$），人体接触机壳是安全的；当仪器受潮或电源变压器质量不佳时，绝缘电阻会明显下降，人体接触机壳就可能触电，为了消除隐患要求接地端良好接地。

（2）技术接地

技术接地是一种防止外界信号串扰的方法。这里所说的"地"，并非大地，而是指等电位点，即测量仪器及被测电路的基准电位点。技术接地一般有一点接地和多点接地两种方式。前者适用于直流或低频电路的测量，即把测量仪器的技术接地点与被测电路的技术接地点连在一起，再与实验室的总地线（大地）相连；多点接地则应用于高频电路的测量。

知识链接 2　电子仪器维护基本措施

认真做好电子仪器的日常维护工作，对延长仪器的正常工作寿命、减少仪器的故障、确保安全使用和保证测量准确度等方面，都具有十分重要的作用。电子仪器的维护大致可归纳为以下几条措施。

1．防尘、去尘

要保证电子仪器处于良好的备用状态，首先应保持其外表的整洁。因此，防尘与去尘是一项最基本的维护措施。

大部分的电子仪器都备有专用的防尘罩，仪器使用完毕后应注意加罩。在使用塑料罩的情况下，最好要等待温度下降后再加罩，以免水汽不易散发出去。如果没有专用的仪器罩，应设法盖好，或将仪器放进柜橱内。玻璃纤维的罩布，对使用者的健康有危害，玻璃纤维进仪器内也不易清除，甚至会引起元器件的接触不良和干涩等问题，因此严禁使用。此外，禁止将电子仪器无遮盖地长期搁置在水泥地或靠墙的地板上。平时要常用毛刷、干布或沾有绝缘油（如废弃的变压器油）的抹布纱团，将仪器的外表擦刷干净，但不要使用沾水的湿布抹擦，避免水汽进入仪器内部以及防止机壳脱漆部分生锈。如果发现仪器外壳粘附松香，切忌使用刀口铲刮，应该使用沾有酒精的棉花擦除；如果粘附焊油，应该使用汽油或四氯化碳擦除；如果粘附焊锡，可用刀口小心地剔下来。

对于电子仪器内部的积灰，通常利用检修仪器的机会，使用"皮老虎"或长毛刷吹刷干净。应当指出，在清理仪器内部积尘时，最好不要变动电路元器件与接线的位置，以及避免拔出电子管、石英晶体等插接器件。必要时应事先做好记号，以免复位时插错位置。

2．防潮、驱潮

电子仪器内部的电源变压器和其他线绕元件（如线绕电阻器、电位器、电感线圈、表头动圈等）的绝缘强度，经常会由于受潮而下降，发生漏电、击穿，甚至霉烂断线，使仪器发生故障。因此，对于电子仪器，必须采取有效的防潮与驱潮措施。

首先，电子仪器存放的地点，最好选择比较干燥的房间，室内门窗应利于阳光照射、通风良好。在精密仪器内部，或者存放仪器的柜橱里，应放置"硅胶"布袋，以吸收空气中的水分。应定期检查硅胶是否干燥（正常应呈白色半透明颗粒状），如果发现硅胶结块变黄，表明它的吸水功能已经下降，应调换新的硅胶袋，或者把结块的硅胶加热烘干，使它恢复颗粒状继续使用。在新购仪器的木箱内，经常附有存放硅胶的塑料袋，应扯开取出，改装布袋后使用。此外，在仪器橱内，也可装置 100W 左右的灯泡，或者 25W 左右的红外线灯泡，定期通电驱潮。长期搁置不用的电子仪器，在使用之前应进行排潮烘干工作。通常可把仪器放置在大容积的恒温箱内，用 60℃ 左右温度加热 2～4h。在缺少大容积恒温箱，或者需要大量进行排潮工作时，可使用适当电功率的调压自耦变压器，先将市电交流电源的电压降低到 190V 左右，使仪器在较低的电源电压下，通电 1～2h，然后再将交流电源电压升高至 220V 额定值，继续通电 1～2h。这样同样可收到排潮烘干的效果，否则受潮的电子仪器在使用 220V 交流电源供电时，往往会发生内部电源变压器或整流电路跳火、击穿或局部短路等故障现象。

根据气候变化的规律，控制仪器存放的房间门窗启闭时间，是一种经济的防潮方法。通常在室内装可换算"相对湿度"的干、湿球温度计。当室内湿度大于 75% 时，特别是在大雨前后，应关闭门窗。一般早晨的湿度较大，不宜过早开窗，待雾气消失、太阳出来后，再打开门窗为宜。天气晴朗时，应敞开门窗通风。有时也可利用阳光驱潮，但应避免强烈的阳光直接照射。在霉雨季节，如果室内存放仪器比较集中，可关闭门窗，并使用辐射式电炉，以提高室温，排除室内潮气。

3．防热、排热

绝缘材料的介电性能会随着温度的升高而下降，而电路元器件的参量也会受温度的影响（例如，碳质电阻和电解电容器等往往由于过热而变值、损坏），特别是半导体器件的特性，受温度的影响比较明显。例如，晶体管的电流放大系数和集电极穿透电流，都会随着温度的上升而增大。这些情况将导致电子仪器工作不稳定，甚至发生各种故障。因此，对于仪器的"温升"都有一定的限制，一般不得超过 40℃；而仪器的最高工作温度不应超过 65℃，即以不烫手为限。通常室内温度保持在 20～25℃ 最为合适。如果室温超过 35℃，应采取通风排热等人工降温措施，也可适当缩短仪器连续工作的时间，必要时，应取下机壳盖板，以利散热。但应特别指出：禁止在存放电子仪器的室内，通过洒水或放置冰块来降温，以免水汽侵蚀仪器，使之受潮。

许多电子仪器，特别是消耗电功率较大的仪器设备，大多在内部装置有小型的排气电风扇，以辅助通风冷却。对于这类仪器，应定期检查电风扇的运转情况。如果运转缓慢或干涩停转，将会导致仪器温升过高而损坏。此外，还要防止电子仪器长时间受阳光暴晒，以免使仪器机壳的漆层受热变黄、开裂甚至翘起，特别是仪器的度盘或指示电表，往往因久晒受热而导致刻度漆面开裂或翘起，造成显示不准确甚至无法使用。所以，放置或使用电子仪器的场所如有东、西向的窗户，应装置窗帘，特别是在炎夏季节，应注意挂窗帘。

4．防振、防松

大部分电子仪器的机壳底板上，都安装有防振用的橡胶垫脚。如果发现橡胶垫脚变形硬化或者脱落，应随时调换更新。在搬运或移动仪器时应轻拿轻放，严禁剧烈振动或者碰撞，以免损坏仪器的插件和表头等元器件。在检修仪器的过程中，不应漏装弹簧垫圈、电子管屏蔽罩以及弹簧压片等紧固用的零件，特别在搬运笨重仪器之前，应注意检查仪器上的把手是否牢靠。对于装有塑料或人造革把手的仪器设备，在搬运的时候应手托底部，以免把手断裂而摔坏仪器。

在放置电子仪器的桌面上，不应进行敲击锤打的工作。靠近仪器集中存放的地方，不应装置或放置振动很大的机电设备，对仪器的开关、旋钮、度盘、接合器等的锁定螺钉、螺母应注意紧固，必要时可加点清漆，以免松脱。新仪器开箱启用时，应注意保存箱内原有的防振器材（如万连纸盒、泡沫塑料匣、塑料气垫、纸筋、木花等），以备重新装箱搬运时使用。

5．防腐蚀

电子仪器应避免靠近酸性或碱性物体（诸如蓄电池、石灰桶等）。仪器内部如装有电池，应定期检查，以免发生漏液或腐烂。如果长期不用，应取出电池另行存放。对于附有标准电池的电子仪器（如数字式直流电压表、补偿式电压表等），在搬运时应防止倒置，装箱搬运时，应取出标准电池另行运送。电子仪器如果需要较长时间的包装存放，应使用凡士林或黄油涂擦仪器面板的镀层部件（如钮子开关、面板螺钉、把手、插口、接线柱等）和金属的附配件，并用油纸或蜡纸包封，以免受到腐蚀，使用时，可用干布把涂料抹擦干净。

6．防漏电

由于电子仪器大都使用市交流电来供电，因此，防止漏电是一项关系到使用安全的重要维护措施，特别是对于采用双芯电源插头，而仪器的机壳又没有接地的情况，如果仪器内部电源变压器的一次绕组对机壳之间严重漏电，则仪器机壳与地面之间就可能有相当大的交流电压（100～200V）。这样，人手碰触仪器外壳时，就会感到麻电，甚至发生触电事故。所以，对于各种电子仪器必须定期检查其漏电程度，即在仪器不插市电交流电源的情况下，把仪器的电源开关扳置于"通"部位，然后用绝缘电阻表（俗称兆欧表）检查仪器电源插头对机壳之间的绝缘是否符合要求。根据一般规定，电气用具的最小允许绝缘电阻不得低于 500kΩ，否则应禁止使用，进行检修或处理。

知识链接 3　电子仪器使用注意事项

电子仪器如果使用不当，很容易发生人为损坏事故，轻则影响测量工作，重则造成仪器严重损坏。各种电子仪器的说明书上都规定有操作规程和使用方法，必须严格遵循。在使用电子仪器前后以及在使用过程中，一般都应注意下述事项，以确保安全，防止事故，减少故障。

1．仪器开机前注意事项

① 在开机通电前，应检查仪器设备的工作电压跟市电交流电压是否相符；检查仪器设备的电源电压变换装置是否正确地插置在相应电压的部位（通常有 110V、127V、220V 三种电源电压部位）。有些电子仪器的熔丝管插塞还兼做电源电压的变换装置，应特别注意在调换熔丝管时不能插错位置（如果使用 220V 电源而误插到 110V 位置，开机通电时就会烧断熔丝，甚至会损坏仪器内部的电路元器件）。

② 在开机通电前，应检查仪器面板上各种开关、旋钮、度盘、接线柱、插孔等是否松脱或滑位，如果发生这些现象应加以紧固或整位，以防止因此而牵断仪表内部连线，甚至造成断路、短路以及接触不良等人为故障。

仪器面板上"增益"、"输出"、"辉度"、"调制"等旋钮，应依反时针向左转到底，即旋置于最小部位，防止由于仪器通电后可能出现的冲击而造成损伤或失常。如辉度太强，会使示波管的荧光屏烧毁；增益过大，会使指示电表受到冲击等。在被测量值不便估计的情况下，应把仪器的"衰减"或"量程"选择开关扳置于最大挡级，防止仪器过载受损。

③ 在开机通电前，应检查电子仪器的接"地"情况是否良好，这是关系到测量的稳定性、可靠性和人身安全的重要问题，特别是多台电子仪器联用的场合，最好使用金属编织线作为各台仪器的接"地"连线，不要使用实心或多芯的导线作为接地线；否则，由于杂散电磁场的感应作用，可能引进干扰信号，这对灵敏度较高的电子仪器影响尤大。

2．仪器开机时注意事项

① 在开机通电时，应先接通电子仪器上的"低压"开关，待仪器预热 5～10min 后，再接通"高压"开关，否则可能引起仪器内部整流电路的元器件（整流管或滤波电解电容器等）产生跳火、击穿等故障。对于使用单一电源开关的仪器，开机通电后，也应预热 5～10min，

待仪器工作稳定后使用。

② 在开机通电时，应注意观察仪器的工作情况，即通过眼看、耳听、鼻闻来检查仪器是否有不正常的观象。如果发现仪器内部有响声、臭味、冒烟等异常现象，应立即切断电源。在尚未查明原因之前，应禁止再行开机通电，以免扩大故障。只用单一电源开关的仪器设备，由于没有"低压"预热的过程，开机通电时可能出现短暂的冲击现象（例如指示电表短暂的冲击，或者偶尔出现一两次声响），可不急于切断电源，待仪器稳定后再依情况而定。

③ 在开机通电时，如发现仪器的熔丝烧断，应调换相同规格的熔丝管后再进行开机通电。如果第二次开机通电又烧断熔丝，应立即检查，不应再调换熔丝管进行第三次通电，更不要随便加大熔丝的规格或者用铜线代替，否则会导致仪器内部故障扩大，甚至会烧坏电源变压器或其他元器件。

④ 对于内部有通风设备的电子测量仪器，在开机通电后，应注意仪器内部电风扇是否运转正常。如发现电风扇有碰片声或旋转缓慢，甚至停转，应立即切断电源进行检修，否则通电时间久了，将会使仪器的工作温度过高，甚至会烧坏电风扇或其他电路元器件（如大功率的晶体管等）。

3. 使用仪器时注意事项

① 在使用仪器的过程中，对于仪器面板上各种旋钮、开关、度盘等的扳动或调节动作，应缓慢稳妥，不可猛扳猛转。当遇到转动困难时，不能硬扳硬转，以免造成松脱、滑位、断裂等人为故障，此时应切断电源进行检修。仪器通电工作时，禁止敲打机壳。对于笨重的仪器设备，在通电工作的情况下，不应用力拖动，以免受振损坏。对于输出、输入电缆的插接或取离应握住套管，不应直接拉扯电线，以免拉断内部导线。

② 对于消耗电功率较大的电子仪器，应避免在使用过程中，切断电源后立即再行开机使用，否则可能会引起熔丝烧断。如有必要，应等待仪器冷却 5～10min 后再开机。

③ 信号发生器的输出端，不应直接连到有直流电压的电路上，以免电流注入仪器的低阻抗输入衰减器，烧坏衰减器电阻。必要时，应串联一个相应工作电压和适当电容量的耦合电容器后，再连接信号电压到测试电路上。

④ 使用电子仪器进行测试工作时，应先连接"低电位"的端子（即地线），然后再连接"高电位"的端子（如探测器的探针等）。反之，测试完毕应先拆除高电位的端子，然后再拆除低电位的端子，否则会导致仪器过载，甚至打坏指示电表。

4. 仪器使用后注意事项

① 仪器使用完毕，应先切断"高压"开关，然后切断"低压"开关，否则由于电子管灯丝的余热，可能使电路工作在不正常的条件下，造成意外的故障。

② 仪器使用完毕，应先切断仪器的电源开关，然后取离电源插头。应禁止只拔掉电源插头而不切断仪器电源开关的简单做法，也应反对只切断电源开关而不取离电源插头的习惯。前一情况使再次使用仪器时，容易忽略开机前的准备工作，而使仪器产生不应有的冲击现象；后一情况可能导致忽略仪器局部电路的电源切断，而使这一部分的电路一直处于通电状态（例如数字频率计的主机电源开关和晶体振荡器部分的电源开关一般都是分别装置的）。

③ 仪器使用完毕，应将使用过程中暂时取离或替换的零附件（如接线柱、插件、探测器、测试笔等）整理并复位，以免散失或错配而影响工作和测量准确度。必要时应将仪器加罩，以免积灰尘。

知识链接 4　电子仪器检修的一般程序

电子仪器使用一定时间以后，或者由于维护和使用不当，仪器内部的电路元器件、分挡开关、指示电表、电源变压器等，经常会出现老化、变值、漏电、击穿、开断、烧坏及接触不良等问题，导致仪器性能下降，或者出现各种故障，这就需要及时地进行检修。通常可将电子仪器的检修程序归纳为 9 条，即了解故障情况、观察故障现象、初步表面检查、研究工作原理、拟定测试方案、分析测试结果、查出毛病整修、修后性能检定和填写检修记录。

1. 了解故障情况

在检修电子仪器之前，要确切了解仪器发生故障的经过情况，以及已发现的故障现象。这对于初步分析仪器故障的产生原因很有启发作用。了解被使用仪器的使用周期、出现故障时的操作和故障现象，由此推断仪器出现故障的一切可能原因。究竟是什么原因，需要进一步观察故障现象后才能加以确定。

2. 观察故障现象

检修电子仪器必须从故障现象入手。对待修仪器进行定性测试，进一步观察与记录故障的确切现象与轻重程度，对于判断故障的性质和发生毛病的部位很有帮助。但是必须指出，对于烧熔丝、跳火、冒烟、焦味等故障现象，必须采用逐步加电压（指加交流电源的电压）的方法进行观察，以免扩大仪器的故障。

3. 初步表面检查

在检修电子仪器时，为了加快查出故障产生原因的速度，通常是先初步检查待修仪器面板上开关、旋钮、度盘、插头、插座、接线柱、表头、探测器等是否有松脱、滑位、断线、卡阻和接触不良等问题；或者打开盖板，检查内部电路的电阻、电容，电感、电子管、石英晶体、电源变压器、熔丝管等是否有烧焦、漏液、击穿、霉烂、松脱、破裂、断路和接触不良等问题。一旦发现问题，应予以更新修整。

4. 研究工作原理

如果初步表面检查没有发现问题，或者对已发现的毛病进行整修后仍存在原先的故障现象，甚至又有别的元器件损坏，就必须进一步认真研究待修仪器说明书所提供的有关技术资料，即电路结构框图、整机电路原理图和电路工作原理等，以便分析产生故障的可能原因，确定需要检测的电路部位。即使对比较熟悉的仪器设备，电子仪器的维修者也应该查对电路原理图，联系故障现象进行思维推理，否则就将无从下手，事倍功半。显然，必须认真研究仪器的工作原理，才能拟定测试方案，并根据测试的结果，进一步分析和确定故障的原因与部位。

5. 拟定测试方案

根据电子仪器的故障现象，以及对仪器工作原理的研究，拟定检查故障原因的方法、步骤和所需测试仪表的方案，以便做到心中有数，这是进行仪器检修工作的重要程序。检测故障的方法通常有两种，一种是所谓"信号注入法"的测试，在电路的各级输入端逐级加入激励信号，观察显示现象，从而判断故障产生的原因；另一种检测方法是所谓"信号寻迹法"的测试，用直流电压加到仪器的输入端（通常利用万用表电阻挡的 1.5V 内电池电压），然后借助电子示波器观测各级输出信号波形和电压是否正常。

6．分析测试结果

这一步是根据测试所得到的结果——数据、波形、反应，进一步分析产生故障的原因和部位。通过再测试再分析，肯定完好的部分，确定故障的部分，直至查出损坏、变值、虚焊的元器件为止。因为仪器的修理者对于故障原因的正确认识，只有在不断地分析测试结果的过程中，才能由片面到全面，由个别到系统，由现象到实质。这是检修电子仪器的整个程序中，最关键而且最费时的环节。

7．查出毛病整修

电子仪器的故障，无非是个别元器件损坏、变位、松脱、虚焊等引起的，或是个别点开断、短路、虚焊、接触不良等造成的。通过检测查出毛病后，就可进行必要的选配、更新、清洗、重焊、调整、复制等整修工作，使仪器恢复正常功能。最简单的整修方法是更新一只同类型规格的部件。但是应该指出，对于某些比较贵重或者比较难买的元器件，应该仔细检查其损坏的程度，如果可以通过一定的整修，或者适当调整电路参数尚能使用，应尽量加以利用。此外，有些元器件的选配要求不一定非常严格，其规格、数值略有出入也可替代，主要是根据修后性能检定的结果来决定取舍。

8．修后性能检定

对修复后的电子仪器要进行定性测试，粗略地核定其主要功能是否正常。如果修整更新的元器件会影响仪器的主要技术性能，在修复后还应进行定量测试，以便进行必要的调整与校正，保持仪器的测量准确度。

9．填写检修记录

修复一台仪器后，为了能在理论上和实践上有所提高，必须认真填写检修记录。每台仪器应配置一个记录本，一般来说，检修记录包括的内容有：待修电子仪器的名称、型号、厂家、机号、送修日期、委托单位、故障现象、检测结果、原因分析、使用器材、修复日期、修后性能、检修费用、检修人、验收人等。

同步练习

一、填空题

1．电子测量的内容包括_____、_____、_____和_____四个方面。

2．电子测量按测量的方法分为_____、_____和_____三种。

3．电子仪器维护基本措施有_____、_____、_____、_____、_____。

4．电子测量仪器的主要性能指标包括_____、_____、_____和_____四个方面。

5．指针式电压表和数字式电压表测量电压的方法分别属于_____测量和_____测量。

6．测量结果的量值包括两部分，即_____和_____。

7．电子测量是以_____为手段的测量。

8．绝对误差是指由测量所得到的_____与_____之差。

二、选择题

1. 下列测量中属于电子测量的是（　　　）。
   A．用天平测量物体的质量　　　　　　　B．用水银温度计测量温度
   C．用数字温度计测量温度　　　　　　　D．用游标卡尺测量圆柱体的直径

2. 下列测量中属于间接测量的是（　　　）。
   A．用万用欧姆挡测量电阻　　　　　　　B．用电压表测量已知电阻上消耗的功率
   C．用逻辑笔测量信号的逻辑状态　　　　D．用电子计数器测量信号周期

3. 用逻辑笔测量信号的逻辑状态属于（　　　）。
   A．时域测量　　　B．频域测量　　　　C．组合测量　　　　D．数据域测量

4. 电流表测电流属于（　　　）测量法。
   A．直接　　　　　B．间接　　　　　　C．对比　　　　　　D．比较

5. 系统误差越小，测量结果（　　　）。
   A．越准确　　　　B．越不准确　　　　C．越不一定准确　　D．与系统误差无关

6. 仪器各指示仪表或显示器应放置在与操作者（　　　）的位置，以减少视差。
   A．仰视　　　　　B．俯视　　　　　　C．平视　　　　　　D．较远距离

7. 下列不属于电子测量仪器最基本的功能是（　　　）。
   A．电压的测量　　B．电阻的测量　　　C．频率的测量　　　D．测量结果的显示

8. 下列测量方法属于按测量方式分类的是（　　　）。
   A．直接测量　　　B．偏差式测量　　　C．时域测量　　　　D．接触测量

指针万用表

场景描述

万用表是一种多功能、多量程的便携式电子电工仪表，一般的万用表可以测量直流电流、直流电压、交流电压和电阻等。本项目主要介绍万用表的功能特点和使用方法。项目以典型万用表为例，通过对万用表各功能键钮的介绍，使学习者了解万用表的功能、种类以及能够使用万用表完成检测操作。

基础知识

MF-47型普通万用表是磁电式多量程万用表，能测量直流电流、直流电压、交流电压以及直流电阻等多种基本电量的便携式仪表，被广泛地应用于电子实验技术和电器的维修和测试之中。

知识链接 1 指针万用表的结构组成

MF-47型指针万用表面板如图2-1所示，指针万用表面板主要由刻度盘、挡位选择开关、旋钮和一些插孔组成。

指针式万用表的形式很多，但基本结构是类似的。指针式万用表的结构主要由表头、转换开关（又称选择开关）、测量线路、表笔和表笔插孔四部分组成。

1. 表头

表头采用高灵敏度的磁电式机构，是测量的显示装置。万用表的表头实际上是一个灵敏电流表，测量电阻、电压和电流都经过电路转换成驱动电流表的电流。电流表的结构如图2-2所示。表头上的表盘印有多种符号、刻度线和数值。符号 A-V-Ω 表示这只电表是可以测量电流、电压和电阻的多用表。表盘上印有多条刻度线，其中右端标有"Ω"的是电阻刻度线，其右端为零，左端为∞，刻度值分布是不均匀的。符号"—"或"DC"表示直流，"～"或"AC"表示交流，"～"表示交流和直流共用的刻度线。刻度线下的几行数字是与选择开关的不同挡位相对应的刻度值。另外表盘上还有一些表示表头参数的符号，如 DC 20kΩ/V、AC 9kΩ/V 等。表头上还设有机械零位调整旋钮（螺钉），用以校正指针在左端指零位。

2. 转换开关

转换开关用来选择被测电量的种类和量程（或倍率）。万用表的选择开关是一个多挡位的旋转开关，用来选择测量项目和量程（或倍率）。挡位选择开关如图2-3所示，一般的万用表测量项目包括："mA"（直流电流）、"V"（直流电压）、"V～"（交流电压）、"Ω"（电阻）。每个测量项目又划分为几个不同的量程（或倍率）以供选择。

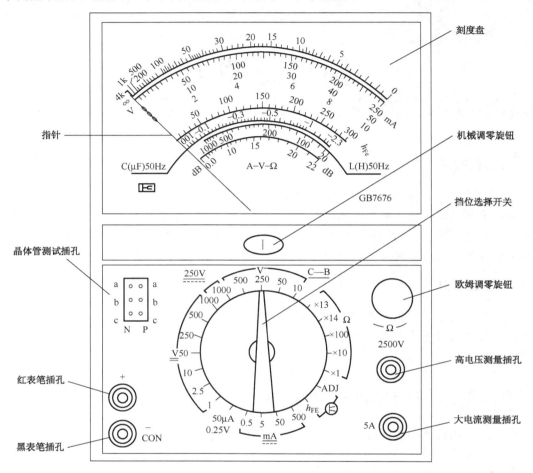

图 2-1　MF-47 型万用表面板

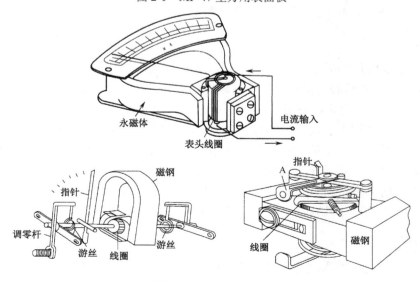

图 2-2　电流表的结构

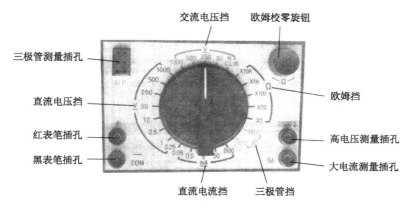

图 2-3　挡位选择开关及插孔

3．测量线路

将不同性质和大小的被测电量转换为表头所能接受的直流电流，万用表可以测量直流电流、直流电压、交流电压和电阻等多种电量。当转换开关拨到直流电流挡，可分别与 5 个接触点接通，用于 500mA、50mA、5mA、0.5mA 和 50μA 量程的直流电流测量。同样，当转换开关拨到欧姆挡时，可用×1Ω、×10Ω、×100Ω、×1kΩ、×10kΩ 倍率分别测量电阻；当转换开关拨到直流电压挡时，可用于 0.25V、1V、2.5V、10V、50V、250V、500V 和 1000V 量程的直流电压测量；当转换开关拨到交流电压挡时，可用于 10V、50V、250V、500V、1000V 量程的交流电压测量。

4．表笔和表笔插孔

表笔分为红、黑两只。使用时应将红色表笔插入标有"＋"号的插孔中，黑色表笔插入标有"－"号的插孔中。另外 MF-47 型万用表还提供了 2500V 交直流电压扩大插孔以及 5A 的直流电流扩大插孔。使用时分别将红表笔移至对应插孔中即可。

知识链接 2　指针万用表的使用方法

1．万用表电阻挡的使用

万用表最常用的功能之一就是能测量各种规格电阻器的阻值。本节重点介绍万用表电阻挡工作原理、万用表的正确操作方法及测量过程中应注意的问题。

（1）指针式万用表电阻挡工作原理

指针式万用表最简单的测量原理如图 2-4 所示。测电阻时把转换开关 SA 拨到"Ω"挡，使用内部电池做电源，由外接的被测电阻、E、RP、R_1 和表头部分组成闭合电路，形成的电流使表头的指针偏转。设被测电阻为 R_X，表内的总电阻为 R，形成的电流为 I，则：

$$I = \frac{E}{R_X + R}$$

从上式可知：I 与 R_X 不呈线性关系，所以表盘

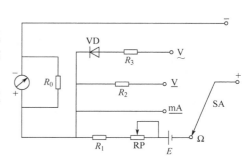

图 2-4　指针式万用表最简单的测量原理

013

上电阻标度尺的刻度是不均匀的。电阻挡的标度尺刻度是反向分度，即 $R_X=0$，指针指向满刻度处；$R_X \to \infty$，指针指在表头机械零点上。被测电阻 R_X 的阻值越小，回路的电阻也就越小，流经电流表的电流也就越大，表针摆动的幅度越大，指示的阻值越小；被测电阻 R_X 的阻值越大，回路的电阻也就越大，流经电流表的电流也就越小，表针摆动的幅度越小，指示的阻值越大。电阻标度尺的刻度从右向左表示被测电阻逐渐增加，这与其他仪表指示正好相反，这在读数时应注意。

（2）MF-47 型万用表电阻挡工作原理

MF-47 型万用表电阻挡工作原理如图 2-5 所示，电阻挡分为×1Ω、×10Ω、×100Ω、×1kΩ、×10kΩ 共 5 个量程。例如将挡位开关旋钮打到×1Ω 时，外接被测电阻通过"−COM"端与公共显示部分相连；通过"+"经过 0.5A 熔断器接到电池，再经过电刷旋钮与 R_{18} 相连，WH_1 为电阻挡公用调零电位器，最后与公共显示部分形成回路，使表头偏转，测出阻值的大小。

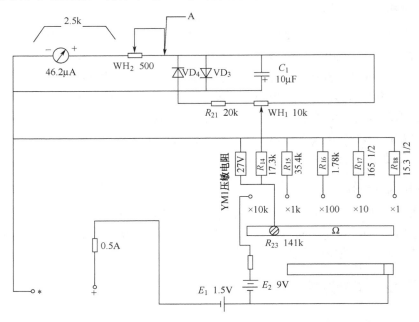

图 2-5　MF-47 型万用表电阻挡工作原理

（3）电阻挡测量电阻的操作步骤

① 机械调零：将万用表按放置方式（MF-47 型是水平放置）放置好（一放）；看万用表指针是否指在左端的零刻度上（二看）；若指针不指在左端的零刻度上，则用一字起子调整机械调零螺钉，使之指零（三调节）。

② 初测（试测）：把万用表的转换开关拨到 $R\times100$ 挡。红黑表笔分别接被测电阻的两引脚，进行测量。观察指针的指示位置。

③ 选择合适倍率：根据指针所指的位置选择合适的倍率。

合适倍率的选择标准：使指针指示在中值附近（指针指在中间 30 度角的位置），这时的读数较精确。最好不使用刻度左边三分之一的部分，这部分刻度密集，读数偏差较大。即指针尽量指在欧姆挡刻度尺的数字 5 至 50 之间。

④ 欧姆调零：倍率选好后要进行欧姆调零，将两表笔短接后，转动零欧姆调节旋钮，使指针指在电阻刻度尺右边的"0"Ω 处。

⑤ 测量手势：测量电阻时，用左手握电阻的一端，右手用握筷子的姿势握表笔，使表笔的金属杆与电阻的引脚良好接触，测量时注意手不能同时接触电阻器的两引脚，以免人体电阻的接入影响电阻的测量精度。

⑥ 读数：读数时查看第一条刻度线，观察表针指在何数值上，仔细观察电表指针指示的刻度值，观察时视线应与表盘垂直，正确读取刻度示值，然后将该数值与挡位数相乘，得到的结果就是该电阻的阻值。

被测电阻值=刻度示值×倍率（单位：欧姆）

例如选用 $R \times 100$ 挡测量，指针指示 40，则被测电阻值为 $40 \times 100 = 4000\Omega = 4k\Omega$。

（4）电阻挡测量注意事项

① 当电阻连接在电路中时，首先应将电路的电源断开，决不允许带电测量。若带电测量则容易烧坏万用表，而且会使测量结果不准确。

② 万用表内干电池的正极与面板上"—"号插孔相连，干电池的负极与面板上"+"号插孔相连。在测量电解电容和晶体管等器件的电阻时要注意极性。

③ 每换一次倍率挡，都要重新进行欧姆调零。

④ 不允许用万用表电阻挡直接测量高灵敏度表头内阻。因为这样做可能使流过表头的电流超过其承受能力（微安级）而烧坏表头。

⑤ 不准用两只手同时捏住表笔的金属部分测电阻，否则会将人体电阻并接于被测电阻而引起测量误差，因为这样测得的阻值是人体电阻与待测电阻并联后的等效电阻的阻值，而不是待测电阻的阻值。

⑥ 电阻在路测量时可能会引起较大偏差，因为这样测得的阻值是部分电路电阻与待测电阻并联后的等效电阻的阻值，而不是待测电阻的阻值。最好将电阻的一只引脚焊开进行测量。

⑦ 用万用表不同倍率的欧姆挡测量非线性元件的等效电阻时，测出电阻值是不相同的。这是由于各挡位的中值电阻和满度电流各不相同所造成的，机械表中，一般倍率越小，测出的阻值越小。

⑧ 测量晶体管、电解电容等有极性元件的等效电阻时，必须注意两支笔的极性。

⑨ 测量完毕，将转换开关置于交流电压最高挡（AC 1000V 挡）或空挡（OFF 挡）。

2. 万用表直流电压挡的使用

万用表可以用来测量各种直流电压的大小，下面介绍万用表测直流电压的方法。

（1）指针式万用表直流电压的测量原理

指针式万用表直流电压的测量原理如图 2-6 所示。

（2）测量直流电压

MF-47 型万用表的直流电压挡主要有 0.25V、1V、2.5V、10V、50V、250V、500V、1000V、2500V 九挡。测量直流电压时首先估计一下被测直流电压的大小，然后将转换开关拨至适当的电压量程（万用表直流电压挡标有"V"或"DCV"符号），将红表笔接被测电压"+"端即高电位端，黑表笔接被

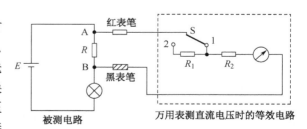

图 2-6　直流电压测量原理图

测量电压"−"端即低电位端。然后根据所选量程与标直流符号"DC"刻度线（刻度盘的第二条线）上的指针所指数字，读出被测电压的大小。例如，用直流 500V 挡测量时，被测电压的大小最大可以读到 500V 的指示数值。用直流 50V 挡测量时，万用表所测电压的最大值只有 50V 了。

万用表测直流电压的具体操作步骤如下。

① 更换万用表转换开关至合适挡位。弄清楚要测的电压性质是直流电，将转换开关转到对应的直流电压最高挡位。

② 选择合适量程。根据待测电路中电源电压大小估计一下被测直流电压的大小并选择量程。若不清楚电压大小，应先用最高电压挡试触测量，后逐渐换用低电压挡，直到找到合适的量程为止。

电压挡合适量程的标准是指针尽量指在刻度盘的满偏刻度的 2/3 以上位置（与电阻挡合适倍率标准有所不同，要注意）。

③ 测量方法。用万用表测电压时应使万用表与被测电路相并联。将万用表红表笔接被测电路的高电位端即直流电流流入端，黑表笔接被测电路的低电位端即直流电流流出端。例如测量干电池的电压时，将红表笔接干电池的正极，黑表笔接干电池的负极。

④ 正确读数

a. 找到所读电压刻度尺：仔细观查表盘，直流电压挡刻度线应是表盘中的第二条刻度线。表盘第二条刻度线下方有 V 符号，表明该刻度线可用来读交直流电压。

b. 选择合适的标度尺：在第二条刻度线的下方有 3 个不同的标度尺，即 0-50-100-150-200-250、0-10-20-30-40-50、0-2-4-6-8-10。根据所选用的不同量程选择合适的标度尺，例如 0.25V、2.5V、250V 量程可选用 0-50-100-150-200-250 这一标度尺来读数，1V、10V、1000V 量程可选用 0-2-4-6-8-10 标度尺，50V、500V 量程可选用 0-10-20-30-40-50 这一标度尺。因为这样读数比较容易、方便。

c. 确定最小刻度单位：根据所选用的标度尺来确定最小刻度单位。例如，用 0-50-100-150-200-250 标度尺时，每一小格代表 5 个单位；用 0-10-20-30-40-50 标度尺时，每一小格代表 1 个单位；用 0-2-4-6-8-10 标度尺时，每一小格代表 0.2 个单位。

d. 读出指针示数大小：根据指针所指位置和所选标度尺读出示数大小。例如，指针指在 0-50-100-150-200-250 标度尺的 100 向右过两小格时，读数为 110。

e. 读出电压值大小：根据示数大小及所选量程读出所测电压值大小。例如，所选量程是 2.5V，示数是 110（用 0-50-100-150-200-250 标度尺读数），则所测电压值是 110/250×2.5=1.1V。

f. 读数时，视线应正对指针，即只能看见指针实物而不能看见指针在弧形反光镜中的像所读出的值。如果被测的直流电压大于 1000V 时，则可将 1000V 挡扩展为 2500V 挡 。方法很简单，转换开关置 1000V 量程，红表笔从原来的"+"插孔中取出，插入标有 2500V 的插孔中即可测 2500V 以下的高电压了。

3. 万用表交流电压挡的使用

万用表可以用来测量各种交流电压的大小，下面介绍用万用表测交流电压的方法。

（1）指针式万用表交流电压的测量原理

指针式万用表交流电压的测量原理如图 2-7 所示。

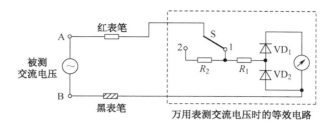

图 2-7　交流电压测量原理图

（2）测量交流电压

MF-47 型万用表的交流电压挡主要有 10V、50V、250V、500V、1000V、2500V 六挡。交流电压挡的测量方法同直流电压挡测量方法相同，不同之处就是转换开关要放在交流电压挡处，以及红、黑表笔搭接时不用再分高、低电位（正负极）。

万用表测直流电压的具体操作步骤如下。

① 更换万用表转换开关至合适挡位。

弄清楚要测的电压性质是交流电，将转换开关转到对应的交流电压最高挡位。

② 选择合适量程。

根据待测电路中电源电压大小大致估计一下被测交流电压的大小并选择量程。若不清楚电压大小，应先用最高电压挡试触测量，后逐渐换用低电压挡，直到找到合适的量程为止。

电压挡合适量程的标准是指针尽量指在刻度盘的满偏刻度的 2/3 以上位置（与电阻挡合适倍率标准有所不同，要注意）。

③ 测量方法。

万用表测电压时应使万用表与被测电路相并联，红、黑表笔分别接被测电压两端（交流电压无正负之分，故红、黑表笔可随意接）。

④ 正确读数。

读数时查看第二条刻度线，读数方法与直流电压的测量读数相同，此处不再重复讲述交流电压读数方法了。

（3）交流电压测量举例

下面以测量市电电压的大小来说明交流电压的测量方法，估计市电电压不会大于 250V 且最接近 250V，故将挡位选择开关置于交流 250V 挡，然后将红、黑表笔分别插入交流市电插座，即让红、黑表笔与交流市电相接，读数时查看第二条刻度线，再观察表针所指刻度对应的数值（读最大值为 250 标度尺），观察表针指的数值为 230，故市电电压为 230V。

4．万用表电流挡的使用

万用表除了进行电阻、电压的测量之外，最常用的另一个功能就是测量电流了。万用表可以用来测量各种直流电流的大小，MF-47 型万用表只可以测量直流电流，而不能进行交流电流的测量。

（1）指针式万用表直流电流的测量原理

指针式万用表直流电流的测量原理如图 2-8 所示。

（2）测量直流电流

MF-47 型万用表的直流电流挡主要有 500mA、50mA、5mA 、0.5mA 和 50μA 六挡。测量直流电流时首先估计一下被测直流电流的大小，然后将转换开关拨至适当的电流量程。

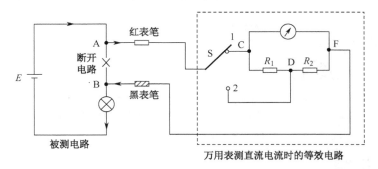

图 2-8 直流电流测量原理图

万用表测直流电流的具体操作步骤如下。

① 机械调零。和测量电阻、电压一样，在使用之前都要对万用表进行机械调零。机械调零方法同前面测电阻、测电压的机械调零操作一样，此处不再重复讲述，一般经常用的万用表不用每次都进行机械调零。

② 选择量程。根据待测电路中电源的电流大致估计一下被测直流电流的大小，选择量程。若不清楚电流的大小，应先用最高电流挡（500mA 挡）测量，逐渐换用低电流挡，直至找到合适电流挡（标准同测电压）。

③ 测量方法。使用万用表电流挡测量电流时，应将万用表串联在被测电路中，因为只有串联连接才能使流过电流表的电流与被测支路电流相同。测量时，应断开被测支路，将万用表红、黑表笔串接在被断开的两点之间。特别应注意电流表不能并联在被测电路中，这样做是很危险的，极易使万用表烧毁。同时注意红、黑表笔的极性，红表笔要接在被测电路的电流流入端，黑表笔接在被测电路的电流流出端（同直流电压极性选择一样）。

④ 正确使用刻度和读数。万用表测直流电流时选择表盘刻度线同测电压时一样，都是第二道（第二道刻度线的右边有 mA 符号）。其他刻度特点、读数方法同测电压一样。

如果测量的电流大于 500mA，可选用 5A 挡。将转换开关置 500mA 挡量程，红表笔从原来的"+"插孔中取出，插入万用表右下角标有 5A 的插孔中即可测 5A 以下的大电流了。

（3）万用表测电流时的注意事项

① 测电流时转换开关一定要置于电流挡处。

② 万用表与被测电路之间必须是串联关系。

③ 不能带电测量。测量中人手不能碰到表笔的金属部分，以免触电。

5. 三极管放大倍数的测量

三极管具有放大功能，它的放大能力用数值表示就是放大倍数。如果想知道一个三极管的放大倍数，可以用万用表进行检测。

三极管类型有 PNP 型和 NPN 型两种，它们的检测方法是一样的。三极管的放大倍数测量主要分为以下几步。

① 欧姆校零：将挡位选择开关拨至"ADJ"挡位，然后调节欧姆校零旋钮，让表针指到标有"hFE"刻度线的最大刻度"300"处，实际上表针此时也指在欧姆刻度线"0"刻度处。

② 挡位选择：将挡位选择开关置于"hFE"挡。

③ 根据三极管的类型和引脚的极性将三极管插入相应的测量插孔，PNP 型三极管插入标有"P"字样的插孔，NPN 型三极管插入标有"N"字样的插孔。

④ 读数：读数时查看标有"hFE"字样的第四条刻度线，观察表针所指的刻度数，如发

现图中的表针指在第四条刻度线的"230"刻度处,则该三极管放大倍数为230倍。

6．电容容量的测量

MF-47型万用表可以测电容的容量,可测的容量范围是0.001~0.3μF,万用表在测电容容量时需要用到频率为50Hz、电压为10V的交流信号,该交流信号可以通过变压器将220V市电降压而得到。万用表测电容容量示意图如图2-9所示。

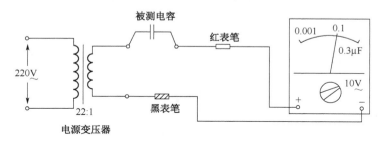

图2-9　万用表测电容容量示意图

测量过程:首先将挡位选择开关置于交流10V挡(该挡还标有cLdB字样),然后按图示的方法将22:1的电源变压器、被测电容和红、黑表笔连接起来,再给电源变压器初级通220V的市电电压,在次级线圈上得到10V的交流电压,这时表针摆动,观察表针指在容量刻度线(第五条标有"C"字样的刻度线)"0.1"数值处,则被测电容容量就是0.1μF。

7．电感量的测量

MF-47型万用表也可以测电感的电感量,可测的电感量范围是20~1000H,万用表在测电感的电感量时也需要用到频率为50Hz、电压为10V的交流信号。万用表测电感量的示意图如图2-10所示。

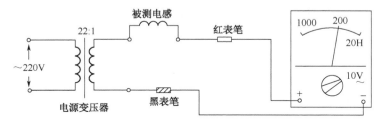

图2-10　万用表测电感量的示意图

测量过程:首先将挡位选择开关置于交流10V挡,然后按图示的方法将22:1电源变压器、被测电感和红、黑表笔连接起来,再给电源变压器初级通220V的市电电压,在次级线圈上得到10V的交流电压,这时表针摆动,观察表针指在电感量刻度线(第六条标有"L"字样的刻度线)"200"数值处,则被测电感的电感量就是200H。

这里要提醒一点,电感量刻度线右端刻度指示的电感量小,左端刻度指示的电感量大。

8．集成电路的检测

虽说集成电路代换有方,但拆卸毕竟较麻烦。因此,在拆之前应确切判断集成电路是否确实已损坏及损坏的程度,避免盲目拆卸。用万用表作为检测工具的不在路和在路检测集成电路的方法如下。

1）不在路检测

这种方法是在 IC 未焊入电路时进行的，一般情况下可用万用表测量各引脚与接地引脚之间的正、反向电阻值，并和完好的 IC 进行比较。

2）在路检测

这是一种通过万用表检测 IC 各引脚在路（IC 在电路中）直流电阻、对地交直流电压以及总工作电流的检测方法。这种方法克服了代换试验法需要有可代换 IC 的局限性和拆卸 IC 的麻烦，是检测 IC 最常用和实用的方法。

（1）在路直流电阻检测法

这是一种用万用表欧姆挡，直接在线路板上测量 IC 各引脚和外围元件的正反向直流电阻值，并与正常数据相比较，以发现和确定故障的方法。测量时要注意以下三点。

① 测量前要先断开电源，以免测试时损坏电表和元件。

② 万用表电阻挡的内部电压不得大于 6V，量程最好用 $R \times 100$ 或 $R \times 1k$ 挡。

③ 测量 IC 引脚参数时，要注意测量条件，如被测机型、与 IC 相关的电位器的滑动臂位置等，还要考虑外围电路元件的好坏。

（2）直流工作电压测量法

这是一种在通电情况下，用万用表直流电压挡对直流供电电压、外围元件的工作电压进行测量，检测 IC 各引脚对地直流电压值，并与正常值相比较，进而压缩故障范围，找出损坏的元件的方法。测量时要注意以下 8 点。

① 万用表要有足够大的内阻，至少要大于被测电路电阻的 10 倍以上，以免造成较大的测量误差。

② 通常把各电位器旋到中间位置，如果是电视机，信号源要采用标准彩条信号发生器。

③ 表笔或探头要采取防滑措施。因任何瞬间短路都容易损坏 IC。可采取如下方法防止表笔滑动：取一段自行车用气门芯套在表笔尖上，并长出表笔尖约 0.5mm 左右，这既能使表笔尖良好地与被测试点接触，又能有效防止打滑，即使碰上邻近点也不会短路。

④ 当测得某一引脚电压与正常值不符时，应根据该引脚电压对 IC 正常工作有无重要影响以及其他引脚电压的相应变化进行分析，才能判断 IC 的好坏。

⑤ IC 引脚电压会受外围元器件影响。当外围元器件发生漏电、短路、开路或变值时，或外围电路连接的是一个阻值可变的电位器，则电位器滑动臂所处的位置不同，都会使引脚电压发生变化。

⑥ 若 IC 各引脚电压正常，则一般认为 IC 正常；若 IC 部分引脚电压异常，则应从偏离正常值最大处入手，检查外围元件有无故障，若无故障，则 IC 很可能损坏。

⑦ 对于动态接收装置，如电视机，在有无信号时，IC 各引脚电压是不同的。如发现引脚电压不该变化的反而变化大，该随信号大小和可调元件不同位置而变化的反而不变化，就可确定 IC 损坏。

⑧ 对于多种工作方式的装置，如录像机，在不同工作方式下，IC 各引脚电压也是不同的。

（3）交流工作电压测量法

为了掌握 IC 交流信号的变化情况，可以用带有 dB 插孔的万用表对 IC 的交流工作电压进行近似测量。检测时万用表置于交流电压挡，正表笔插入 dB 插孔；对于无 dB 插孔的万用表，需要在正表笔上串接一只 $0.1 \sim 0.5 \mu F$ 隔直电容。该法适用于工作频率比较低的 IC，如电视机的视频放大级、场扫描电路等。由于这些电路的固有频率不同，波形不同，所以所测的数据是近似值，只能供参考。

（4）总电流测量法

该法是通过检测 IC 电源进线的总电流来判断 IC 好坏的一种方法。由于 IC 内部绝大多数为直接耦合，IC 损坏时（如某一个 PN 结击穿或开路）会引起后级饱和与截止，使总电流发生变化。所以通过测量总电流的方法可以判断 IC 的好坏。也可测量电源通路中电阻的电压降，用欧姆定律计算出总电流值。

知识链接 3　指针万用表的使用注意事项

① 在测量电阻时，人的两只手不要同时和测试棒一起搭在内阻的两端，以避免人体电阻的并入。

② 若使用 "×1" 挡测量电阻时，应尽量缩短万用电表使用时间，以减少万用电表内电池的电能消耗。

③ 测电阻时，每次换挡后都要调节零点，若不能调零，则必须更换新电池。切勿用力再旋 "调零" 旋钮，以免损坏。此外，不要双手同时接触两支表笔的金属部分，测量高阻值电阻更要注意。

④ 在电路中测量某一电阻的阻值时，应切断电源，并将电阻的一端断开。更不能用万用电表测电源内阻。若电路中有电容，应先放电。也不能测额定电流很小的电阻（如灵敏电流计的内阻等）。

⑤ 测直流电流或直流电压时，红表笔应接入电路中高电位一端（或电流总是从红表笔流入电表）。

⑥ 测量电流时，万用电表必须与待测对象串联；测电压时，它必须与待测对象并联。

⑦ 测电流或电压时，手不要接触表笔金属部分，以免触电。

⑧ 绝对不允许用电流挡或欧姆挡去测量电压。

⑨ 试测时应用跃接法，即在表笔接触测试点的同时，注视指针偏转情况，并随时准备在出现意外（指针超过满刻度，指针反偏等）时，迅速将表笔脱离测试点。

⑩ 测量完毕，务必将 "转换开关" 拨离欧姆挡，应拨到空挡或最大交流电压挡，以免他人误用，造成仪表损坏，也可避免由于将量程拨至电阻挡而把表笔碰在一起致使表内电池长时间放电。

知识链接 4　指针万用表的使用技巧

1．测喇叭、耳机、动圈式话筒

用 $R×1Ω$ 挡，任一表笔接一端，另一表笔点触另一端，正常时会发出清脆响量的 "哒" 声。如果不响，则是线圈断了；如果响声小而尖，则是有擦圈问题，也不能用。

2．测电容

用电阻挡，根据电容容量选择适当的量程，并注意测量时对于电解电容黑表笔要接电容正极。

（1）估测微法级电容容量的大小

可凭经验或参照相同容量的标准电容，根据指针摆动的最大幅度来判定。所参照的电容不必耐压值也一样，只要容量相同即可，例如估测一个 100μF/250V 的电容可用一个 100μF/25V 的电容来参照，只要它们指针摆动最大幅度一样，即可断定容量一样。

（2）估测皮法级电容容量的大小

要用 $R×10$kΩ 挡，但只能测到 1000pF 以上的电容。对 1000pF 或稍大一点的电容，只要表针稍有摆动，即可认为容量够了。

（3）测电容是否漏电

对 1000μF 以上的电容，可先用 $R×10$Ω 挡将其快速充电，并初步估测电容容量，然后改到 $R×1$kΩ 挡继续测一会儿，这时指针不应返回，而应停在或十分接近∞处，否则就是有漏电现象。对一些几十微法以下的定时或振荡电容（比如彩电开关电源的振荡电容），对其漏电特性要求非常高，只要稍有漏电就不能用，这时可在 $R×1$kΩ 挡充完电后再改用 $R×10$kΩ 挡继续测量，同样表针应停在∞处而不应返回。

3．在路测二极管、三极管、稳压管好坏

因为在实际电路中，三极管的偏置电阻或二极管、稳压管的周边电阻一般都比较大，大都在几百、几千欧姆以上，这样就可以用万用表的 $R×10$Ω 或 $R×1$Ω 挡来在路测量 PN 结的好坏。在路测量时，用 $R×10$Ω 挡测 PN 结应有较明显的正反向特性（如果正反向电阻相差不太明显，可改用 $R×1$Ω 挡来测），一般正向电阻在 $R×10$Ω 挡测时表针应指示在 200Ω 左右，在 $R×1$Ω 挡测时表针应指示在 30Ω 左右（根据不同表型可能略有出入）。如果测量结果正向阻值太大或反向阻值太小，都说明这个 PN 结有问题，这个管子也就有问题了。这种方法对于维修时特别有效，可以非常快速地找出坏管，甚至可以测出尚未完全坏掉但特性变坏的管子。比如用小阻值挡测量某个 PN 结正向电阻过大，如果把它焊下来用常用的 $R×1$kΩ 挡再测，可能还是正常的，其实这个管子的特性已经变坏了，不能正常工作或不稳定了。

4．测电阻

重要的是要选好量程，当指针指示于 1/3～2/3 满量程时测量精度最高，读数最准确。要注意的是，在用 $R×10$kΩ 电阻挡测兆欧级的大阻值电阻时，不可将手指捏在电阻两端，这样人体电阻会使测量结果偏小。

5．测稳压二极管

先将一块表置于 $R×10$kΩ 挡，其黑、红表笔分别接在稳压管的阴极和阳极，这时就模拟出稳压管的实际工作状态，再取另一块表置于电压挡 10V 或 50V（根据稳压值）上，将红、黑表笔分别搭接到前面那块表的黑、红表笔上，这时测出的电压值就基本上是这个稳压管的稳压值。说"基本上"，是因为第一块表对稳压管的偏置电流相对正常使用时的偏置电流稍小些，所以测出的稳压值会稍偏大一点，但基本相差不大。这个方法只可估测稳压值小于指针表高压电池电压的稳压管。如果稳压管的稳压值太高，就只能用外加电源的方法来测量了。

6．测三极管

① 先测出 b 极后，将三极管随意插到插孔中去（当然 b 极是可以插准确的），测一下 hFE 值，然后将管子倒过来再测一遍，测得 hFE 值比较大的一次，各引脚插入的位置是正确的。

② 判定三极管是 NPN 或 PNP 类型，将表置于 $R×10$kΩ 挡，对 NPN 管，黑表笔接 e 极，红表笔接 c 极时，表针可能会有一定偏转；对 PNP 管，黑表笔接 c 极，红表笔接 e 极时，表

针可能会有一定的偏转，反过来都不会有偏转；由此也可以判定三极管的 c、e 极。

对于常见的进口型号的大功率塑封管，其 c 极基本都在中间。中、小功率管有的 b 极可能在中间。比如常用的 9014 三极管及该系列的其他型号三极管、2SC1815、2N5401、2N5551等三极管，其 b 极有的就在中间。当然它们也有 c 极在中间的。

知识链接 5　指针万用表的检修

1．MF-47 型普通万用表的原理

MF-47 型普通万用表的原理如图 2-11 所示。上面为交流电压挡，左边为直流电压挡，下面为直流 mA 挡，右边是电阻挡。

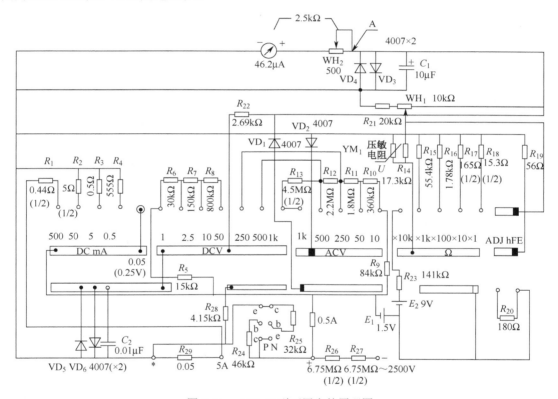

图 2-11　　MF-47 型万用表的原理图

2．MF-47 型万用表的检修程序

万用表是一种测量用途多，测量范围广，而又使用频繁的仪表。因此，它经常由于使用不慎、保管不善、使用时间长久等原因，发生测量不准确、个别测量用途失效甚至各项测量均无指示，以及卡表、打表甚至烧表等故障问题。在检修万用表时，必须结合它的基本原理和电路特点，遵循一定的程序进行工作，才能事半功倍地修好仪表。

（1）初步表面检查

检修万用表时，通常先查看表头的表面情况，即查看指针是否卡阻、打弯以及阻尼作用是否正常等；其次查看步挡开关和"Ω调零"旋钮是否干涩、滑位或损坏，以及查看测试棒的插头、插口和导线是否松脱、开断或接触不良；然后打开电池匣盖板，查看内部电池是否漏液、霉烂或漏装；最后旋出外壳固定螺钉，查看内部电路元件是否烧焦、松脱或断线等。

一旦发现明显的损坏情况或反常问题，加以必要的修整，往往即可修好仪表。

（2）观察故障现象

如果从表面检查发现不出问题，就要进一步进行万用表的定性测试。通常先进行测阻挡级的 Ω 调零，以观察表头指针的偏转情况，如果 Ω 调零正常，说明万用表的"表头组件"和直流电流挡级都是好的；其次使用直流电压的适当挡级，测量 1.5V 电池的电压，以观察直流电压指示值是否正确，如果正确，说明万用表的直流电压挡级也是好的；然后使用交流电压的适当挡级，测量 220V 市电交流电源的电压，以观察交流电压指示值是否正确，如果正确，说明万用表的交流电压挡级是好的。如果被测的万用表有毛病，则三项定性测试结果之一将会是反常的。

（3）研究工作原理

因为万用表的测量电路比较多样，并且步挡开关的转换作用比较特殊，所以从总的电路原理图上，很难研究有关电路的工作原理。为了便于分析有关电路元件的作用及其相互之间的关系，在检修万用表时，必须根据待修万用表的总电路原理图，描绘出存在故障问题的有关测量电路的简化图。

（4）检测与整修

根据初步分析的故障可能原因，选用有效的检查方法和适当仪表进行测试，通常使用"测量电阻法"来检测有关器件的好坏和通路情况。但必须指出，为了保证表头不受到冲击或损伤，以及取得正确的测试结果，在使用"测量电阻法"进行检测之前，应先开断表头 M 的接线，以及脱开被测器件的一端。最后根据测试的结果，对损坏的部分进行必要的整修工作，即可修复。

（5）修后性能检定

检修万用表时，如果整修的器件牵涉到万用表的灵敏度，或者影响整个挡级的准确度，就必须进行定量测试和校正工作，使修后性能符合原来的指标要求。例如，修整或更换表头及各种"校正器"和"Ω 调零"电位器等部件。

3．表头的一般整修

万用表的主体是永磁动圈式直流电流表，简称表头，它的结构如图 2-12 所示。这里，PM 为马蹄形永久磁钢，P 为软铁磁极，C 为软铁芯柱，P 与 C 之间的空气隙很小（1mm 左右），仅能容纳动圈在隙间转动。两个磁极之间装置有一条作为磁分路的小铁片 F，用来控制空气隙之间的磁通密度。图 2-13 为永磁动圈式表头的主要部件装配图。表头的动圈 W 用很细的漆包线（$\phi < 0.1mm$）绕在铝质框架上，在动圈的上下两个顶面都粘有铝质轴架，轴架上又安装有钢质轴针、钢质焊片和铝质表针 N、平衡重量 G 和螺旋形的游丝 S。动圈的两个出头就通过上、下轴架上的焊片、游丝以及零位调整臂 A，再用导线引接到表头的"+"、"−"端上。

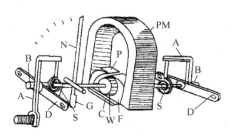

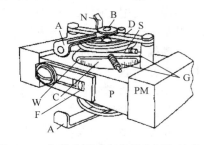

图 2-12　永磁动圈式直流电流表的结构　　　图 2-13　永磁动圈式表头的主要部件装配图

表头的软铁芯柱 C 的支架，用螺钉固定在磁极 P 上，它的位置可以略微调整。动圈的上、下轴针分别架置在上、下面横臂 D 正中的轴承 B 内，横臂 D 也用螺钉安装在磁极 P 上。轴承螺钉的一头开有槽口，以便用钟表螺钉旋具调整上、下轴承的间距。在上、下轴承螺钉上，还套有零位调整臂 A 和弹簧垫圈，并用螺母使之锁紧。在上面的零位调整臂 A 的一端开有长条形槽孔，以便插进表罩上的"机械调零"螺钉的偏心杆，使得旋动这个螺钉时，带动 A 和游丝 S，从而调整表针的零位。

当表头的动圈发生霉断或烧坏时，必须重新绕制。这项技术比较精细，工艺要求很高，稍有不慎将会碰断表针、搅乱游丝、压坏框架，甚至弄得越修越糟，不堪收拾。因此，除非不得已或这项技能确已比较熟练，否则委托专门修理表头的部门修理为妥，或者干脆换一个新表头。但是对于表针打弯、呆滞或卡阻，机械调零失灵以及表头灵敏度下降等故障现象，采用一般的整修方法是可以修复的。

（1）表针打弯

引起表针打弯的原因主要是用小量程去测量大电流、大电压，或者用电阻挡级去测量电压等，使表头过荷冲击而造成的。整修表针时应先拆下表头，揭开表罩，然后把脱壳表头平放在两块方形压铁上，并使表头后面的接线柱夹在铁块之间。此时可用左手拿着镊子，夹住平衡重量的支架，使表针不致摆动，再用右手拿着另一把镊子，轻轻夹住表针的弯曲部分，慢慢地加以整直。表针和动圈的相对位置必须保持垂直，否则会影响机械调零和平衡条件。因此，整直表针以后，可先拨动零位调整臂使表针移到刻度盘上"0"值位置，然后再把平放的表头竖立起来，观察表针是否偏离"0"点。如果相差不多，即可认为已修整完善。

装回表罩时，应先装表头上面的零位调整臂槽孔和表罩上机械调零螺钉的偏心杆，分别调到正中位置，然后将表罩对准表头底座边沿的三个螺钉孔位置慢慢套进。如果发现表罩无法套到底并有搁住现象，这说明偏心杆尚未插入槽孔。此时不可用力压进，而应把表罩稍微提出来一些，并略微转动后再试行套进。当表罩全部顺利套进之后，还需要先试行机械调零，以观察表针是否能随之左右偏移，如果表针只能向一边偏移，则说明偏心杆还是没有被插入槽孔中，应重新按照上述步骤正确套进。最后再对准表壳边沿的三个螺钉孔，装上全部固定螺钉。

（2）表针呆滞

这主要是使用时日长久或保管不善，以致有铁屑或灰尘进入表头磁极和芯柱间的空隙而引起的；或者由于动圈的轴针锈秃而增加轴承的摩擦力所导致；或者是由于支架变形，使动圈偏离中心等而引起的。

整修表针呆滞的故障时，除了揭开表罩以外，还应取离表头上的度盘片和永久磁钢，才能清楚地观察到表头内部情况，以便采取适当的整修措施。在取离度盘片时应用左手扶住刻度盘不使其歪斜，并平稳地慢慢向前抽出，以免碰坏表针。取离永久磁钢后，应吸放在平面铁块上，以防止失磁。此时在光线充足的地方用放大镜观察阻碍物的所在，然后顺隙缝方向用力吹气以排除灰尘，或者用细长的钢针剔除空隙间的铁屑。如果发现是动圈偏离中心，可旋松支架固定螺钉，细心加以调整。

为了使动圈能摆动自如，动圈的轴针在上、下轴承螺钉之间要有一定活动的余地，因此可用镊子夹住动圈的平衡重量支架，以观察其上、下活动的余量是否合适。如果发现活动的余量太小，可先用尖嘴钳旋松轴承螺钉的固定螺母，然后再用钟表螺钉旋具把轴承螺钉旋出一二牙，直至动圈能摆动自如为止。

如果由于轴针锈秃而引起，在旋松轴承螺钉的基础上，再用细长钢针沾上汽油点在上、下轴承处，然后用口吹气使表针反复急剧摆动，再用吸纸搓成细条把轴承处的汽油吸干。这样反复几次，就可以把轴尖的锈点洗擦干净。最后再加点表油，并适当调整轴承螺钉，即可使表针摆动自如。

（3）表针卡阻

这主要是表头受振脱销或动圈框架严重变形引起的。整修表头时，在旋松动圈上边轴承螺钉的锁定螺母后，再将轴承螺钉旋出五六牙，然后用镊子轻轻提起动圈，使下面的轴针正确地放进下边的轴承中。此时再用左手拿着镊子把动圈扶正，并用右手拿着钟表螺钉旋具把上面的轴承螺钉慢慢旋入，直至轴针套进轴承而且使表头的动圈能摆动自如为止。最后用尖嘴钳把锁定螺母旋紧。

有时当表针偏转到满刻度或退回到零点时有卡住现象。此时，可分别调整上、下轴承螺钉，使动圈提高或降低一些，以免搁住芯柱；或者旋松芯柱支架的固定螺钉，进行必要的调整，直至动圈能摆动自如为止。

（4）机械"调零"失灵

这主要是表壳上机械调零螺钉的偏心杆脱出，或者是动圈上游丝的扭力发生变化所引起的。整修时，先把动圈上边的零位调整臂拨到正中位置，此时如果表针偏离零点过大，可再用镊子拨动动圈下边的零位调整臂，使表针正确地移动到零位。然后把上边零点调整臂的槽孔向上提高一些，以便使机械调零螺钉的偏心杆能套入槽孔中。

有时表罩上机械调零的螺钉干涩而旋转不动，整修时取下表罩，在螺钉处加滴润滑油就可解决问题。如果螺钉上的偏心杆已损坏，则应予以更新。

（5）灵敏度下降

在万用表的内部电路中，通常都装置有"直流校正器"和"交流校正器"。但是由于使用时日过久或者振动、受热的影响，表头的永久磁钢将会逐渐退磁，即发生灵敏度下降的问题，以致调节各校正器仍不能使万用表达到规定的灵敏度。此时可取离表罩，然后用中号螺钉旋具旋松磁极之间磁分路铁片的固定螺钉，并将铁片拉出一点距离，使磁极之间的空气隙距离增大，这样就能增加磁极与芯柱之间的磁通密度，以提高表头的灵敏度。

4．MF-47 型万用表速修技巧

指针式万用表表头损坏、内部元件烧毁、变值或霉断的故障率较高。以 MF-47 型万用表为例，介绍其速修技巧。

（1）检修前的初步鉴定

检修前，首先将一只符合要求的新电池放入表内，万用表置 $R\times1$、$R\times10$、$R\times100$ 或 $R\times1k$ 挡，将两表笔短接，看表针有无指示，若无指示，一般是保险管（0.5A）或表头线圈开路所致。判断动圈是否损坏的方法是，用烙铁焊开表头接线一端，另取一只良好的万用表置 $R\times1k$ 挡测其阻值，同时观察动圈是否偏转，若表头动圈内阻为 0Ω 或无穷大，动圈不偏转，则可判断表头有故障，内阻为 0Ω 表明动圈短路，无穷大为开路，表针不稳定为局部短路或接触不良，动圈不偏转说明其开路或被异物卡住，应进一步检查。

（2）检修直流电压挡、直流电流挡

一般情况下，若万用表的直流电压挡正常，则直流电流挡大多也正常；若直流电压挡不正常，则直流电流挡大多也有问题，其中以开路较为常见。比较合理的判断方法是从中间挡开始

检测，MF-47 型有 50μA、0.5mA、5mA、50mA、500mA 等挡，宜从 5mA 挡开始，如果 5mA 挡无指示，问题一定在 0.5mA 或 50μA 挡；如果读数偏大，则故障在 50mA 或 500mA 挡。

（3）检修交流电压挡、电阻挡

在直流电压挡、直流电流挡正常的基础上，再进一步检查交流电压挡和电阻挡。这两挡的故障多表现为误差大、指针抖动、无读数和调不到零。检修时，应先打开万用表后盖，观察有无明显的元件烧坏或导线脱焊等现象，然后根据原理图分析、判断。误差大及无读数，一般是对应挡的元件变值、局部短路、霉断；指针抖动，多为两只整流管之一开路或相应元件开路；欧姆挡调不到零，则多是电池耗尽，或电池正、负极片氧化，接触电阻增大所致；若个别挡调不到零（如 $R×1$ 挡），检查后又无明显故障，则多是量程开关接触电阻增大所致，可用少量洁净的润滑油涂抹后再往复旋转几周，氧化严重的应用细砂纸打磨。

检修万用表的故障时，应先选简单、明显的部分修理，再根据电路原理图维修较复杂的部分。此外应先检查保险管、电池容量或明显断线，注意有无隐患。只要认真分析、理解万用表的基本原理与特点，就能做到有的放矢、得心应手地速修，达到事半功倍的目的。

5．MF-47 型万用表常见故障现象分析

（1）故障部位：表头

故障现象：摇动表头，表针摆动不正常，不动或无阻尼。

故障原因：

① 表针支撑部位卡住。

② 游丝绞住。

③ 机械平衡不好。

④ 表头线圈断线或分流电阻断线。

（2）故障部位：直流电流挡

故障现象：表针不动，即无指示；各量程的误差不一致，有正有负；用小量程挡时，指针偏转很快（即阻尼很小），用大量程挡时无指示。

故障原因：

① 表头故障或与表头串联的电阻断路或量程开关不通。

② 分流电阻某挡焊接不良、阻值增大或局部烧坏。

③ 分流电阻断路或分流支路连线断。

（3）故障部位：直流电压挡

故障现象：表针无指示；某量程误差大，随着量程增大误差变小；小量程挡均正常，超过某量程均无指示。

故障原因：

① 量程开关接触不良或烧坏，或量程开关与降压电阻脱焊。

② 分压电阻故障，如变值、短路等。

③ 分压电阻损坏或其连线断路。

（4）故障部位：交流电压挡

故障现象：指针轻微摆动或指示极小；误差很大，有时偏低 50%；各挡指示值偏低同一误差。

故障原因：

① 整流元件击穿。

② 整流组件中某一元件击穿断路,全波整流变为半波整流。

③ 整流组件性能不佳,反向电阻减小。

(5) 故障部位:电阻挡

故障现象:短路调零时,表针无指示;表笔短路时,表针调不到零位;调零时,表针跳动;个别量程不指示。

故障原因:

① 某表笔断线或量程开关公共点断路、调零变阻器有断点、电池用完或引线断。

② 电池电压不足、量程开关接触不良或表头的限流电阻增大。

③ 调零变阻器接触不良。

④ 该挡分流电阻断路或量程开关接触不良。

操作训练 指针万用表的使用

1. 测量电阻

MF-47 型万用表最广泛的应用是测电阻。方法很简单,将万用表的红、黑表笔分别接在电阻的两侧,根据万用表的电阻挡位和指针在欧姆刻度线上的指示数确定电阻值。

(1) 选择挡位

将万用表的功能旋钮调整至电阻挡,如图 2-14 所示。

(2) 欧姆调零

选好合适的欧姆挡后,将红、黑表笔短接,指针自左向右偏转,这时表针应指向 0Ω(表盘的右侧,电阻刻度的 0 值),如果不在 0Ω 处,就需要调整零欧姆校正钮使万用表表针指向 0Ω 刻度,如图 2-15 所示。

图 2-14 调整万用表的功能旋钮

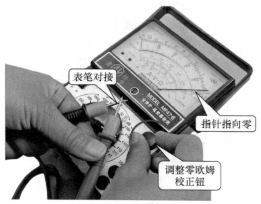

图 2-15 零欧姆校正

注意:每次更换量程前,必须重新进行欧姆调零。

(3) 测量

将红、黑表笔分别接在被测电阻的两端,表头指针在欧姆刻度线上的示数乘以该电阻挡位的倍率,即为被测电阻值,如图 2-16 所示。

被测电阻的阻值为表盘的指针指示数乘以欧姆挡位,即被测电阻值=刻度示值×倍率 (单位:欧姆),这里选用 $R\times100$ 挡测量,指针指示 13,则被测电阻值为 $13\times100=1300\Omega=1.3k\Omega$。

(4) 应用举例

欧姆挡不但可以测电阻等一些元器件的阻值大小,还可以检测导线的通断,检测示意图如图 2-17 所示。图中带绝缘层的导线很长，无法知道它的通断，这时可用万用表欧姆挡进行检测。先将挡位选择开关置于×1Ω 挡，然后将红、黑表笔短接进行欧姆校零，再将红、黑表笔分别接导线的两端，观察表针的指示，现发现表针指示为 0Ω，说明导线的电阻为 0Ω，导线是正常导通的；如果表针指示的阻值为无穷大，则表明导线开路了。

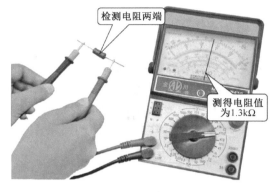 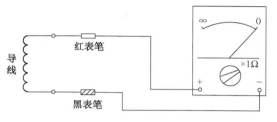

图 2-16　检测电阻　　　　　　　　图 2-17　用万用表测量导线通断示意图

2．测量直流电压

万用表测直流电压的具体操作步骤如下。

1）选择挡位

将万用表的红、黑表笔连接到万用表的表笔插孔中，并将功能旋钮调整至直流电压最高挡位，估算被测量电压大小选择量程，如图 2-18 所示。

2）选择量程

若不清楚电压大小，应先用最高电压挡测量，逐渐换用低电压挡。图 2-19 所示电路中电源电压只有 9V，所以选用直流 10V 挡。

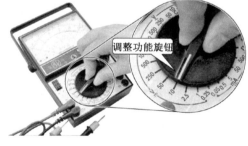

图 2-18　调整万用表功能旋钮

3）测量

万用表应与被测电路并联。红表笔接开关 S_3 左端，黑表笔接电阻 R_2 左端，测量电阻 R_2 两端电压，如图 2-19 所示。

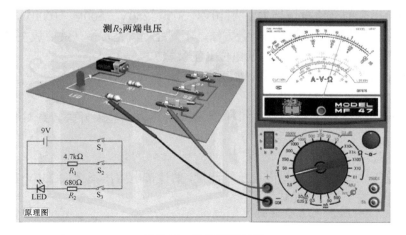

图 2-19　检测直流电压

4）读数

仔细观查表盘，直流电压挡刻度线是第二条刻度线，用 10V 挡时，可用刻度线下第三行数字直接读出被测电压值。注意读数时，视线应正对指针。根据示数大小及所选量程读出所测电压值大小。例如，所选量程是 10V，示数是 30（用 0~100 标度尺），则所测电压值是 $10/100×30 = 3V$。

5）应用举例

（1）测量电路中元器件两端电压

这里以测量电路中一个电阻两端的电压为例来说明，测量示意图如图 2-20 所示。因为电路的电源电压为 10V，故电阻 R_1 两端电压不会超过 10V，所以将挡位选择开关置于直流电压 10V 挡，然后红表笔接被测电阻 R_1 的高电位端（即 A 点），黑表笔接 R_1 的低电位端（即 B 点），再观察表针指在 6V 位置，则 R_1 两端的电压 $U_{R1}=6V$（A、B 两点之间的电压 U_{AB} 也为 6V）。

（2）测量电路中某点的电压

这里以测量电路中三极管集电极的电压为例来说明，测量示意图如图 2-21 所示。电路中某点电压实际就是指该点与地之间的电压。因为电路的电源电压为 18V，它大于 10V 但小于50V，估计三极管 VT 的集电极有可能大于 10V 而小于 50V，所以将挡位选择开关置于直流电压 50V 挡，然后红表笔接三极管的集电极，黑表笔接地，再观察表针指在 12V 刻度处，则三极管的集电极电压就为 12V。

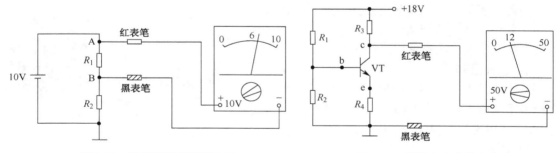

图 2-20　测量元器件两端电压　　　　　　图 2-21　测量电路中某点电压

3. 测量交流电压

MF-47 型万用表的交流电压挡主要有 10V、50V、250V、500V、1000V、2500V 六挡。交流电压挡的测量方法同直流电压挡测量方法，不同之处就是转换开关要放在交流电压挡处，以及红、黑表笔搭接时不用再分高、低电位（正负极）。

万用表测交流电压的具体操作步骤如下。

（1）选择挡位

将万用表的红、黑表笔连接到万用表的表笔插孔中，将转换开关转到对应的交流电压最高挡位。

（2）选择量程

若不清楚电压大小，应先用最高电压挡测量，估计市电电压不会大 250V 且最接近 250V，故将挡位选择开关置于交流 250V 挡。

（3）测量

用万用表测电压时应使万用表与被测电路相并联，打开电源开关，然后将红、黑表笔放在变压器输入端 1、2 测试点，测量交流电压，如图 2-22 所示。

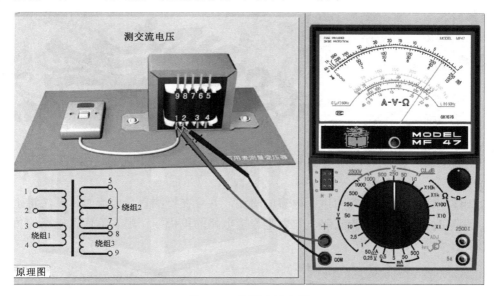

图 2-22　检测交流电压

（4）读数

仔细观查表盘，交流电压挡刻度线是第二条刻度线，如图 2-23 所示，用 250V 挡时，可用刻度线下第一行数字直接读出被测电压值。注意读数时，视线应正对指针。根据示数大小及所选量程读出所测电压值大小。例如，所选量程是交流 250V，示数是 218（用 0～250 标度尺），则所测电压值是 250/250×218≈220V。

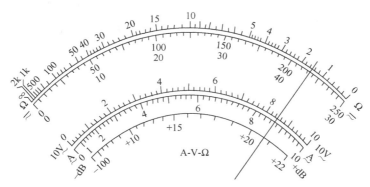

图 2-23　交流电压读数

4．测量直流电流

万用表测直流电流的具体操作步骤如下。

（1）选择挡位

指针式万用表检测电流前，要将电流量程调整至最大挡位，即将红表笔连接到"5A"插孔，黑表笔连接负极性插孔，如图 2-24 所示。

（2）选择量程

将功能调整开关调整至直流电流挡，若不清楚电流的大小，应先用最高电流挡（500mA挡）测量，逐渐换用低电流挡，直至找到合适的电流挡，如图 2-25 所示。

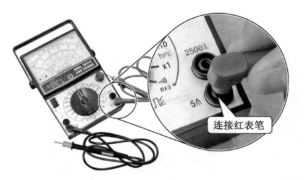

图 2-24　连接万用表表笔

图 2-25　调整功能旋钮

（3）测量

将万用表串联在待测电路中进行电流的检测，并且在检测直流电流时，要注意正负极性的连接。测量时，应断开被测支路，红表笔连接电路的正极端，黑表笔连接电路的负极端，如图 2-26 所示。

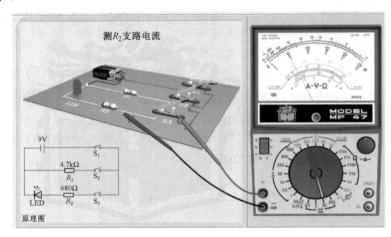

图 2-26　检测直流电流

（4）读数

仔细观查表盘，直流电流挡刻度线是第二条刻度线，用 50mA 挡时，可用刻度线下第二行数字直接读出被测电流值。注意读数时，视线应正对指针。根据示数大小及所选量程读出所测电流值大小。例如，所选量程是直流 50mA，示数是 10（用 0～50 标度尺），则所测电压值是 50/50×10=10mA。

（5）应用举例

下面以测量流过一只灯泡的电流大小来说明直流电流的测量方法，测量过程如图 2-27 所示。

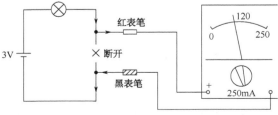

图 2-27　测量流过一只灯泡的电流

估计流过灯泡的电流不会超过 250mA，将挡位选择开关置于 250mA 挡，再将被测电路断开，然后将红表笔置于断开位置的高电位处，黑表笔置于断开位置的另一端，这样才能保证电流由红表笔流进，从黑表笔流出，表针才能朝正方向摆动，否则表针会反偏。

读数时观察表针所指刻度为 120，故流过灯泡的电流为 120mA。

5. 检测晶体管

三极管有 NPN 型和 PNP 型两种类型，它的放大能力用数值表示就是放大倍数。三极管的放大倍数可以用万用表进行检测。

万用表检测晶体管的具体操作步骤如下。

（1）选择挡位

将万用表的功能旋钮调整至"hFE"挡，如图 2-28 所示。然后调节欧姆校零旋钮，让表针指到标有"hFE"刻度线的最大刻度"300"处，实际上表针此时也指在欧姆刻度线"0"刻度处。

（2）测量

根据三极管的类型和引脚的极性将待检测三极管插入相应的测量插孔，NPN 型三极管插入标有"N"字样的插孔，PNP 型三极管插入标有"P"字样的插孔，如图 2-29 所示，即可检测出该晶体管的放大倍数为 30 左右。

图 2-28　调整万用表功能旋钮

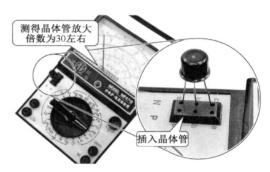

图 2-29　检测晶体管放大倍数

6. 电容容量的测量

1）万用表测量电容容量的原理

MF-47 型万用表可以测电容的容量，可测的容量范围是 0.001～0.3μF，万用表在测电容容量时需要用到频率为 50Hz、电压为 10V 的交流信号，该交流信号可以通过变压器将 220V 市电降压而得到。

2）测量电容容量

（1）选择挡位

将挡位选择开关置于交流 10V 挡（该挡还标有 cLdB 字样）。

（2）测量

按图 2-30 所示电路，将 22∶1 的电源变压器、被测电容和红、黑表笔连接起来，再给电源变压器初级通 220V 的市电电压，在次级线圈上得到 10V 的交流电压，这时表针摆动。

（3）读数

观察表针指在容量刻度线（第五条标有"C"字样的刻度线）"0.1"数值处，则被测电容容量就是 0.1μF。

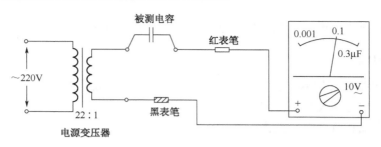

图 2-30　万用表测电容容量示意图

7. 电感量的测量

1）万用表测量电感量的原理

MF-47 型万用表也可以测电感量，可测的电感量范围是 20～1000H，万用表在测电感量时也需要用到频率为 50Hz、电压为 10V 的交流信号。

2）测量电感量

（1）选择挡位

将挡位选择开关置于交流 10V 挡。

（2）测量

按图 2-31 所示电路，将 22∶1 电源变压器、被测电感和红、黑表笔连接起来，再给电源变压器初级通 220V 的市电电压，在次级线圈上得到 10V 的交流电压，这时表针摆动。

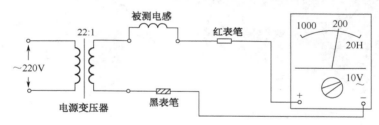

图 2-31　万用表测电感量的示意图

（3）读数

观察表针指在电感量刻度线（第六条标有"L"字样的刻度线）"200"数值处，则被测电感的电感量就是 200H。

 拓展演练　直流电压和直流电流的测量

1. 直流电压的测量

将发光二极管和电阻、电位器接成图 2-32 所示的电路，旋转电位器使发光二极管正常发光。发光二极管是一种特殊的二极管，通入一定电流时，它的透明管壳就会发光。发光二极管有多种颜色，常在电路中做指示灯。我们将利用这个电路练习用万用表测量电压。

① 按图 2-32 连接电路。电路不做焊接。可采用图 2-33 所示方法将导线两端绝缘皮剥去，缠绕在元件接点或引线上。注意相邻接点间引线不可相碰。

② 检查电路无误后接通电源，旋转电位器，发光二极管的亮度将发生变化，使发光二极管亮度适中。

③ 将万用表按要求准备好，并将选择开关置于 10V 电压挡。

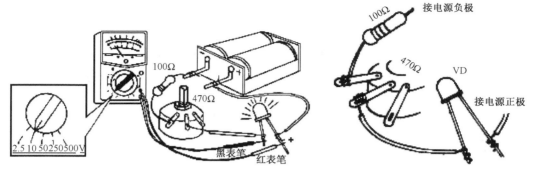

图 2-32　用万用表测电压　　　　　图 2-33　电路的连接方法

④ 手持表笔绝缘杆,将正负表笔分别接触电池盒正负两极引出焊片,测量电源电压。正确读出电压数值。

记录:电源电压为_____V。

⑤ 将万用表红、黑表笔按图 2-32 接触发光二极管两引脚,测量发光二极管两极间电压。正确读出电压数值。

记录:发光二极管两端电压为_____V。

⑥ 用万用表测量固定电阻器两端电压。首先判断正负表笔应接触的位置,然后测量。

记录:固定电阻器两端电压为_____V。

在以上三步的测量中,哪一项电压值若小于 2.5V,可将万用表选择开关换为 2.5V 电压挡再测量一次,比较两次测量结果(换量程后应注意刻度线的读数)。

⑦ 测量完毕,断开电路电源,按要求收好万用表。

2. 直流电流的测量

(1)选择量程

万用表直流电流挡标有"mA",有 1mA、10mA、100mA 这 3 挡量程。应根据电路中的电流大小选择量程。如不知电流大小,应选用最大量程。

(2)测量方法

万用表应与被测电路串联。应将电路相应部分断开后,将万用表表笔接在断点的两端。红表笔应接在和电源正极相连的断点,黑表笔接在和电源负极相连的断点,如图 2-34 所示。

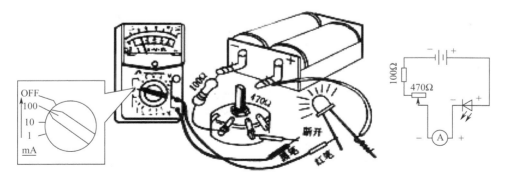

图 2-34　用万用表测量电流

(3)正确读数

直流电流挡刻度线仍为第二条,如选 100mA 挡,可用第三行数字,读数后乘 10 即可。

（4）测量步骤

① 按图 2-32 连接电路，使发光二极管正常发光。

② 按要求准备好万用表并将选择开关置于 mA 挡 100mA 量程。

③ 如图 2-34 所示，断开电位器中间接点和发光二极管负极间引线，形成"断点"。这时，发光二极管熄灭。

④ 将万用表串接在断点处。红表笔接发光二极管负极，黑表笔接电位器中间接点引线。这时，发光二极管重新发光。万用表指针所指刻度值即为通过发光二极管的电流值。

⑤ 正确读出通过发光二极管的电流值。

记录：通过发光二极管的电流为_____mA。

⑥ 旋转电位器转柄，观察万用表指针的变化情况和发光二极管的亮度变化，可以看出：_____。

记录：通过发光二极管的最大电流是_____mA，最小电流是_____mA。

通过以上操作，我们可以进一步体会电阻器在电路中的作用。

⑦ 测量完毕，断开电源，按要求收好万用表。

同步练习

一、填空题

1. 常用的电压表，表盘都是按正弦波的_____来刻度的。

2. MF-47 型万用表具有_____个基本量程和 7 个附加参数量程。

3. 指针式万用表的结构包括_____、转换开关、_____三部分。

4. 指针式万用表的表头_____仪表。

5. 模拟式电压表以_____的形式来指示出被测量电压的数值。

6. 测量电压时，应将电压表_____联接入被测电路；测量电流时，应将电流表_____联接入被测电路。

7. 万用表可用来测量_____、_____、_____和_____等物理量。万用表可分为_____和_____两大类。

8. 万用表测量二极管时，若测得的正向电阻很小，则与黑表笔相接的引脚是_____极，与红表笔相接的引脚是_____极。

二、选择题

1. 以下对欧姆表维护叙述不正确的是（　　）。

　　A．不允许带电转换开关

　　B．进行较高电压测量时，应注意人身安全

　　C．万用表使用完毕，一般把开关旋至交流电压最大量程或旋至"OFF"挡

　　D．不使用时必须拿掉万用表电池

2. 用电压测量法检查低压电气设备时，把万用表扳到交流电压（　　）挡位上。

　　A．10V　　　　　　B．50V　　　　　　C．100V　　　　　　D．500V

3. 二极管两端加上正向电压时（　　）。

　　A．一定导通　　　　　　　　　　B．超过死区电压才导通

　　C．超过 0.3V 才导通　　　　　　D．超过 0.7V 才导通

4. 万用表每次使用完毕后，应将转换开关置于（　　）。

    A．电阻最高挡　　　　　　　　　　　　B．任意位置

    C．直流电压最高挡　　　　　　　　　　D．交流电压最高挡

5. 用万用表测量交直流电流或电压时，应尽量使指针工作在满刻度值（　　）以上区域，以保证测量结果的准确度。

    A．2/3　　　　　　B．1/3　　　　　　C．3/4　　　　　　D．1/4

6. 若仪表的准确度等级是 0.5，则该仪表的基本误差是（　　）。

    A．±0.1%　　　　B．±0.05%　　　　C．±5%　　　　　D．±0.5%

7. 在测量过程中，由于测量设备使用不当而引起的这种误差称为（　　）。

    A．系统误差　　　B．偶然误差　　　C．粗大误差　　　D．使用误差

8. 交流电压表都按照正弦波电压（　　）进行定度。

    A．峰值　　　　　B．峰-峰值　　　　C．有效值　　　　D．平均值

数字万用表

场景描述

数字万用表是将所测量的电压、电流、电阻等值直接用数字显示出来的测试仪表，具有测量速度快、性能好的特点。另外它还能测量电容、电感、晶体管放大倍数等，是一种多功能测试工具，越来越多地被电子行业的从业人员和电子爱好者所使用。

基础知识

数字万用表是电气测量中常用到的电子仪器，数字万用表的种类很多，但使用方法基本相同，我们现在常用的主要是 VC9805A 型数字万用表。

知识链接 1　数字万用表的结构组成

1. VC9805A 型数字万用表的面板

VC9805A 型数字万用表面板如图 3-1 所示，万用表面板主要由液晶显示屏、按键、挡位选择开关和各种插孔组成。

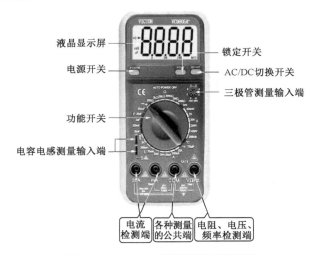

图 3-1　VC9805A 型数字万用表面板

（1）液晶显示屏

在测量时，数字万用表依靠液晶显示屏（简称显示屏）显示数字来表明被测对象的量值大小。图 3-1 中的液晶显示屏可以显示 4 位数字和一个小数点，选择不同挡位时，小数点的位置会改变。

（2）按键

VC9805A 型数字万用表面板上有三个按键，左边标"POWER"的为电源开关键，按下时内部电源启动，万用表可以开始测量；弹起时关闭电源，万用表无法进行测量。中间标"HOLD"的为锁定开关键，当显示屏显示的数字变化时，可以按下该键，则显示的数字保持稳定不变。右边标"AC/DC"的为 AC/DC 切换开关键。

（3）挡位选择开关

在测量不同的量时，挡位选择开关要置于相应的挡位。挡位选择开关如图 3-2 所示，挡位有直流电压挡、交流电压挡、交流电流挡、直流电流挡、温度测量挡、容量测量挡、二极管测量挡、欧姆挡及三极管测量挡。

（4）插孔

面板插孔如图 3-3 所示。标"VΩHz"的为红表笔插孔，在测电压、电阻和频率时，红表笔应插入该插孔；标"COM"的为黑表笔插孔；标"mA"的为小电流插孔，当测 0～200mA 电流时，红表笔应插入该插孔；标"20A"的为大电流插孔，当测 200mA～20A 电流时，红表笔应插入该插孔。

图 3-2　挡位选择开关及各种挡位

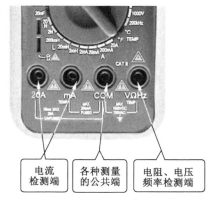

图 3-3　面板插孔

2. VC9805A 型数字万用表的组成

数字万用表的组成框图如图 3-4 所示。

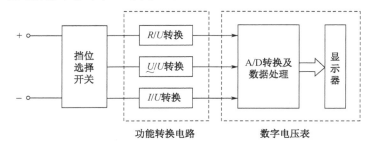

图 3-4　数字万用表组成框图

从图 3-4 中可以看出，数字万用表由挡位选择开关、功能转换电路和数字电压表组成。数字电压表只能测直流电压，由 A/D 转换电路、数据处理电路和显示器构成。它通过 A/D 转换电路将输入的直流电压转换成数字信号，再经数据处理电路处理后送到显示器，将输入的直流电压的大小以数字的形式显示出来。

知识链接2 数字万用表的使用方法

本仪表以大规模集成电路、双积分 A/D（模/数）转换器为核心，配以全功能过载保护电路，可用来测量直流和交流电压、电流、电阻、电容、二极管、晶体管、温度、频率、电路通断等。使用 VC9805A 型数字万用表测量前应先做好如下准备工作。

① 将 ON/OFF 开关置于 ON 位置，检查 9V 电池，如果电池电压不足，则在液晶显示屏上显示符号"🔋"，提示需要更换电池。

② 测试笔插孔旁边的符号"⚠"，表示输入电压或电流不应超过指示值，这是为了保护内部线路免受损伤。

③ 测试之前，功能开关应置于所需要的量程。

1. 万用表测量直流电压

（1）数字式万用表测量直流电压的原理

直流电压的测量原理示意图如图 3-5 所示。

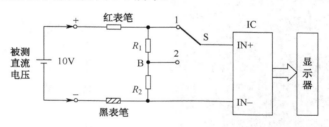

图 3-5 直流电压的测量原理

被测电压通过表笔送入万用表，如果被测电压低，则直接送到电压表 IC 的 IN+（正极输入）端和 IN-（负极输入）端，被测电压经 IC 进行 A/D 转换和数据处理后在显示器上显示出被测电压的大小。

如果被测电压很高，将挡位选择开关 S 置于"2"，被测电压经电阻降压后再通过挡位选择开关送到数字电压表的 IC 输入端。

（2）直流电压测量步骤

① 将黑表笔插入 COM 插孔，红表笔插入 V/Ω 插孔。

② 将功能开关置于直流电压挡 V-量程，并将测试表笔连接到待测电源（测开路电压）或负载上（测负载电压降），红表笔所接端的极性将同时显示于显示器上。

（3）使用注意事项

① 如果不知被测电压范围，则将功能开关置于最大量程并逐渐下降。

② 如果显示器只显示"1"，表示过量程，功能开关应置于更高量程。

③ ⚠表示不要测量高于 1000V 的电压，显示更高的电压值是可能的，但有损坏内部线路的危险。

④ 当测量高电压时，要格外注意避免触电。

2. 万用表测量交流电压

（1）数字式万用表测量交流电压的原理

交流电压的测量原理示意图如图 3-6 所示。

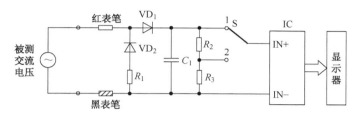

图 3-6　交流电压的测量原理

被测交流电压通过表笔送入万用表，交流电压正半周经 VD_1 对电容 C_1 充得上正下负的电压，负半周则经 VD_2、R_1 旁路，C_1 上的电压经挡位选择开关直接送到 IC 的 IN+端和 IN−端，被测电压经 IC 处理后在显示器上显示出被测电压的大小。

如果被测交流电压很高，C_1 上的被充得电压很高，这时可将挡位选择开关 S 置于"2"，C_1 上的电压经 R_2 降压，再通过挡位选择开关送到数字电压表的 IC 输入端。

（2）交流电压测量步骤

① 将黑表笔插入 COM 插孔，红表笔插入 V/Ω 插孔。

② 将功能开关置于交流电压挡 V 量程，并将测试笔连接到待测电源或负载上。测试连接图同上。测量交流电压时，没有极性显示。

（3）使用注意事项

① 参见直流电压注意事项①、②、④项。

② ⚠表示不要输入高于 700V 的电压，显示更高的电压值是可能的，但有损坏内部线路的危险。

3. 万用表测量直流电流

（1）数字式万用表测量直流电流的原理

直流电流的测量原理示意图如图 3-7 所示。

被测电流通过表笔送入万用表，电流在流经电阻 R_1、R_2 时，在 R_1、R_2 上有直流电压，如果被测电流小，可将挡位选择开关 S 置于"1"，取 R_1、R_2 上的电压送到 IC 的 IN+端和 IN−端，被测电流越大，R_1、R_2 上的直流电压越高，送到 IC 输入端的电压就越高，显示器显示的数字越大（因为挡位选择的是电流挡，故显示的数值读作电流值）。

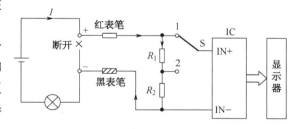

图 3-7　直流电流的测量原理

如果被测电流很大，将挡位选择开关 S 置于"2"，只取 R_2 上的电压送到数字电压表的 IC 输入端，这样可以避免被测电流大时电压过高而超出电压表显示范围。

（2）测量直流电流的步骤

① 将黑表笔插入 COM 插孔，当测量最大值为 200mA 的电流时，红表笔插入 mA 插孔；当测量最大值为 20A 的电流时，红表笔插入 20A 插孔。

② 将功能开关置于直流电流挡 Ⱥ量程，并将测试表笔串联接入待测电路中，显示电流值的同时，将显示红表笔的极性。

（3）使用注意事项

① 如果使用前不知道被测电流范围，则将功能开关置于最大量程并逐渐下降。

② 如果显示器只显示"1"，表示过量程，功能开关应置于更高量程。

③ 最大输入电流为 200mA，过量的电流将烧坏熔丝。20A 量程无熔丝保护，测量时不能超过 15s。

4．万用表测量交流电流

（1）数字式万用表测量交流电流的原理

相关原理图同直流电流的测量原理图，不再叙述。

（2）测量交流电流的步骤

① 将黑表笔插入 COM 插孔，当测量最大值为 200mA 的电流时，红表笔插入 mA 插孔；当测量最大值为 20A 的电流时，红表笔插入 20A 插孔。

② 将功能开关置于交流电流挡 Ⱥ量程，并将测试表笔串联接入待测电路中。

（3）使用注意事项

参见直流电流测量注意事项。

5．万用表测量电阻

（1）数字式万用表测量电阻的原理

电阻的测量原理示意图如图 3-8 所示。

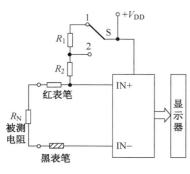

图 3-8　电阻的测量原理

（2）测量电阻的步骤

① 将黑表笔插入 COM 插孔，红表笔插入 V/Ω 插孔。

② 将功能开关置于 Ω 量程，将测试表笔连接到待测电阻上。

注意：

① 如果被测电阻值超出所选择的量程，将显示过量程"1"，应选择更高的量程；对于大于 1MΩ 或更高的电阻，要等几秒后读数才能稳定，这是正常的。

② 当线路没有连接好时，例如开路情况，仪表显示为"1"。

③ 当检查被测线路的阻抗时，要保证移开被测线路中的所有电源，所有电容放电。被测线路中，如有电源和储能元件，会影响线路阻抗测试正确性。

④ 万用表的 200MΩ 挡位，短路时有 10 个字，测量一个电阻时，应从测量读数中减去这 10 个字。如测一个电阻时，显示为 101.0，应从 101.0 中减去 10 个字。被测元件的实际阻值为 100.0 即 100MΩ。

6．万用表测量电容

（1）数字式万用表测量电容容量的原理

电容容量的测量原理示意图如图 3-9 所示。

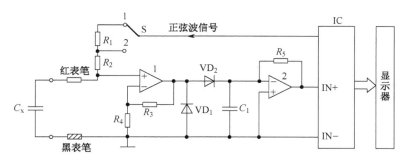

图 3-9　电容容量测量原理

在测电容容量时，万用表内部的 IC 提供一个正弦波交流信号电压。交流信号电压经挡位选择开关 S 的"1"端、R_1、R_2 送到被测电容 C_x，根据容抗 $X_C = 1/(2\pi f_C)$ 可知，在交流信号 f 不变的情况下，电容容量越大，其容抗越小，它两端的交流电压越低，该交流信号电压经运算放大器 1 放大后输出，再经 VD_1 整流后在 C_1 上充得上正下负的直流电压，此直流电压经运算放大器 2 倒相放大后再送到 IC 的 IN+端和 IN-端。

如果 C_x 容量大，它两端的交流信号电压就低，在电容 C_1 上充得的直流电压也低，该电压经倒相放大后送到 IC 输入端的电压越高，显示器显示的容量越大。

如果被测电容 C_x 容量很大，它两端的交流信号电压就会很低，经放大、整流和倒相放大后送到 IC 输入端的电压会很高，显示的数字会超出显示器显示范围。这时可将挡位选择开关置于"2"，这样仅经 R_2 为 C_x 提供的交流电压仍较高，经放大、整流和倒相放大后送到 IC 输入端的电压不会很高，IC 可以正常处理并显示出来。

（2）测量电容容量的步骤

连接待测电容之前，注意每次转换量程时，复零需要时间，有漂移读数存在不会影响测试精度。

① 将功能开关置于电容量程 C（F）。

② 将电容器插入电容测试座中。

（3）使用注意事项

① 仪器本身已对电容挡设置了保护，故在电容测试过程中不用考虑极性及电容充放电等情况。

② 测量电容时，将电容插入专用的电容测试座中（不要插入表笔插孔 COM、V/Ω）。

③ 测量大电容时稳定读数需要一定的时间。

④ 电容的单位换算：$1\mu F = 10^6 pF$，$1\mu F = 10^3 nF$。

7. 万用表测量二极管

（1）数字式万用表测量二极管的原理

二极管的测量原理示意图如图 3-10 所示。

万用表内部+2.8V 的电源经 VD_1、R 为被测二极管 VD_2 提供电压，如果二极管正接（即二极管的正、负极分别接万用表的红表笔和黑表笔），二极管会正向导通；如果二极管反接，则不会导通。对于硅管，它的正向导通电压 V_F 为 0.45～0.7V；对于锗管，它的正向导通电压 V_F 为 0.15～0.3V。

在测量二极管时，如果二极管正接，送到 IC 的 IN+端和 IN-端的电压不大于 0.7V，显示屏将该电压显示出来；如果二极管反接，二极管截止，送到 IC 输入端的电压为 2V，显示屏

显示溢出符号 "1"。

（2）测量二极管的步骤

① 将黑表笔插入 COM 插孔，红表笔插入 V/Ω 插孔（红表笔极性为 "+"），将功能开关置于 ⊣▷┤•))) 挡，并将表笔连接到待测二极管，读数为二极管正向压降的近似值。

② 将表笔连接到待测线路的两端，如果两端之间电阻值低于 70Ω，则内置蜂鸣器发声。

8. 万用表测量三极管

1）数字式万用表测量三极管的原理

三极管的测量原理示意图如图 3-11 所示（以测量 NPN 型三极管为例）。

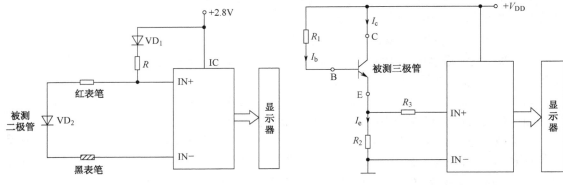

图 3-10　二极管的测量原理　　　　图 3-11　三极管的测量原理

在数字万用表上标有 "B"、"C"、"E" 插孔，在测三极管时，将三个极插入相应的插孔中，万用表内部的电源 V_{DD} 经 R_1 为三极管提供 I_b 电流，三极管导通，有 I_e 电流流过 R_2，在 R_2 上得到电压（$U_{R2}=I_eR_2$），由于 R_1 阻值固定，所以 I_b 电流固定，根据 $I_c=I_b\beta \approx I_e$ 可知，三极管的 β 值越大，I_e 也就越大，R_2 上的电压就越高，送到 IC 输入端的电压越高，最终在显示器上显示的数值越大。

2）测量三极管的步骤

利用数字式万用表的二极管挡测量三极管，此挡位的工作电压为 2V，可以保证三极管的两个 PN 结在施加此电压后具有正向导通、反向截止的 PN 结单向导电特性。

（1）基极的判定

将数字万用表的一支表笔接在三极管的假定基极上，另一支表笔分别接触另外两个电极，如果两次测量在液晶屏上显示的数字均为 0.1～0.7V，则说明三极管的两个 PN 结处于正向导通，此时假定的基极即为三极管的基极，另外两电极分别为集电极和发射极；如果只有一次显示 0.1～0.7V 或一次都没有显示，则应重新假定基极再次测量，直到测出基极为止。

（2）三极管类型、材料的判定

基极确定后，红表笔接基极的为 NPN 型三极管，黑笔接表基极的为 PNP 型三极管；PN 结正向导通时的结压降在 0.1～0.3V 的为锗材料三极管，结压降在 0.5～0.7V 的为硅材料三极管。

（3）集电极和发射极的判定

有两种方法进行判定。一种是用二极管挡进行测量，由于三极管的发射区掺杂浓度高于集电区，所以在给发射结和集电结施加正向电压时 PN 压降不一样大，其中发射结的结压降略高于集电结的结压降，由此判定发射极和集电极。

另一种方法是使用 hFE 挡来进行判断。在确定了三极管的基极和管型后，将三极管的基极按照基极的位置和管型插入相应测量孔中，其他两个引脚插入余下的三个测量孔中的任意两个，观察显示屏上数据的大小，找出三极管的集电极和发射极，交换位置后再测量一下，观察显示屏数值的大小，反复测量 4 次，对比观察。以所测的数值最大的一次为准，该值就是三极管的电流放大系数，相应插孔的电极即是三极管的集电极和发射极。

（4）质量的判定

① 正常：在正向测量两个 PN 结时具有正常的正向导通压降 0.1～0.7V，反向测量时两个 PN 结截止，显示屏上显示溢出符号"1"。测量集电极和发射极之间时，显示溢出符号"1"。

② 击穿：常见故障为集电结或发射结以及集电极和发射极之间击穿，在测量时蜂鸣挡会发出蜂鸣声，同时显示屏上显示的数据接近零。

③ 开路：常见的故障为发射结或集电结开路，在正向测量时显示屏上会显示溢出符号"1"。

④ 漏电：常见的故障为发射结或集电结之间在正向测量时有正常的结压降，而在反向测量时也有一定的压降值显示。一般为零点几伏到一点几伏之间，反向压降值越小，说明漏电越严重。

9. 万用表测量三极管放大倍数

（1）数字式万用表测量三极管放大倍数的原理

三极管放大倍数的测量原理示意图如图 3-12 所示（以测量 NPN 型三极管为例）。

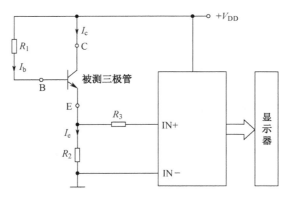

图 3-12　三极管放大倍数测量原理

在数字万用表上标有"B"、"C"、"E"插孔，在测三极管时，将三个极插入相应的插孔中，万用表内部的电源 V_{DD} 经 R_1 为三极管提供 I_b 电流，三极管导通，有 I_e 电流流过 R_2，在 R_2 上得到电压（$U_{R2}=I_e R_2$），由于 R_1 阻值固定，所以 I_b 电流固定，根据 $I_c=I_b\beta\approx I_e$ 可知，三极管的 β 值越大，I_e 也就越大，R_2 上的电压就越高，送到 IC 输入端的电压越高，最终在显示器上显示的数值越大。

（2）测量三极管放大倍数的步骤

① 将功能开关置于 hFE 量程。

② 确定晶体管是 NPN 型或 PNP 型，将基极 b、发射极 e 和集电极 c 分别插入面板上相应的插孔。

③ 显示器上将显示 hFE 的近似值，测试条件：万用表提供的基极电流 $I_b\approx10\mu A$，集电极到发射极电压为 $V_{ce}=2.8V$。

10. 自动电源切断使用说明

① 仪表设有自动电源切断电路，当仪表工作时间为 30min～1h 时，电源自动切断，仪表进入睡眠状态，这时仪表约消耗 7μA 的电流。

② 当仪表电源切断后，若要重新开启电源，可重复按电源开关两次。

11. 仪表保养

数字万用表是一台精密电子仪器，不要随意更换线路，并应注意以下几点。

① 不要接高于 1000V 的直流电压或高于 700V 的交流有效值电压。

② 不要在功能开关处于 Ω 位置时，将电压源接入。

③ 在电池没有装好或后盖没有上紧时，不要使用此表。

④ 只有在测试表笔移开并切断电源以后，才能更换电池或熔丝。

知识链接 3 数字万用表的使用注意事项

数字万用表由于具有测量精确、取值方便、功能齐全等优点，因此深受无线电爱好者的欢迎，最普通的数字万用表一般具有电阻测量、通断声响检测、二极管正向导通电压测量、交流和直流电压及电流测量、三极管放大倍数及性能测量等功能，给实际检测工作带来了很大的方便。但是，数字万用表由于使用不当，在实际检测时易造成表内元件损坏，产生故障。

① 测量电压时，输入直流电压切勿超过 1000V，交流电压有效值切勿超过 700V。

② 测量电流时，切勿输入超过 20A 的电流。

③ 被测直流电压高于 36V 或交流电压有效值高于 25V 时，应仔细检查表笔是否可靠接触、连接是否正确、绝缘是否良好等，以防电击。

④ 测量时应选择正确的功能和量程，谨防误操作；切换功能和量程时，表笔应离开测试点；显示值的"单位"与相应量程挡的"单位"一致。

⑤ 若测量前不知被测量的范围，应先将量程开关置于最高挡，再根据显示值调到合适的挡位。

⑥ 测量时若只有最高位显示"1"或"-1"，表示被测量超过了量程范围，应将量程开关转至较高的挡位。

⑦ 在线测量电阻时，应先确认被测电路所有电源已关断且所有电容都已放完电，之后方可进行测量，即不能带电测电阻。

⑧ 用"200Ω"量程时，应先将表笔短路测引线电阻，然后在实测值中减去所测的引线电阻；用"200MΩ"量程时，将表笔短路，仪表将显示 1.0MΩ，属正常现象，不影响测量精度，实测时应减去该值。

⑨ 测电容前，应对被测电容进行充分放电；用大电容挡测漏电或击穿电容时读数将不稳定；测电解电容时，应注意正、负极，切勿插错。

⑩ 显示屏显示 符号时，应及时更换 9V 碱性电池，以减小测量误差。

⑪ 严禁在测量的同时拨动量程开关，特别是在高电压、大电流的情况下，以防产生电弧烧坏量程开关。

⑫ 在更换电池或熔丝前，应将测试表笔从测试点移开，再关闭电源开关。

⑬ 在电池没有装好和电池后盖没安装时，不要进行测试操作。

⑭ 换功能和量程时，表笔应离开测试点。

知识链接 4　数字万用表的使用技巧及检修

数字万用表损坏的原因大多为使用者操作不当。仪表损坏主要有 A/D 转换器 ICL7106 或 ICL7136 损坏、运算放大器 TL062 损坏、双时基电路 ICM7556 损坏、四与非门 CD4011 损坏、电阻挡过压保护电路的三极管 C9014 及保护电阻（1.5kΩ）损坏，电容（35V、0.33μF）漏电，导致基准电压变化，引起测量误差。

1．VC9805A 型数字万用表使用技巧

（1）判断线路或器件带不带电

数字万用表的交流电压挡很灵敏，哪怕周围有很小的感应电压都可以显示出来。根据这一特点，可以将其当做测试电笔用。将万用表打到交流 20V 挡，黑表笔悬空，手持红表笔与所测线路或器件相接触，这时万用表会有显示，如果显示数字在几伏到十几伏之间（不同的万用表会有不同的显示），表明该线路或器件带电；如果显示为零或很小值，表明该线路或器件不带电。

（2）区分供电线是火线还是零线

① 可以用上面的方法加以判断：显示数字较大的就是火线，显示数字较小的就是零线。这种方法需要与所测量的线路或器件接触。

② 不需要与所测量的线路或器件接触。将万用表打到 AC 2V 挡，黑表笔悬空，手持红表笔使笔尖沿线路轻轻滑动，这时表上如果显示为几伏，表明该线是火线。如果显示只有零点几伏甚至更小，则说明该线是零线。这样的判断方法不与线路直接接触，不仅安全，而且方便快捷。

（3）寻找电缆的断点

当电缆中出现断点时，传统的方法是用万用表电阻挡一段一段地寻找电缆的断点，这样做不仅浪费时间，而且会在很大程度上损坏电缆的绝缘。利用数字万用表的感应特性可以很快地找到电缆的断开点。先用电阻挡判断出是哪一根电缆芯线发生断路，然后将发生断路的芯线的一头接到 AC 220V 的电源上，随后将万用表打到 AC 2V 挡，黑表笔悬空，手持红表笔使笔尖沿线路轻轻滑动，表上若显示有几伏或零点几伏（因电缆的不同而不同）的电压，且移动到某一位置时表上的显示值突然降低很多，则记下这一位置。一般情况下，断点就在这一位置前方 10～20cm 的地方。

用这种方法还可以寻找故障电热毯等电阻丝的断路点。

（4）测量 UPS 电源的频率

对于 UPS 电源来说，其输出端电压的稳定性是重要参数，其输出的频率也很重要，但是不能直接用数字万用表的频率挡去测量，因为万用表频率挡能承受的电压很低，只有几伏。这时可以在 UPS 电源的输出端接 220V/6V 或 220V/4V 降压变压器，将电压降低，而不改变电源的频率，然后将频率挡与变压器的输出相接，就可以测量出 UPS 电源的频率。

2．VC9805A 型数字万用表的检修及故障分析

（1）VC9805A 型数字万用表的检修

① 检查数字万用表的故障，首先应检查和判断故障现象是带共性的（例如所有挡都不能测量），还是带个性的（例如仅电流挡不能测量），对所有挡均不能工作甚至无液晶显示，

应重点检查电源电路和 A/D 转换器；若个别挡有问题，说明电源和 A/D 转换器工作正常，应参照单元电路去寻找故障。

② 数字万用表的最小直流电压挡（即直流 200mV 挡）是三位半数字万用表的基本挡，其余挡大都在此基础上扩展而成，因此检修仪表时应先检查该挡工作是否正常。

③ 直流电压基本挡不回零。一般是由于分压电阻附近较脏，应擦洗电阻周围使之回零，然后由直流电压源输入 1V 电压进行校准，校准时调直流电位器。

④ 基准电压不正常，无论仪表打到哪挡始终显示"1"。应检查集成块 7106 的第 35、36 引脚之间有无 100mV 的基准电压，再检查开关 VR$_1$ 电位器是否良好、分压电阻 R$_{12}$（4Ω）和 R$_{13}$（150Ω）的值是否准确。

⑤ 各挡显示数字乱跳，无法使用。此故障多数是因为测大容量电容时没有放电，也有的是测量时打错挡位，导致双时基集成块 7556 和 7106 损坏。检查时首先在电池两端测电流，若大于 10mA，则说明 7556 损坏；取下此片，再测，电流还很大，则 7106 损坏；取下此片，再测，电流小于 2.5mA，则说明其他部分基本正常；若稍大一点，则说明某些电容有些漏电。对损坏的元件及时更换后，先检查 200mV 挡是否正常，再进行其他功能的测试。

⑥ 蜂鸣器不响。如指示灯亮，则可能是集成块 7011 损坏；如灯不亮，则可能是集成块 062 损坏，它的一半引脚管交流电流，一半管蜂鸣器，打到蜂鸣器挡，响则说明管蜂鸣器的那一半完好；打到交流 2V 挡，用改锥碰输入端，显示"1"，则说明管交流的那一半完好。

⑦ 开机显示"1888"，是 4070 集成块或 4077 集成块损坏；表的小数点始终亮，除 4070 或 4077 集成块有故障外，还可能是 1MΩ 电阻开路所致。

（2）VC9805A 型数字万用表常见故障分析

故障现象 1：交流电流、电压各挡，在无电压输入的情况下显示均不为零。

故障分析：打开表壳仔细观察后发现，该表因长期使用，开关触片间被严重污染，凡开关触片经过的地方均有被铜粉末污染的黑色轨迹。这些污染则构成了一定量的容量不规则的伏打电池，其电压对测量机构产生作用，因此各挡显示不能回零。

解决方法：用棕毛刷蘸取航空汽油，清洗开关触片，再用清水洗净，晾干后交流各挡显示回零，故障排除。

故障分析：在交流电压测量电路中有一只交流放大器，其输出端与输入端由一只反馈电容相连。反馈电容开路，高频信号将跟随被测信号直接进入测量机构，在无输入的情况下，外电场的干扰信号也会直接被放大，表现出不能回零的现象。

解决方法：更换交流放大器的反馈电容，故障即消除。

故障现象 2：在 200Ω、2kΩ、20kΩ 等低阻挡测量正常，但打至 20MΩ 电阻挡时，无论被测电阻大小如何，总显示出较稳定的固定值，根本无法正确显示被测电阻的阻值。

故障分析：开箱检查后发现，电池漏液较严重，已漫延至电路板上，结果形成新的通路，使部分本无联系的电路彼此相通，估计漏液的等效电阻为 9MΩ。在低电阻挡测量时，因漏液的电阻 R$_{漏}$ 远大于 200Ω→2kΩ→20kΩ 的量程范围，R$_{漏}$ 上分走的电流很小，漏液电阻的分流影响几乎可以忽略，测量结果所受影响不大。随着量程范围的增大，R$_{漏}$ 的影响开始增大，到达 20MΩ 挡时，就出现了无论是否有被测电阻，都有稳定 9MΩ 的显示值。

解决方法：用干布擦除所有电池漏液，更换新电池，再开机检查，故障完全消失。

故障现象 3：LCD 显示的数字笔画不完整，用力按压机壳故障消失，稍一松手，故障再现。

故障分析：机壳内显示芯片引脚、引电橡胶及 LCD 显示屏字画电极间接触不良所致。

解决方法：取一片透明的塑料薄膜，剪成与 LCD 显示屏同大小的一块垫在机壳显示窗与 LCD 显示屏之间，再上紧后盖板螺钉，迫使内部组件紧密接触，结果 LCD 显示恢复正常。

故障现象 4：电压、电流、电阻各挡小数点显示位与应显示位不一致。

故障分析：开箱检查发现，开关盘定位爪断损，动触片着力不匀而变形，变形后的动触片在该接通的位置没有接通，却在不该接通的相邻位置接通了，导致了小数点错位。

解决方法：更换变形的动触片后，故障完全消除。

故障现象 5：对一稳定的 100V 直流电压进行测量，开始显示为 105.1V，2min 后变为溢出显示，直流电压挡测量结果前后不一致。

故障分析：经检查是该万用表所用电池电量不足所致。当电池欠电压时，该万用表模数变换器中的标准电压不断发生偏离，于是示值误差将随着电池性能的不断下降而增大，时间越长，示值误差越明显。

解决方法：更换万用表电池即可。

故障现象 6：交流电压 750V 挡测量 50V 交流电压时，居然溢出显示。

故障分析：开箱检查后发现，与输入通道相连的定触片间有电弧烧伤的痕迹。该处胶木板因被烧伤炭化而被击破，使本应该经分压器分压的外界被测电压直接传到了放大器的输入端，由于该被测电压远大于放大器正常状态的输入电压，迫使 LCD 溢出显示。

解决方法：用刀片剔除电路板上烧伤的胶木，故障排除。

故障现象 7：电容挡有多挡溢出显示。

故障分析：经查实，因开关定触片上的阻焊膜过多，阻碍动触片间的良好接触，使得单稳态电路中的定时电阻没有参与工作，单稳态触发器的 1、2 端就没有电源电压的作用，结果表现为电容挡溢出显示。

解决方法：用刀片剔除触片上多余的阻焊膜，故障被消除。

故障现象 8：基本电压挡正常，但其余电压挡总显示为零。

故障分析：直流电压测量电路中排在首位的分压电阻开路，造成输入信号与测量机构间的通路被切断。因此，除基本电压挡外，无论外加多大的输入电压都不能传入测量机构，显示始终为零。

解决方法：找到受损的分压电阻，更换后故障被消除。

故障现象 9：电压各挡显示不回零。

故障分析：经细查发现，COM 与 V/Ω 之间的污染是主要原因。如果表的封箱螺钉未上紧，或插座上的密封垫松动，外界潮湿的气体进入后发生化学反应，随着时间的推移反应物的浓度不断增加，所带电荷不断积累，最终形成原电池，如果原电池为正，则 LCD 显示正值；反之，则 LCD 显示负值。

解决方法：打开表壳，在 COM 与 V/Ω 插座间用卫生纸吸潮后用酒精棉清洗，待晾干后通电检查，故障消除。

◇ 操作训练　数字万用表的使用

1．测量电压

① 打开数字式万用表的开关后，将红表笔插入电压检测端 V/Ω 插孔，黑表笔插入公共端 COM 插孔，如图 3-13 所示。

② 旋转数字式万用表的功能旋钮，将其调整至直流电压检测区域的 20 挡，如图 3-14 所示。

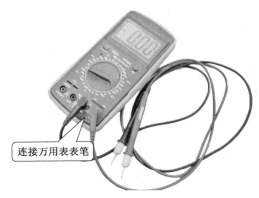

图 3-13　连接表笔

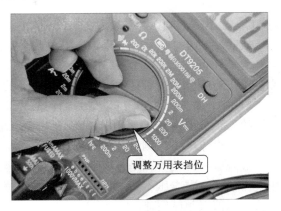

图 3-14　调整功能旋钮至电压挡

③ 将数字式万用表的红表笔连接待测电路的正极，黑表笔连接待测电路的负极，如图 3-15 所示，即可检测出待测电路的电压值为 3V。

图 3-15　检测电压

2．测量直流电流

① 打开数字式万用表的电源开关，如图 3-16 所示。

② 将黑表笔插入"COM"插孔。估计被测电流的大小，将红表笔插入"mA"或"10A"插孔中，如图 3-17 所示，以防止电流过大而无法检测数值。

③ 将数字式万用表功能旋钮调整至直流电流挡最大量程处，如图 3-18 所示。

④ 将数字式万用表串联入待测电路中，红表笔连接待测电路的正极，黑表笔连接待测电路的负极，如图 3-19 所示，即可检测出待测电路的电流值为 0.15A。

图 3-16　打开电源开关

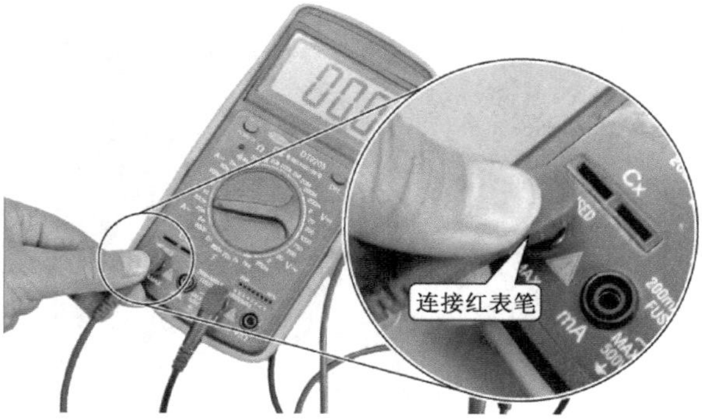

图 3-17　连接表笔

图 3-18　调整数字式万用表量程

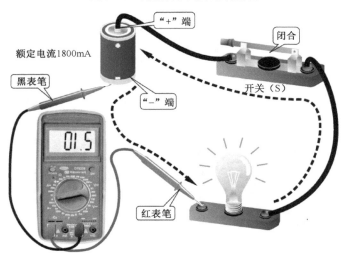

图 3-19　检测电流

3. 测量电容器

① 打开数字式万用表的电源开关后，将数字式万用表的功能旋钮旋转至电容检测挡，如图 3-20 所示。

② 将待测电容器的两个引脚，插入数字式万用表的电容检测插孔，如图 3-21 所示，即

可检测出该电容器的容量。

图 3-20　调整至电容检测挡

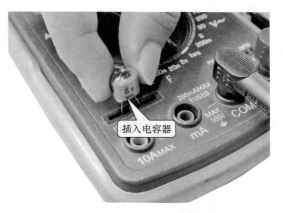

图 3-21　检测电容器

4. 测量晶体管

① 将数字式万用表的电源开关打开，并将数字式万用表的功能旋钮旋转至晶体管检测挡，如图 3-22 所示。

图 3-22　调整至晶体管检测挡

② 将已知的待测晶体管，根据晶体管检测插孔的标识插入晶体管检测插孔中，如图 3-23 所示，即可检测出该晶体管的放大倍数。

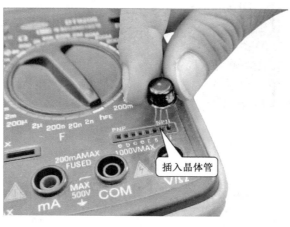

图 3-23　检测晶体管

拓展演练　常用电子元器件检测

1．用万用表测量电阻

① 将 6 只电阻插在硬纸板上。根据电阻上的色环，读出它们的标称值。

② 将万用表按要求调整好，并置于 $R×100$ 挡，调整欧姆挡零位调整旋钮调零。

③ 分别测量 6 只电阻。将电阻测量值填在表 3-1 中，测量时注意读数应乘以倍率。

④ 若测量时指针偏角太大或太小，应换挡后再测。换挡后应再次调零才能使用。

⑤ 相互检查。6 只电阻中你测量正确的有几只？将测量值和标称值相比较，了解各电阻的误差。

⑥ 将万用表功能开关置于 $R×10k$ 挡，测量光敏电阻在有光照射和无光照射时的阻值。

⑦ 按要求收好万用表。

表 3-1　电阻测量值

元器件名称	标　称　值	实际测量值	相　对　误　差
光敏电阻		明阻：	暗阻：

2．用万用表测量电容

① 将万用表调整好，置于 $R×1k$ 挡，调整欧姆挡零位调整旋钮进行调零。

② 测量 1000pF、0.1μF、22nF 三只电容器的绝缘电阻，将测量值填在表 3-2 中，并观察万用表指针的摆动情况（测量时练习用右手单手持表笔，左手拿电容器）。

③ 测量 47μF、220μF 电解电容器绝缘电阻，将测量值填在表 3-2 中，并观察表针的摆动情况（注意正负表笔的正确接法，每次测试后应将电容器放电）。

表 3-2　电容测量值

电容器的标注	1000pF	0.1μF	22μF	47μF/16V	220μF/50V
电容器标称值					
电容器测量值					
实测误差					

3．用万用表测量二极管

① 将万用表调整好，选择电阻挡 $R×100$ 或 $R×1k$。

② 测量二极管的正反向电阻，将测量值填在表 3-3 中。将万用表的红、黑表笔分别接在二极管的两端，而测得电阻比较小（几千欧姆以下），再将红、黑表笔对调后接在二极管两端，而测得电阻比较大（几百千欧以上），说明二极管具有单向导电性，质量良好。测得电阻小的那一次黑表笔接的是二极管的正极。

③ 如果测得二极管的正、反向电阻都很小，甚至为零，表示管子内部已短路；如果测

得二极管的正、反向电阻都很大，则表示管子内部已断路。

表 3-3　二极管测量值

元件名称	型号	R×10		R×100		R×1k		质量判别	
		正向电阻	反向电阻	正向电阻	反向电阻	正向电阻	反向电阻	好	坏

4．用万用表测量三极管

① 测 c、e 两极之间电阻。注意表笔接法（NPN 型三极管，黑表笔接 c，红表笔接 e，PNP 型三极管相反），此值应较大（大于几百千欧）。同时用手握住管壳使其升温，这时电阻值要变小，变化越大，三极管稳定性越差，将测量值填在表 3-4 中。

② 在上一步的基础上，在 b、c 两极间加接 100kΩ 电阻（也可用手同时捏住 b、c 两极），观察表针右摆幅度，表针向右摆动幅度越大，三极管放大能力越大。

表 3-4　三极管测量值

元件名称	型号	R_{be}		R_{bc}		R_{ce}		β	质量判别	
		正向电阻	反向电阻	正向电阻	反向电阻	正向电阻	反向电阻		好	坏

➡ 同步练习

一、填空题

1．某数字电压表的最大计数显示为 19999，通常称该表为_____位数字电压表；若其最小量程为 0.2V，则其分辨力为_____。

2．测量电压时，应将电压表_____联接入被测电路；测量电流时，应将电流表_____联接入被测电路。

3．万用表可用来测量_____、_____、_____和_____等物理量。万用表可分为_____和_____两大类。

4．万用表测量的对象包括：_____、_____、_____和_____等电参量。同时，可测_____、_____、_____、_____。

5．用万用表测量直流电压时，两表笔应_____接在被测电路两端，且_____表笔接高电位端，_____表笔接低电位端。

6．1999 属于_____位数字万用表，在 10V 量程上的超量程能力为_____，在 0.2V 量程上的超量程能力为_____。

7．数字电压表显示位数越多，则_____。

8．数字万用表的核心是_____。

二、判断题

1．一般直流电表不能用来测量交流电。 （　　）
2．测量时电流表要并联在电路中，电压表要串联在电路中。 （　　）
3．一般，万用表红表笔接正极，黑表笔接负极。 （　　）
4．使用万用表交流电压挡测量时，一定要区分表笔的正负极。 （　　）
5．万用表广泛应用于无线电、通信和电工测量等领域。 （　　）
6．使用数字万用表测量电阻，红表笔接 COM 端带负电，黑表笔接 VΩ 端带正电。
（　　）

7．使用指针式万用表测量多个电阻时，只需要选择合适的量程挡，进行一次机械调零、欧姆调零即可。 （　　）

8．使用万用表测量过程中，若需要更换量程挡，则应先将万用表与被测电路断开，量程挡转换完毕再接入电路测量。 （　　）

双踪示波器

 场景描述

　　双踪示波器是一种能将被测电信号直观显示出来的电子仪器。它可以测量交、直流电压的大小，测量交流信号的波形、幅度、频率和相位等参数，如果与其他有关的电子仪器（如信号发生器）配合，还可以检测电路是否正常。

 基础知识

　　双踪示波器是一种用途很广的电子测量仪器。利用它可以测出电信号的一系列参数，如信号电压（或电流）的幅度、周期（或频率）、相位等。

知识链接 1 　双踪示波器的结构与工作原理

1．双踪示波器的结构

　　双踪示波器主要有两种：一种是采用双束示波管的示波器，另一种是采用单束示波管的示波器。

　　双束示波管的双踪示波器采用的双束示波管，如图 4-1 所示，内部有两个电子枪和偏转板，它们相互独立，但共用一个荧光屏，在测量时只要将两个信号送到各自的偏转板，两个电子枪发射出来的电子束就在荧光屏不同的位置分别扫出两个信号波形。单束示波管的双踪示波器采用与单踪示波器一样的示波管，由于这种示波管只有一个电子枪，为了在荧光屏上同时显示两个信号波形，需要通过转换的方式来实现。

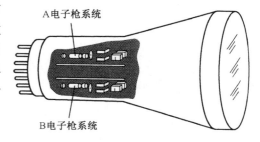

图 4-1　双束示波管结构

　　双束示波管的双踪示波器由于采用了成本高的双束示波管，并且具有相应两套偏转电路和 Y 通道，所以测量时具有干扰少、各信号调节方便、波形显示清晰明亮和测量误差小的优点，但因为它的价格贵、功耗大，所以普及率远远不如单束示波管的双踪示波器。

2．多波形显示原理

　　单束示波管只有一个电子枪，要实现在一个屏幕上显示两个波形，可以采用两种扫描方式：一种是交替转换扫描，另一种是断续转换扫描。

（1）交替转换扫描

交替转换扫描是在扫描信号（锯齿波电压）的一个周期内扫出一个通道的被测信号，而在下一个周期内扫出另一个通道的被测信号。下面以图 4-2 所示的示意图来说明交替转换扫描原理。

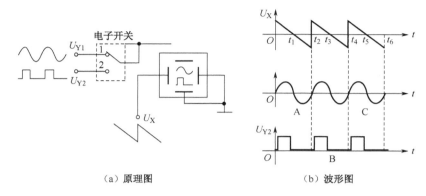

（a）原理图　　　　　　　　（b）波形图

图 4-2　交替转换扫描的原理与波形

当 $0\sim t_2$ 期间的锯齿波电压送到 X 偏转板时，电子开关置于"1"，Y_1 通道的 U_{Y1} 信号的 A 段经开关送到 Y 偏转板，在屏幕上扫出 U_{Y1} 信号的 A 段。

当 $t_2\sim t_4$ 期间的锯齿波电压送到 X 偏转板时，电子开关切换到"2"，Y_2 通道的 U_{Y2} 信号的 B 段经开关送到 Y 偏转板，在屏幕上扫出 U_{Y2} 信号的 B 段。

当 $t_4\sim t_6$ 期间的锯齿波电压送到 X 偏转板时，电子开关又切换到"1"，Y_1 通道的 U_{Y1} 信号的 C 段经开关送到 Y 偏转板，在屏幕上扫出 U_{Y1} 信号的 C 段。

如此反复，U_{Y1} 和 U_{Y2} 信号的波形在屏幕上被依次扫出，两个信号会先后显示出来，但由于荧光粉的余辉效应，U_{Y2} 信号波形扫出后 U_{Y1} 信号波形还在显示，故在屏幕上能同时看见两个通道的信号波形。

为了让屏幕上能同时稳定显示两个信号的波形，要满足：

① 要让两个信号能在屏幕不同的位置显示，要求两个通道的信号中直流成分不同。

② 要让两个信号能同时在屏幕上显示，要求电子开关切换频率不能低于人眼视觉暂留时间（约 0.04s），否则将会看到两个信号先后在屏幕上显示出来。所以这种方式不能测频率很低的信号。

③ 为了保证两个信号都能同步，要求两个被测信号频率是锯齿波信号的整数倍。

由于交替转换扫描不是完整地将两个信号扫出来，而是间隔选取每个信号的一部分进行扫描显示，对于周期性信号，因为每个周期是相同的，这种方式是可行的；但对于非周期性信号，每个周期的波形可能不同，这样间隔会漏掉一部分信号。

（2）断续转换扫描

交替转换扫描不适合测量频率过低的信号和非周期信号，而采用断续转换扫描方式可以测这些信号。

断续转换扫描是先扫出一个通道信号的一部分（远小于一个周期），再扫出另一个通道信号的一部分，接着又扫出第一个通道信号的一部分，结果会在屏幕上扫出两个通道的断续信号波形。下面以图 4-3 为例来说明断续转换扫描的原理。

在图 4-3（a）中，电子开关受信号的控制，当高电平来时，开关接"1"；低电平来时，开关接"2"。

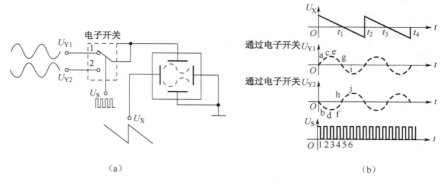

(a)   (b)

图 4-3　断续转换扫描的原理与波形

　　当 U_S 信号的第 1 个脉冲来时，开关 S 置于 "1"，U_{Y1} 信号的 a 段到来，它通过开关加到 Y 偏转板，在屏幕上扫出 U_{Y1} 信号的 a 段。

　　当 U_S 信号的第 2 个脉冲来时，开关 S 置于 "2"，U_{Y2} 信号的 b 段到来，它通过开关加到 Y 偏转板，在屏幕上扫出 U_{Y2} 信号的 b 段。

　　当 U_S 信号的第 3 个脉冲来时，开关 S 置于 "1"，U_{Y1} 信号的 c 段到来，它通过开关加到 Y 偏转板，在屏幕上扫出 U_{Y1} 信号的 c 段。

　　当 U_S 信号的第 4 个脉冲来时，开关 S 置于 "2"，U_{Y2} 信号的 d 段到来，它通过开关加到 Y 偏转板，在屏幕上扫出 U_{Y2} 信号的 d 段。

　　如此反复，U_{Y1} 和 U_{Y2} 信号的波形在屏幕上被同时扫描显示出来，但由于两个信号不是连续而是断续扫描出来的，所以屏幕上显示的两个信号波形是断续的，如图 4-3（b）所示。如果开关控制信号的频率很高，那么扫描出来的信号相邻段间隔小，如果间隔足够小，眼睛难于区分出来，信号波形看起来就是连续的。

　　断续转换扫描的优点是在整个扫描过程内，两个信号都能同时被扫描显示出来，可以比较容易测出低频和非周期信号，但由于是断续扫描，故显示出来的波形是断续的，测量时可能会漏掉瞬变的信号。另外，为了防止显示的波形断续间隙大，要求电子开关的切换频率远大于被测信号的频率。

知识链接 2　双踪示波器的组成

　　双踪示波器的组成框图如图 4-4 所示。

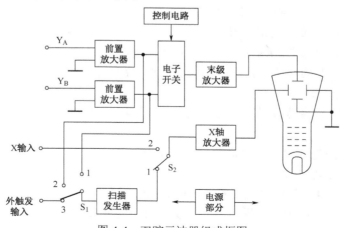

图 4-4　双踪示波器组成框图

从图 4-4 中可以看出，与单踪示波器相比，双踪示波器主要多了一个 Y 通道和电子开关控制电路。双踪示波器的电子开关工作状态有"交替"、"断续"、"A"、"B"和"A+B"几种。

1．交替状态

当示波器工作在交替状态时，在扫描信号的一个周期内，控制电路让电子开关将 Y_A 通道与末级放大电路接通，在扫描信号的下一个周期到来时，电子开关将 Y_B 通道与末级放大电路接通。在这种状态下，屏幕上先后显示两个通道被测信号，因为荧光粉的余辉效应，会在屏幕上同时看见两个信号波形。

2．断续状态

当示波器工作在断续状态时，在扫描信号的每个周期内，控制电路让电子开关反复将 Y_A、Y_B 通道交替与末级放大电路接通，Y_A、Y_B 通道断续的被测信号经放大后送到 Y 轴偏转板。在这种状态下，屏幕上同时显示两个通道断续的被测信号。

3．"A"状态

当示波器工作在"A"状态时，控制电路让电子开关将 Y_A 通道一直与末级放大电路接通，Y_A 通道的被测信号经放大后送到 Y 轴偏转板。在这种状态下，屏幕上只显示 Y_A 通道的被测信号。

4．"B"状态

当示波器工作在"B"状态时，控制电路让电子开关将 Y_B 通道一直与末级放大电路接通，Y_B 通道的被测信号经放大后送到 Y 轴偏转板。在这种状态下，屏幕上只显示 Y_B 通道的被测信号。

5．"A+B"状态

当示波器工作在"A+B"状态时，控制电路让电子开关同时将 Y_A、Y_B 通道与末级放大电路接通，Y_A、Y_B 通道两个被测信号经叠加再放大后送到 Y 轴偏转板。在这种状态下，屏幕上显示上 Y_A、Y_B 通道的两个被测信号叠加波形。

知识链接 3　双踪示波器操作面板

UC8040 双踪示波器的外形结构和面板如图 4-5 所示。

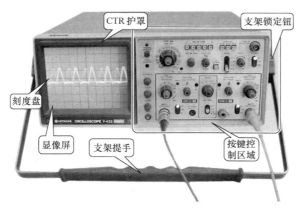

图 4-5　双踪示波器的外形结构和面板

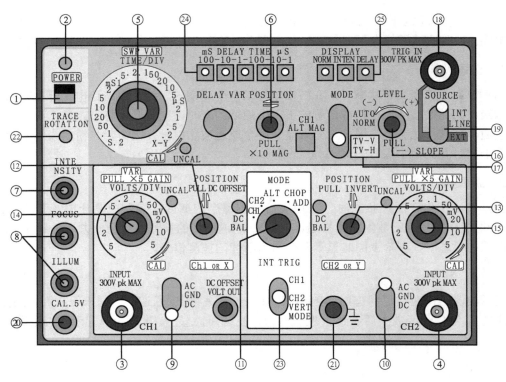

图 4-5 双踪示波器的外形结构和面板（续）

各控制旋钮和按键的功能列于表 4-1 中。

表 4-1 UC8040 面板控制旋钮和按键功能

序　号	控制件名称	功　　能
①	电源开关	按下开关键，电源接通；弹起开关键，断电
②	指示灯	按下开关键，指示灯亮；弹起开关键，灯灭
③	CH1 信号输入端	被测信号的输入端口：左为 CH1 通道
④	CH2 信号输入端	被测信号的输入端口：右为 CH2 通道
⑤	扫描速度调节旋钮	用于调节扫描速度，共 20 挡
⑥	水平移位旋钮	用于调节轨迹在屏幕中的水平位置
⑦	亮度旋钮	调节扫描轨迹亮度
⑧	聚焦旋钮	调节扫描轨迹清晰度
⑨	耦合方式选择键	用于选择 CH1 通道被测信号馈入的耦合方式，有 AC 、GND、DC 三种方式
⑩	耦合方式选择键	用于选择 CH2 通道被测信号馈入的耦合方式，有 AC 、GND、DC 三种方式
⑪	方式（垂直通道的工作方式选择键）	Y1 或 Y2：通道 Y1 或通道 Y2 单独显示 交替：两个通道交替显示 断续：两个通道断续显示，用于扫描速度较低时的双踪显示 相加：用于显示两个通道的代数和或差
⑫	垂直移位旋钮	用于调整 CH1 通道轨迹的垂直位置
⑬	垂直移位旋钮	用于调整 CH2 通道轨迹的垂直位置
⑭	垂直偏转因数旋钮	用于 CH1 通道垂直偏转灵敏度的调节，共 10 挡
⑮	垂直偏转因数旋钮	用于 CH2 通道垂直偏转灵敏度的调节，共 10 挡

续表

序 号	控制件名称	功 能
⑯	触发电平旋钮	用于调节被测信号在某一电平触发扫描
⑰	电视场触发	专用触发源按键,当测量电视场频信号时将旋钮置于 TV-V 位置,这样使观测的场信号波形比较稳定
⑱	外触发输入	在选择外触发方式时触发信号输入插座
⑲	触发源选择键	用于选择触发的源信号,从上至下依次为 INT、EXT、LINE
⑳	校准信号	提供幅度为 0.5V、频率为 1kHz 的方波信号,用于检测垂直和水平电路的基本功能
㉑	接地	安全接地,可用于信号的连接
㉒	轨迹旋转	当扫描线与水平刻度线不平行时,调节该处可使其与水平刻度线平行
㉓	内触发方式选择	CH1、CH2 通道信号的极性转换,CH1、CH2 通道工作在"相加"方式时,选择"正常"或"倒相"可分别获得两个通道代数和或差的显示
㉔	延迟时间选择	设置了 5 个延迟时间挡位供选择使用
㉕	扫描方式选择键	自动:信号频率在 20Hz 以上时选用此种工作方式 常态:无触发信号时,屏幕无光迹显示,在被测信号频率较低时选用 单次:只触发一次扫描,用于显示或拍摄非重复信号

知识链接 4　其他类型双踪示波器

KENWOOD CS-4125A 20MHz 双踪示波器操作面板及使用方法介绍如下。

1．前面板说明

前面板如图 4-6 所示,各项操作功能如下。

（1）CRT

显示范围为垂直轴 8div（80mm）,水平轴 10div（100m）。为使显示信号与刻度间不会产生视差,采用了标示于屏幕内侧的刻度。此外在刻度的左端则标示有测定响应时间的%记号。

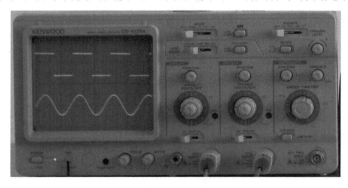

图 4-6　示波器前面板

（2）POWER（ ⌐ ◻ ○）

将此电源开关按下即为开启电源,再按一次即为关闭电源。

（3）电源指示灯

当电源开启时,指示灯则点亮。

（4）CAL 端子

其为校正用电压端子,用于调整探针时,可得到 1V 正极性,约 1kHz 的方波信号输出。

（5）INTEN

调整显示亮线的亮度。

（6）FOCUS

其为焦点调整钮，可调整其以得到清晰的显示信号。

（7）TRACE ROTA

可调整水平亮线的倾角。当水平亮线受地磁作用影响时，可用调整起子将水平亮线调整至与中央的水平轴刻度平行。

（8）刻度照明

控制 CRT 格子刻度线的亮度。

（9）GND 端子

其为接地的端子，与其他仪器间取得相同的接地时用。

（10）↕POSITION

其可用以调整屏幕上 CH1 波形的垂直位置，在 X—Y 动作下可用于 Y 轴位置调整。

（11）VOLTS/DIV（针对 CH1）

其为用以设定垂直轴感度的 CH1 垂直轴衰减钮。此钮可在 1—2—5 级数间切换。将 VARIABLE 钮旋至 CAL 位置时，可得到校正的垂直轴感度。在 X—Y 状态下则成为 Y 轴的衰减器。

（12）VARIABLE

其为 CH1 垂直轴的衰减微调钮。在范围内可对 VOLTS/DIV 做连续调整。向右旋至 CAL 位置时可得到已校正的值。在 X—Y 动作下则成为 Y 轴的衰减微调钮。

（13）AC—GND—DC（针对 CH1）

其可用以选择 CH1 垂直轴输入信号的组合方式。

AC：输入信号为交流电，其直流成分则被除去。低频的−3dB 衰减点在使用 1∶1 的探针或同轴电缆时为 10Hz 以下，若使用修正过的 1∶10 探针则在 1Hz 以下。

GND：将垂直增幅器的输入端接地，则可用以确认其接地电位。输入阻抗对 GND 为 1MΩ，而输入信号则未接地。在此 MODE 下由于防止亮线跳动的电路作用，当从 GND 切换为 AC 时，可防止 TRACE 位置做急速改变。

DC：输入信号包括直流成分，故可同时观测其直流成分。在 X—Y 动作下，则成为 Y 轴的输入切换钮。

（14）CHI INPUT

其为 CH1 的垂直轴输入端子。在 X—Y 动作下则为 Y 轴的输入端子。

（15）BAL

调整 CH1 的 DC 平衡。此机器在出厂时已调好，但会随周围温度发生错位，在旋转 VOLTS/DIV 钮时，为防止亮线上下移动，可用螺丝刀等调整。

（16）↕POSITION

其可用以调整屏幕上 CH2 波形垂直位置。

注意：X—Y 启动时，如旋转此钮，亮线会在水平方向有些移动，这属于正常现象。

（17）VOLTS/DIV（针对 CH2）

其为 CH2 的垂直轴衰减钮，其作用如同 CH1 的 VOLTS/DIV 调整钮，在 X—Y 动作下则成为 X 轴的衰减钮。

（18）VARIABLE

其为 CH2 垂直轴的衰减微调钮。其作用如同 CH1 的微调钮。在 X—Y 动作下则为 X 轴衰减微调钮。

（19）AC—GND—DC（针对 CH2）

其可用以选择 CH2 垂直轴输入信号的组合方式。其作用如同 CH1 的 AC—GND—DC 钮，在 X—Y 动作下，则成为 X 轴的输入切换器。

（20）CH2 INPUT

其为 CH2 的垂直轴输入端子，在 X—Y 动作下则成为 X 轴的输入端子。

（21）BAL

其为 CH2 的 DC 平衡调整钮。CH2 的调整方法与 CH1 相同，使用螺丝刀等工具来调整。

（22）VERT MODE

可用以选择垂直轴的作用方式，具体如下。

CH1：显示 CH1 输入信号。

CH2：显示 CH2 输入信号。

ALT：每次扫描交替显示 CH1 及 CH2 的输入信号。

CHOP：与 CH1 及 CH2 输入信号频率无关，而以 250kHz 在两频道间切换显示。

ADD：显示 CH1 及 CH2 输入信号的合成波形（CH1+CH2）。但在 CH2 设定为 INVERT 状态时，则显示 CH1 与 CH2 输入信号之差。

ALT MODE 与 CHOP MODE：上述两种 MODE 由显示时间加以区分。在 CHOP MODE 下将两频道细分化，然后在两频道间交替显示，并非完全扫描完一频道后再显示另一频道，通常用于小于 1ms/div 的低速扫描及闪动率小的观测中。ALT MODE 则在每次扫描完后交替切换显示，故各频道显示较鲜明，通常用于高速扫描。

（23）CH2 INVERT

当按下此钮时，CH2 输入信号极性被反相。

（24）X—Y

当按下此钮时，VERT MODE 的设定变为无效，而将 CH1 变为 Y 轴，CH2 变为 X 轴，成为 X—Y 轴示波器。

（25）MODE

其可用以选择 TRIGGER 的方式，具体如下。

AUTO：由 TRIGGER 信号启动扫描，若无 TRIGGER 信号，则显示 Free Run 亮线。

NORM：由 TRIGGER 信号启动扫描，但与 AUTO 不同的是，若无正确的 TRIGGER 信号，则不会显示亮线。

FIX：将同步 Level 加以固定。此时的同步与 TRIGGER LEVEL 无关。

TV-F：将复合映象信号的垂直同步脉冲分离出来与 TRIGGER 电路结合。

TV-L：将复合映像信号的水平同步脉冲分离出来与 TRIGGER 电路结合。

本机的 TRIGGER 信号为交流信号时，将直流成分除去后再与 TRIGGER 电路结合。

（26）SOURCE

用以选择 TRIGGER 信号的来源。

VERT：TRIGGER 信号源由 VERT MODE 加以选择，见表 4-2。

表 4-2 功能选择

VERT	TRIGGER 信号源
CH1	CH1
CH2	CH2
ALT	由 CH1 及 CH2 交替作用
CHOP	CH1
ADD	CH1、CH2 的合成信号

CH1：TRIGGER 信号源为 CH1 的输入信号。

CH2：TRIGGER 信号源为 CH2 的输入信号。

LINE：TRIGGER 商用电源的电压波形。

EXT：TRIGGER EXT TRIG 端子的输入信号。

（27）SLOPE（⊓ ⌐ ⎍ ⎍ ）

其用以选择触发扫描的信号 SLOPE 极性。未按下此钮时（⊓ ⌐），于 TRIGGER 信号上升时被触发；按下此钮时（⊓ ⌐），于 TRIGGER 信号下降时被触发。

（28）TRIGGER LEVEL

其用于调整 TRIGGER LEVEL。可用以设定在 TRIGGER 信号波形 SLOPE 的哪一点上被触发而开始进行扫描。

（29）EXT TRIG

其为外部 TRIGGER 信号的输入端子。将 SOURCE 钮设定于 EXT 时，此端子即成为 TRIGGER 信号的输入端子。

（30）◄ ► POSITION

其可用以调整所显示波形的水平位置。在 X—Y 动作下则成为 X 轴的位置调整钮。

（31）SWEEP TIME/DIV

其为扫描时间的切换器。可在 0.2～0.5μs/div 之间以 1—2—5 级数调整，共有 20 种变化。当 VARIABLE 钮向右旋至 CAL 位置时则得到校正的指示值。

（32）VARIABLE

其为扫描时间的微调器，可在 SWEEP TIME/DIV 的各段间做连续变化。向右旋至 CAL 位置时，可得到已被校正值。

（33）×10MAG

按下此钮，则显示波形由屏幕中央向左、右扩大 10 倍。

2．后面板说明

后面板如图 4-7 所示。

（1）Z.AXIS INPUT

其为外部亮度调变端子。电压为正时亮度减弱，为 TTL LEVEL 时则亮度转变。

（2）CH1 OUTPUT

其为 CH1 的垂直输出端子，其输出为 AC。可连接上计数器以测定频率。当测定频率时，可能会因干扰信号影响而无法得到正确的值，此时可将 CH1 的 VOLTS/DIV 调至其他范围，或将 VARIABLE 钮调至 CAL 以外的位置。此外 CH1 及 CH2 不可串接。

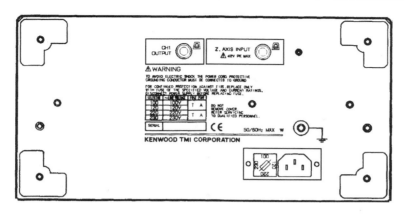

图 4-7　示波器后面板

（3）▼（电源电压设定标志）

其表示本机出厂时所设定的使用电压。此标志下所指示的值，即为电源电压切换器预设值。

（4）熔丝座、电源电压切换器

先将电源线移去后，再将熔丝座的电源电压切换器转至使用电压位置。

（5）电源插座

其用于连接 AC 电源线。

3．探针说明

CS-4125A 与 CS-4135A 所附带的 PC-54
探针可切换衰减比 1/1～1/10，为示波器探针。
其示意图如图 4-8 所示。

⚠ 最大输入电压：600V（DC+ACpeak）。

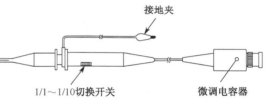

图 4-8　探针示意图

操作训练　双踪示波器的使用

UC8040 双踪示波器使用方法如下。

① 首先将示波器的电源线接好，接通电源，其操作如图 4-9 所示。

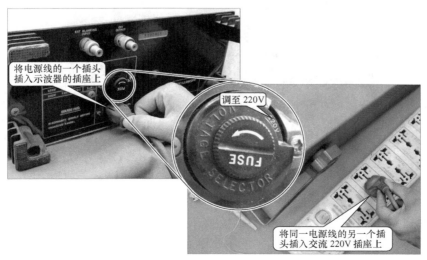

图 4-9　接通电源

② 开机前检查键钮，其操作如图 4-10 所示。

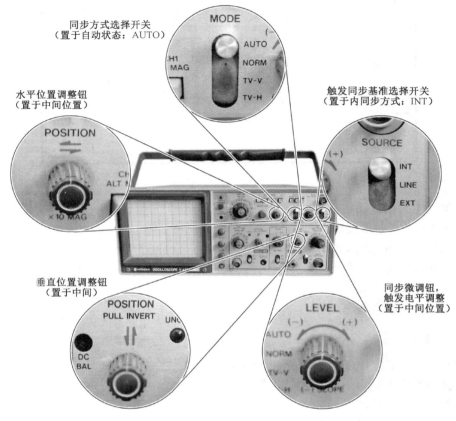

图 4-10　开机前检查键钮

③ 按下示波器的电源开关（POWER），电源指示灯亮，表示电源接通，其操作如图 4-11 所示。

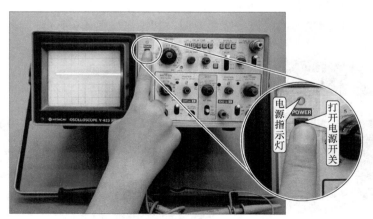

图 4-11　按下示波器的电源开关

④ 调整扫描线的亮度，其操作如图 4-12 所示。

⑤ 调整显示图像的水平位置旋钮，使示波器上显示的波形在水平方向，其操作如图 4-13 所示。

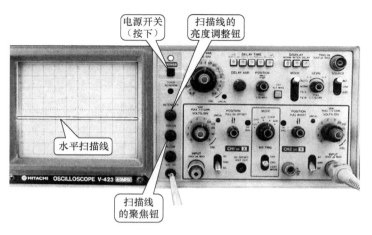

图 4-12　调整扫描线的亮度

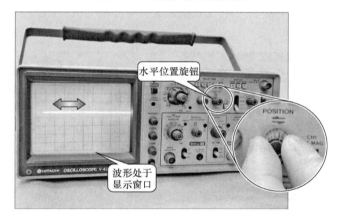

图 4-13　调整水平位置旋钮

⑥ 调整垂直位置旋钮，使示波器上显示的波形在垂直方向，其操作如图 4-14 所示。

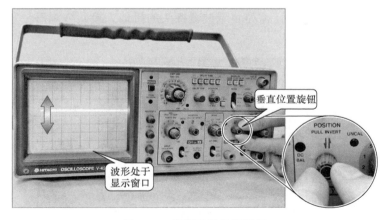

图 4-14　调整垂直位置旋钮

⑦ 将示波器的探头（BNC 插头）连接到 CH1 或 CH2 垂直输入端，另一端的探头接到示波器的标准信号端口，显示窗口会显示出方波信号波形，检查示波器的精确度，其操作如图 4-15 所示。

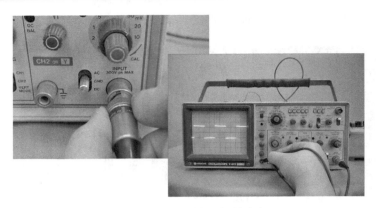

图 4-15　检测示波器的精确度

⑧ 估计被测信号的大小，初步确定测量示波器的挡位，操作如图 4-16 所示。

⑨ 将输入耦合方式开关拨到"AC"（测交流信号波形）或"DC"（测直流信号波形）位置，其操作如图 4-17 所示。

图 4-16　确定测量示波器的挡位

图 4-17　选择输入耦合方式

⑩ 测量电路的信号波形时，需要将示波器探头的接地夹接到被测信号发生器的地线上，其操作如图 4-18 所示。

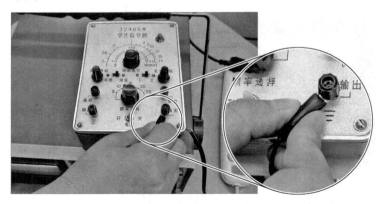

图 4-18　示波器探头的接地夹接地

⑪ 将示波器的探头（带挂钩端）接到被测信号发生器的高频调幅信号的输出端，一边观察波形，一边调整幅度调整钮、频率调整钮，使波形大小适当，便于读数，其操作如图 4-19

所示。

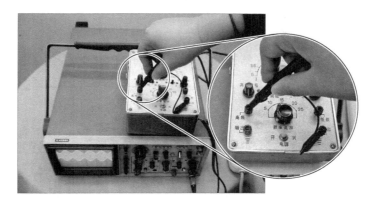

图 4-19　探头与发生器的高频调幅连接

⑫ 若信号波形有些模糊，可以适当调节聚焦钮和幅度微调钮、频率微调钮，使波形清晰，其操作如图 4-20 所示。

⑬ 若波形暗淡不清，可以适当调节亮度调节钮，使波形明亮清楚，其操作如图 4-21 所示。

图 4-20　使波形清晰

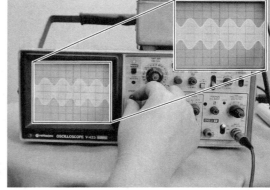

图 4-21　调节亮度调节钮

⑭ 若波形不同步，可微调触发电平钮，使波形稳定，其操作如图 4-22 所示。

⑮ 观察波形，读取并记录波形相关的参数，如图 4-23 所示为利用示波器测量信号发生器高频调幅信号的波形。

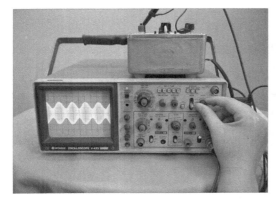

图 4-22　微调触发电平钮

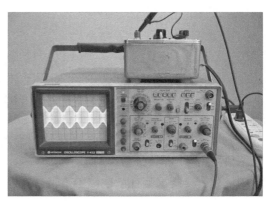

图 4-23　测量高频调幅信号的波形

拓展演练　用示波器检测视频信号和电压

1. 用示波器检测视频信号

如图 4-24 所示，根据电路图找到关键检测点，用示波器检测视频信号。

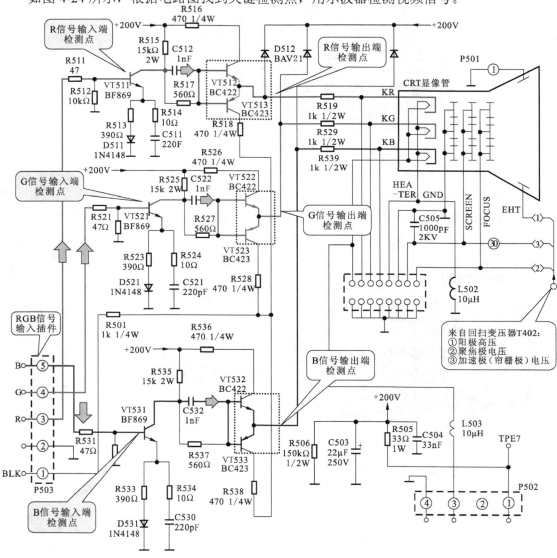

图 4-24　根据电路图找到关键检测点

① 检测 R 信道的输入信号，即用示波器检测 VT511 的基极信号波形，如图 4-25 所示，将示波器的探头接到 VT511 的基极（b）上，接地夹接地。检测输出信号波形如图 4-26 所示。

② 用示波器检测视放电路 G 信道的输入信号，即检测 VT521 基极的信号，具体的检测方法及正常信号波形如图 4-27 所示。

③ 用示波器检测视放电路 B 信道的输入信号。

将示波器的探头接到 VT531 的基极，具体检测方法及正常信号波形如图 4-28 所示。

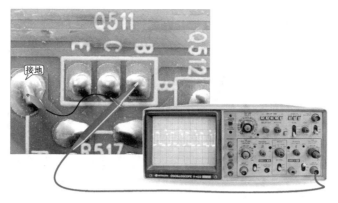

图 4-25　检测 R 输入信号波形

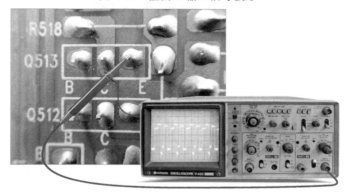

图 4-26　检测 R 输出信号波形

071

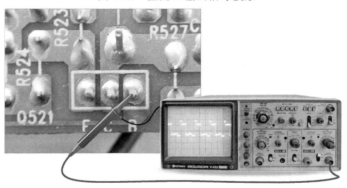

图 4-27　检测 G 输入信号波形

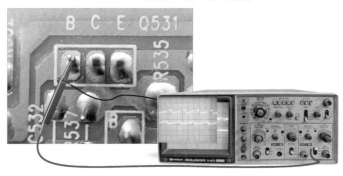

图 4-28　检测 B 输入信号波形

④ 用示波器检测视放电路 B 信道的输出信号。

将示波器的探头接到 VT531 的发射极，具体检测方法及正常信号波形如图 4-29 所示。

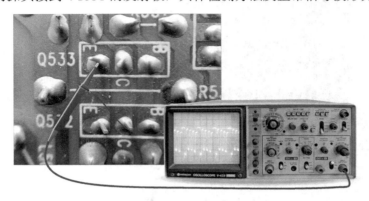

图 4-29　检测 B 输出信号波形

2．示波器读数训练

分别读出图 4-30 中显示器上 CH1 和 CH2 通道信号幅值。

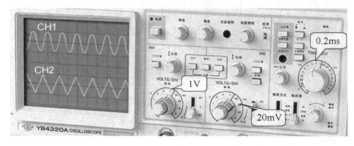

图 4-30　用示波器读数

① CH1 通道幅度旋钮打在 1V/div，该信号幅值：＿＿＿＿＿＿＿。

② CH2 通道幅度旋钮打在 20mV/div，该信号幅值：＿＿＿＿＿＿＿。

③ 频率选择旋钮打在 0.2ms/div，CH1 信号频率值为＿＿＿＿＿，CH2 信号频率值为＿＿＿＿。

3．用示波器测量交、直流电压

（1）测量直流电压

① 将触发方式置自动（AUTO），使屏幕上出现扫描基线，Y 轴微调置校正（CAL）。

② CH1 或 CH2 的输入接地（GND），此时的基线即为 0V 基准线。

③ 加入被测信号，输入置 DC，观察扫描基线在垂直方向平移的格数，与 VOLTS/DIV 开关指示的值相乘，即为信号的直流电压。例如，VOLTS/DIV 置 0.5V/div，读得扫描线上移 3.4 格，则被测电压为 $U=0.5\text{V/div}\times3.4\text{div}=1.7\text{V}$（如果采用 10∶1 的探头，则为 17V）。

（2）测量交流电压

① 将输入置 AC（或 DC）。

② 利用垂直移位旋钮，将波形移至屏幕中心位置，按波形所占垂直方向的格数，即可测出电压波形的峰-峰值。例如，VOLTS/DIV 置 0.2V/div，被测波形占 5.2 格，则被测电压峰-峰值为 $U=0.2\text{V/div}\times5.2\text{div}=1.4\text{V}$（置 DC 时，将被测信号中的直流分量也考虑在内；置 AC

时，则直流分量无法测出）。

同步练习

一、填空题

1. 示波管由_____、_____和_____三部分组成。
2. 示波器利用_____作为显示器，是示波器的重要组成部分。
3. 通用示波器按其功能分为_____、_____、_____。
4. 示波器的"聚焦"旋钮可调节示波器中_____极与_____极电压。
5. 在没有信号输入时，仍有水平扫描线，这时示波器工作在_____，若工作在_____，则无信号输入时就没有扫描线。
6. 在示波器中通常用改变_____作为"扫描速度"粗调，用改变_____作为"扫描速度"微调。
7. 示波器 X 轴放大器可能用来放大_____信号，也可能用来放大_____信号。
8. 示波器为保证输入信号波形不失真，在 Y 轴输入衰减器中采用_____电路。

二、选择题

1. 通用示波器可观测（　　）。
   A．周期信号的频谱　　　　　　　　B．瞬变信号的上升沿
   C．周期信号的频率　　　　　　　　D．周期信号的功率
2. 当示波器的扫描速度为 20s/cm 时，荧光屏上正好完整显示一个周期的正弦信号，如果要显示信号的 4 个完整周期，扫描速度应为（　　）。
   A．80s/cm　　　　B．5s/cm　　　　C．40s/cm　　　　D．小于 10s/cm
3. 给示波器 Y 及 X 轴偏转板分别加 $U_Y=U_m\sin\omega t$，$U_X=U_m\sin(\omega t/2)$，则荧光屏上显示（　　）图形。
   A．半波　　　　B．正圆　　　　C．横 8 字　　　　D．竖 8 字
4. 为了在示波器荧光屏上得到清晰而稳定的波形，应保证信号的扫描电压同步，即扫描电压的周期应等于被测信号周期的（　　）倍。
   A．奇数　　　　B．偶数　　　　C．整数　　　　D．2/3
5. 在示波器垂直通道中设置电子开关的目的是（　　）。
   A．实现双踪显示　　　　　　　　　B．实现双时基扫描
   C．实现触发扫描　　　　　　　　　D．实现同步
6. 调节示波器中 Y 输出差分放大器输入端的直流电位即可调节示波器的（　　）。
   A．偏转灵敏度　　B．Y 轴位移　　　　C．倍率　　　　D．X 轴位移
7. 当示波器的扫描速度为 1ms/cm 时，荧光屏上水平方向长度为 10cm，正好完整显示一个周期的被测信号，如果被测信号频率不变，要求显示被测信号的 5 个完整周期，扫描速度应为（　　）。
   A．0.5ms/cm　　　B．1ms/cm　　　C．5ms/cm　　　D．10ms/cm
8. 通常使用的双踪示波器的校准信号为（　　）。
   A．1kHz 0.5V 方波　　　　　　　　B．1kHz 1V 方波
   C．1kHz 0.5V 正弦波　　　　　　　D．2kHz 1V 正弦波

项目五

低频信号发生器

 场景描述

　　该项目以典型信号发生器为例,通过对信号发生器各功能键钮的介绍,使学习者对信号发生器的功能、种类以及使用特点有一个全面、系统的了解,让学习者能够真正掌握信号发生器的使用与维护等操作技能。

 基础知识

　　低频信号发生器的输出频率通常为 20Hz～20kHz,又称音频信号发生器。现在低频信号发生器产生频率已延伸到 1Hz～1MHz 频段,且可以产生低频正弦信号、方波信号及其他的波形信号。低频信号发生器广泛用于测试低频电路、音频传输网络、广播和音响等电声设备。

知识链接 1　低频信号发生器的组成与性能指标

　　低频信号发生器组成框图如图 5-1 所示,它主要包括主振器、放大器、输出衰减器、功率放大器、阻抗变换器、指示电压表等。

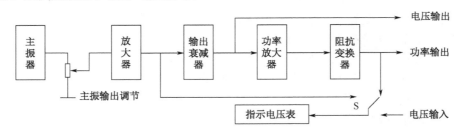

图 5-1　低频信号发生器的组成框图

1. 各部分电路的作用

(1) 主振器

主振器是低频信号发生器的核心,其产生频率可调的正弦信号,一般由 RC 振荡器或差频式振荡器这两种电路组成。主振器决定了输出信号的频率范围和频率稳定度。

(2) 放大器

低频信号发生器的放大器一般包括电压放大器和功率放大器,以满足输出一定电压幅度和功率的要求。电压放大器把振荡器产生的微弱信号进行放大,并使功放、输出衰减器以及负载与振荡器隔离，以防止对振荡信号产生影响。所以，又把电压放大器称为缓冲放大器。

（3）输出衰减器

输出衰减器用于改变信号发生器的输出电压或功率，由连续调节器和步进调节器组成。常用的输出衰减器原理图如图 5-2 所示。由电位器 RP 取出一部分信号电压加于 $R_1\sim R_8$ 组成的步进衰减器，调节电位器或调节波段开关 S 所接的挡位，均可使衰减器输出不同电压。

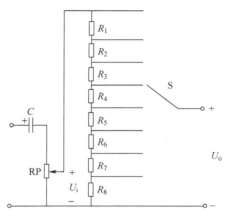

图 5-2　衰减器电原理图

075

（4）功率放大器

功率放大器对衰减器输出的电压信号进行功率放大，使信号发生器能达到额定的功率输出。要求功率放大器的工作效率高，谐波失真小。

（5）阻抗变换器

阻抗变换器用于匹配不同阻抗的负载，以便在负载上获得最大输出功率。

6）指示电压表

指示电压表用于监测信号发生器的输出电压或对外来的输入电压进行测量。

2．低频信号发生器的主要性能指标

低频信号发生器的主要性能指标见表 5-1。

表 5-1　低频信号发生器的主要性能指标

频 率 范 围	一般为 1Hz～20kHz（已延伸到 1MHz），且均匀连续可调
频率准确度	±1%～±3%
频率稳定度	一般为 0.1%～0.4%/h
输出电压	0～10V 连续可调
输出功率	0.5～5W 连续可调
非线性失真范围	0.1%～1%
输出阻抗	有 50Ω、75Ω、150Ω、600Ω、5kΩ 等几种
输出形式	平衡输出与不平衡输出

知识链接 2　低频信号发生器的操作方法

FJ-XD22PS 型低频信号发生器是一款多用途测量仪器，它能够输出正弦波、矩形波、尖脉冲、TTL 电平和单次脉冲 5 种信号，还可以作为频率计使用，测量外来输入信号的频率。

FJ-XD22PS 型低频信号发生器的面板如图 5-3 所示。

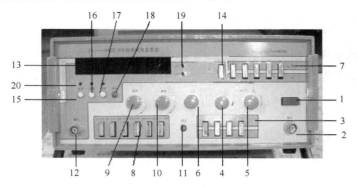

图 5-3　FJ-XD22PS 低频信号发生器的面板

1．FJ-XD22PS 型低频信号发生器面板上各旋钮开关的作用

1—电源开关。

2—信号输出端子。

3—输出信号波形选择键。

4—正弦波幅度调节旋钮。

5—矩形波、尖脉冲波幅度调节旋钮。

6—矩形脉冲宽度调节旋钮。

7—输出信号衰减选择键。

8—输出信号频段选择键。

9—输出信号频率粗调旋钮。

10—输出信号频率微调旋钮。

11—单次脉冲按钮。

12—信号输入端子。

13—6 位数码显示窗口。

14—频率计内测、外测功能选择键（按下，外测；弹起，内测）。

15—测量频率按钮。

16—测量周期按钮。

17—计数按钮。

18—复位按钮。

19—频率或周期单位指示发光二极管。

20—测量功能指示发光二极管。

2．FJ-XD22PS 型低频信号发生器的主要技术性能

1）信号源部分

① 频率范围：1Hz～1MHz，由频段选择和频率粗调微调配合可分 6 挡连续调节。

② 频率漂移：1 挡小于等于 0.4%，2、3、4、5 挡小于等于 0.1%，6 挡小于等于 0.2%。

③ 正弦波：频率特性小于等于 1dB（第 6 挡小于等于 1.5dB），输出幅度大于等于 5V，波形的非线性失真为 20Hz～20kHz 时小于等于 0.1%。

④ 正、负矩形脉冲波：占空比调节范围为 30%～70%，脉冲前、后沿小于等于 40ns；在

额定输出幅度时，波形失真前、后过冲及顶部倾斜均小于 5%。

⑤ 输出幅度：高阻输出峰-峰值大于等于 10V，50Ω 输出峰-峰值大于等于 5V。

⑥ 正、负尖脉冲：脉冲宽度为 0.1μs，输出幅度峰-峰值大于等于 5V。

（2）频率计部分（内测和外测）

①功能：频率、周期、计数 6 位数码管（8 段红色）显示。

②输入波形种类：正弦波、对称脉冲波、正脉冲。

③输入幅度：1V≤脉冲正峰值≤5V，1.2V≤正弦波≤5V。

④输入阻抗：≥1MΩ。

⑤测量范围：1Hz～20MHz（精度为 $5×10^{-4}±1$ 个字）。

⑥计数速率：波形周期大于等于 1μs，计数范围为 1～983040。

3．FJ-XD22PS 型低频信号发生器的基本操作

① 将电源线接入 220V、50Hz 交流电源上。应注意三芯电源插座的地线脚应与大地妥善接好，避免干扰。

② 开机前应把面板上各输出旋钮旋至最小。

③ 为了得到足够的频率稳定度，须预热。

④ 频率调节：面板上的频率波段按键用于频段选择，按下相应的按键，然后再调节粗调和微调旋钮至所需要的频率上。此时"内外测"键置内测位，输出信号的频率由 6 位数码管显示。

⑤ 波形转换：根据需要波形种类，按下相应的波形键位。波形选择键从左至右依次是正弦波、矩形波、尖脉冲、TTL 电平。

⑥ 输出衰减有 0dB、20dB、40dB、60dB、80dB 共 5 挡，可根据需要选择，在不需要衰减的情况下须按下"0dB"键，否则没有输出。

⑦ 幅度调节：正弦波与脉冲波幅度分别由正弦波幅度旋钮和脉冲波幅度旋钮调节。本机充分考虑到输出的不慎短路，加了一定的安全措施，但是不要做人为的频繁短路实验。

⑧ 矩形波脉宽调节：通过矩形脉冲宽度调节旋钮调节。

⑨ "单次"触发：需要使用单次脉冲时，先将 6 段频率键全部抬起，脉宽电位器顺时针旋到底，轻按一下"单次"输出一个正脉冲；脉宽电位器逆时针旋到底，轻按一下"单次"输出一个负脉冲，单次脉冲宽度等于按钮按下的时间。

⑩ 频率计的使用：频率计可以进行内测和外测，"内外测"功能键按下时为外测，弹起时为内测。频率计可以实现频率、周期、计数测量。轻按相应按钮开关后即可实现功能切换，同时注意面板上相应的发光二极管的功能指示。当测量频率时"Hz 或 MHz"发光二极管亮，测量周期时"ms 或 s"发光二极管亮。为保证测量精度，频率较低时选用周期测量，频率较高时选用频率测量。如发现溢出显示"-- -- -- -- -- --"，则按复位键复位；如发现 3 个功能指示同时亮，可关机后重新开机。

知识链接 3　低频信号发生器的应用实例

操作任务：用 FJ-XD22PS 低频信号发生器输出频率为 1000Hz、有效值为 10mV 的正弦波信号。

操作步骤如下。

　　① 通电预热数分钟后按下波形选择键中的"～"键，输出信号即为正弦波信号。

　　② 让"内外测"键处于弹起状态，频率计内测输出信号频率。

　　③ 按下输出衰减"20dB"键，正弦信号衰减 20dB 后输出。

　　④ 按下频率波段选择"1～10k"按键，输出信号频率在 1～10kHz 连续可调。

　　⑤ 轻按测量功能选择中的"频率"键，该键上方的红色发光二极管亮，窗口中显示的数字即为输出信号的频率，窗口右侧上方"Hz"红色发光二极管亮，表示频率单位为 Hz。

　　⑥ 调节频率"粗调"旋钮直到显示的频率值接近 1000Hz 时，再改调频率"微调"旋钮，直到显示的频率值为 1000Hz 为止。

　　必须说明的是：该信号发生器的测频电路的显示滞后于调节，所以旋转旋钮时要求缓慢一些；信号发生器本身不能显示输出信号的电压值，所以需要另配交流毫伏表测量输出电压，当输出电压不符合要求时，选择不同的衰减再配合调节输出正弦信号的幅度旋钮，直到输出电压为 10mV。

　　若要观察输出信号波形，可把信号输入示波器。需要输出其他信号，可参考上述步骤操作，不再一一举例。

知识链接 4　其他类型的低频信号发生器

　　低频信号发生器虽然型号很多，但是除频率范围、输出电压和功率大小等有些差异外，它们的基本测试方法和应用范围是相同的。下面介绍当前常用的其他类型低频信号发生器，便于使用者能熟练使用各种不同型号的低频信号发生器。

1. GFG-8216A 型低频信号发生器

　　GFG-8216A 型低频信号发生器面板上各个按钮的名称如图 5-4 和图 5-5 所示。

　　GFG-8216A 型低频信号发生器是一种多功能、宽频带的低频信号发生器，它可以产生 0.3Hz～5MHz 的正弦信号、三角波、方波信号、TTL 和 CMOS 电平逻辑信号等，下面介绍各个按钮的名称及功能。

　　① 电源开关（POWER Switch）。

　　按下该键，信号发生器即可接通电源。

　　② 内部计数指示灯（Gate Time Indicator）。

　　电源开关按下后，该指示灯就会闪烁，内部计数时的 Gate Time 时间为 0.01s。Gate Time 为按键选择键（Gate Time Selector），在使用外部计数模式时，该键用来切换 Gate Time 的周期，以 0.01s、0.1s、1s、10s 进行。

　　③ 计数范围指示灯（Over Indicator）。

　　在外部计数时，假如输入信号频率大于计数范围，Over Indicator 的指示灯会亮。

　　④ LED 显示屏（Counter Display）。

　　主要是以（6×0.3）英寸绿色的 LED 显示外部的频率，内部则以（5×0.3）英寸的绿色 LED 显示。

　　⑤ 频率显示值（Frequency Indicator）。

　　显示出频率的值。

　　⑥ 外部计数显示值（Gate Time Indicator）。

　　显示出目前电流的 Gate Time，只用于外部计数模式。

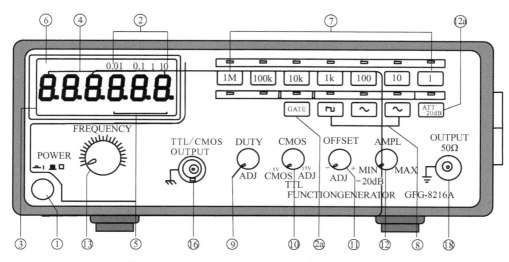

图 5-4　GFG-8216A 型低频信号发生器的正面面板

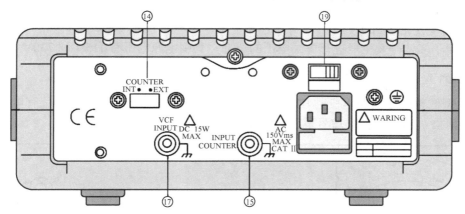

图 5-5　GFG-8216A 型低频信号发生器的背面面板

⑦ 频率选择键（Frequency Range Selector）。

在面板中选择所需的频率范围键。

⑧ 波形选择键（Function Selection）。

按下三个键之一，可选择适当的波形输出。

⑨ 周期旋钮（Duty Function）。

拉起此旋钮并旋转可以调整输出波形的工作周期。

⑩ TTL/CMOS 选择键（TTL/CMOS Selector）。

按下此旋钮，BNC 接头可输出与 TTL 兼容的波形。若拉起并旋转旋钮，可从输出 BNC 接头调整 5～15V CMOS 峰-峰值输出。

⑪ 直流准位控制键（DC Offset Control）。

拉起此旋钮时，可在±10V 之间选择任何直流准位加于信号输出。以瞬时针旋转此旋钮，可设定正直流准位；以逆时针旋转此旋钮，可设定负直流准位。

⑫ Output Amplitude Control with Attenuation operation。

顺时针旋转时获得其最大输出值，反转可取得−20dB 的输出。拉起此旋钮时亦可观察到 20dB 衰减输出。

⑫ₐ 20dB Attenuation。

按下此旋钮，可取得-20dB 的输出。

⑬ SWEEP ON Selection and Frequency。

按下此旋钮顺时针旋转可获得频率最大值，逆时针旋转可得频率最小值。

⑭ INT/EXT Counter Selector。

选择内部计数模式或外部计数模式（待测信号由 BNC 接头输入）。

⑮ EXT Counter Input Terminal。

外部计数器信号输入端。

⑯ TTL/CMOS Output Terminal。

TTL/CMOS 兼容的信号输出端。

⑰ VCF/MOD Input Terminal。

VCF 所需的控制电压输入或外部调节的输入端。

⑱ Main Output Terminal。

主信号的输出端，位于前面板的右下角，该端口经电缆将所产生的信号送到被测设备中。

⑲ 电源电压选择开关。

主要用于多信号发生器进行电源电压的选择，其中电源电压有 115V 和 230V 两个选择。

2．XD1 型低频信号发生器

XD1 型低频信号发生器产生 1Hz～1MHz 非线性失真很小的正弦波信号，有电压输出和功率输出两挡。XD1 型低频信号发生器面板装置如图 5-6 所示。

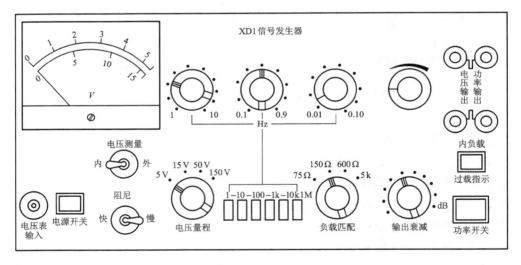

图 5-6　低频信号发生器面板

（1）频率选择

粗调和微调。

（2）电压输出

用电缆直接从"电压输出"插口引出。调节输出衰减开关和输出微调旋钮。应将右侧"内负载"键按下，接通内负载。

（3）功率输出

用电缆直接从功率输出插口引出。应将面板右侧"内负载"键按下，接通内负载。

（4）过载保护

过载保护指示灯亮，5～6s 后熄灭，表示进入工作状态。

（5）交流电压表

测量开关拨向"外测"时，它作为一般交流电压表测量外部电压；当开关拨向"内测"时，它作为信号发生器输出指示。

操作训练　低频信号发生器的使用

低频信号发生器是为进行电子测量提供满足一定技术要求电信号的仪器设备。下面以 FJ-XD22PS 低频信号发生器为例，介绍低频信号发生器的使用。这种仪器是多用途测量仪器，它除了能够输出正弦波、矩形波、尖脉冲、TTL 电平、单次脉冲等波形，还可以作为频率计使用，测量外输入信号的频率。

① 将电源线接入 220V、50Hz 交流电源。应注意三芯电源插座的地线脚应与大地妥善接好，避免干扰。

② 开机前应把面板上各输出旋钮旋至最小。

③ 为了得到足够的频率稳定度，须预热。

④ 频率调节：面板上的频率波段按键做频段选择用，按下相应的按键，然后再调节粗调和微调旋钮至所需要的频率上。此时"内外测"键置内测位，输出信号的频率由六位数码管显示。

⑤ 波形转换：根据需要波形种类，按下相应的波形键位。波形选择键从左至右依次是：正弦波、矩形波、尖脉冲、TTL 电平。

⑥ 输出衰减有 0dB、20dB、40dB、60dB、80dB 五挡，根据需要选择，在不需要衰减的情况下须按下"0dB"键，否则没有输出。

⑦ 幅度调节：正弦波与脉冲波幅度分别由正弦波幅度旋钮和脉冲波幅度旋钮调节。本机充分考虑到输出的不慎短路，加了一定的安全措施，但是不要做人为的频繁短路实验。

⑧ 矩形波脉宽调节：通过矩形脉冲宽度调节旋钮调节。

⑨ "单次"触发：需要使用单次脉冲时，先将六段频率键全部抬起，脉宽电位器顺时针旋到底，轻按一下"单次"输出一个正脉冲；脉宽电位器逆时针旋到底，轻按一下"单次"输出一个负脉冲，单次脉冲宽度等于按钮按下的时间。

⑩ 频率计的使用：频率计可以进行内测和外测，"内外测"功能键按下时为外测，弹起时为内测。频率计可以实现频率、周期、计数测量。轻按相应按钮开关后即可实现功能切换，请同时注意面板上相应的发光二极管的功能指示。当测量频率时"Hz 或 MHz"发光二极管亮，测量周期时"ms 或 s"发光二极管亮。为保证测量精度，频率较低时选用周期测量，频率较高时选用频率测量。如发现溢出显示"-- -- -- -- -- --" 时请按复位键复位，如发现三个功能指示同时亮，可关机后重新开机。

拓展演练　低频信号正弦波的调制

例：用 FJ-XD22PS 低频信号发生器输出频率为 1000Hz、有效值为 10mV 的正弦波。

按以下步骤操作：

① 通电预热数分钟后按下波形选择键中的"～"键，输出信号即为正弦波信号。

② 让"内、外"测频键处于弹起状态，频率计内测输出信号频率。

③ 按下输出衰减"20dB"键，正弦信号衰减 20dB 后输出。

④ 按下频率波段选择"1k～10k"按键，输出信号频率在 1～10kHz 之间连续可调。

⑤ 轻按测量功能选择中的"频率"键，该键上方的红色发光二极管亮，窗口中显示的数字即为输出信号的频率，窗口右侧上方"Hz"红色发光二极管亮，表示频率单位为 Hz。

⑥ 调节频率"粗调"旋钮直到显示的频率值接近 1000Hz 时，再改调频率"微调"旋钮，直到显示的频率值为 1000Hz 为止。

必须说明的是：该信号发生器的测频电路的显示滞后于调节，所以旋转旋钮时要求缓慢一些；信号发生器本身不能显示输出信号的电压值，所以需要另配交流毫伏表测量输出电压，当输出电压不符合要求时，选择不同的衰减再配合调节输出正弦信号的幅度旋钮，直到输出电压为 10mV。

同步练习

一、填空题

1. 低频信号发生器中的振荡器通常采用_____振荡器。

2. 低频信号发生器主振级常采用_____和_____。

3. 低频信号发生器主振级的振荡频率 f_0＝_____。

4. XD-1 型低频信号发生器电压表指示为 3.5V，当输出衰减为 60dB 时，实际输出电压为_____。

5. 低频信号发生器的主振级一般采用_____，通过改变_____可实现 1MHz 以下振荡频率的调节作用。其中热敏电阻 R_t 具有_____作用。

6. 低频信号发生器输出电压时输出阻抗为 600Ω 或_____。

7. 低频信号发生器在外接高阻抗负载时，通常把内负载开关打到_____位置。

8. 低频信号发生器是泛指工作频率范围为_____的正弦信号发生器。

二、选择题

1. 低频信号发生器的频率范围通常为（   ）。

    A．1Hz～1MHz   B．2Hz～2kHz   C．20Hz～20kHz   D．20Hz～200kHz

2. 调幅内调制信号频率为（   ）。

    A．100Hz   B．500Hz   C．1000Hz   D．1MHz

3. 将 XD-22A 型低频信号发生器的"输出衰减"旋钮置于 60dB 时，调节"输出微调"旋钮使指示电压表的读数为 5V，则实际输出电压为（   ）。

    A．5mV   B．50mV   C．5V   D．500mV

4. 一台低频信号发生器，无衰减时的输出电压为 70V，现将其衰减 20dB，则输出电压为（   ）。

    A．7V   B．3.5V   C．50V   D．35V

5. 信号发生器的核心部件是（   ）。

    A．放大器   B．振荡器   C．输出衰减   D．输出指示

6. 以下不属于低频信号发生器组成部分的是（   ）。

    A．调制器   B．电压放大器   C．输出衰减   D．主振荡器

7. 低频信号发生器中的衰减器的作用是（   ）。

A．改变输出信号的频率

B．保证输出端有最大输出功率

C．调节输出电压

D．减小负载变化对主振器的影响，提高频率稳定度

8．低频信号发生器表头指示分别为 6V 和 15V，当衰减器旋钮指向 40dB 时，实际输出电压为（　　）。

A．0.19V、0.48V　B．0.06V、0.15V　C．19mV、48mV　D．6mV、15mV

项目六

高频信号发生器

场景描述

　　该项目以典型高频信号发生器为例，通过对信号发生器各功能键钮的介绍，使学习者对信号发生器的功能、种类以及使用特点有一个全面、系统的了解，让学习者能够真正掌握信号发生器的使用与维护等操作技能。

基础知识

　　高频信号发生器也称射频信号发生器，通常产生 200kHz～30MHz 的正弦波或调幅波信号，在高频电子线路工作特性（如各类高频接收机的灵敏度、选择性等）的调整测试中应用较广。高频信号发生器按调制类型分为调幅和调频两种。

知识链接 1 　高频信号发生器的组成与性能指标

1. 高频信号发生器的组成

　　高频信号发生器的组成框图如图 6-1 所示，主要包括振荡器、缓冲级、调制级、输出级、内调制振荡器、频率调制器、监测指示电路等。

　　① 振荡器：用于产生高频振荡信号。它是信号发生器的核心，信号发生器的主要工作特性大都由它决定。

　　② 缓冲级：主要起隔离放大的作用，用来隔离调制级对主振级可能产生的不良影响，以保证主振级工作稳定，并将主振信号放大到一定的电平。

　　③ 调制级：主要完成对主振信号的调制。

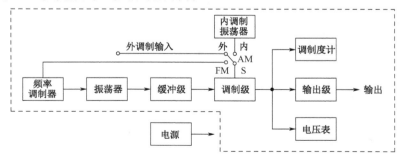

图 6-1 　高频信号发生器组成框图

　　④ 内调制振荡器：供给符合调制级要求的音频正弦调制信号。

　　⑤ 输出级：主要由放大器、滤波器、输出微调、输出衰减器等组成。

⑥ 监测指示电路：监测指示输出信号的载波电平和调制系数。

2. 高频信号发生器的主要性能指标

其主要性能指标如下。

① 频率范围：100kHz～30MHz，共分 8 个波段。

② 频率刻度误差：±1%。

③ 输出电压：0～1V（有效值）。

④ 输出阻抗：40Ω（0～1V 输出孔）、8Ω（0～0.1V 输出孔）。

⑤ 电压表刻度误差：±5%（载波为 1MHz、1V 电压时）。

⑥ 内调制信号频率：400Hz、1000Hz，误差为±5%。

⑦ 外调制信号频率：50Hz～8kHz。

⑧ 谐波电平：＜25dB。

知识链接2 高频信号发生器的操作方法

高频信号发生器种类很多，使用方法大同小异，这里以 YB1051 型高频信号发生器为例来说明它的使用方法。YB1051 型高频信号发生器如图 6-2 所示，其中图 6-2（a）为实物图，图 6-2（b）则为绘制示意图。

1. 高频信号发生器面板

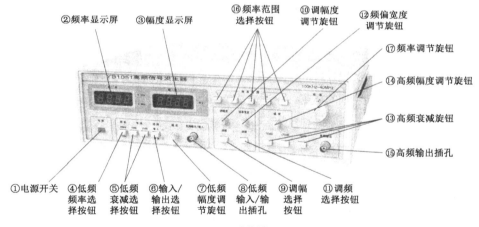

（a）实物图

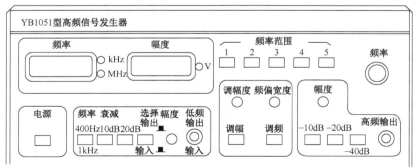

（b）绘制示意图

图 6-2　YB1051 型高频信号发生器

① 电源开关：用来接通和切断仪器内部电路的电源。按下时接通电源，弹起时切断电源。

② 频率显示屏：用于显示输出信号的频率。它旁边有"kHz"和"MHz"两个指示灯，当某个指示灯亮时，频率就选择该单位。

③ 幅度显示屏：用来指示输出信号电压的大小。

④ 低频频率选择按钮：用来选择低频信号的频率。它能选择两种低频信号：400Hz 和 1kHz，当按钮弹起时，内部产生 400Hz 的低频信号；当按钮按下时，内部产生 1kHz 的低频信号。

⑤ 低频衰减选择按钮：用来选择低频信号的衰减大小。它有 10dB 和 20dB 两个按钮，按下时分别选择衰减数为 10dB 和 20dB。

⑥ 输入、输出选择按钮：用来选择低频信号是从外部输入仪器还是从仪器中输出。当按钮弹起时，低频输入/输出插孔会输出低频信号；当按钮按下时，外部信号可以往低频输入/输出插孔输入低频信号。

⑦ 低频幅度调节旋钮：用来调节输出低频信号的幅度大小。

⑧ 低频输入、输出插孔：它是低频信号输入或输出仪器的通道。当输入/输出选择按钮弹起时，该插孔输出低频信号；当输入/输出选择按钮按下时，外部低频信号可以从该插孔进入仪器。

⑨ 调幅选择按钮：用来选择调幅调制方式。该按钮按下时选择内部调制方式为调幅调制。

⑩ 调幅度调节旋钮：用来调节输出高频调幅信号的调幅度大小。调幅度是指调制信号幅度与高频载波的幅度之比，如图 6-3（a）所示。

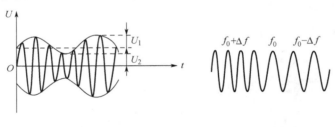

（a）调幅波调幅度　　　　　　　　（b）调频波频偏

图 6-3　调幅度与频偏

⑪ 调频选择按钮：用来选择调频调制方式。该按钮按下时选择内部调制方式为调频调制。

⑫ 频偏宽度调节旋钮：用来调节输出高频调频信号的频率偏移范围。频偏宽度是指调频信号频率偏离中心频率的范围，如图 6-3（b）所示。

⑬ 高频衰减按钮：用来选择输出高频信号的衰减大小。它有 10dB、–20dB 和–30dB 三个按钮，按下不同的按钮时选择不同的衰减数。

⑭ 高频幅度调节旋钮：用来调节输出高频信号的幅度大小。

⑮ 高频输出插孔：它是高频信号输出通道。高频等幅信号、高频调幅信号和高频调频信号都由这个插孔输出。

⑯ 频率范围选择按钮：用来选择信号频率范围。

⑰ 频率调节旋钮：用来调节输出高频信号的频率。

2. 高频信号发生器的使用方法

YB1051 型高频信号发生器可以输出频率为 100kHz～40MHz、电压为 0～1V 的高频信号

（高频等幅信号、高频调幅信号和高频调频信号），另外还能输出 0～2.5V 的 400Hz 和 1kHz 的低频信号。下面以产生 0.3V、30MHz 的各种高频信号和 1V、400Hz 的低频信号为例来介绍信号发生器的使用方法。

（1）0.3V、30MHz 高频等幅信号的产生

① 接通电源。按下电源按钮接通电源，让仪器预热 5min。

② 选择频率范围。让调幅选择按钮和调频选择按钮处于弹起状态，再按下频率范围选择中最大值按钮。

③ 调节输出信号频率。调节频率调节旋钮，同时观察频率显示屏，直到显示频率为 30MHz 为止。

④ 调节输出信号的幅度。按下-10dB 的高频衰减按钮（内部 1V 信号被衰减 3.16 倍），再调节高频幅度旋钮，同时观察幅度显示屏，直到显示电压为 0.3V 为止。

这样就会从仪器的高频输出端输出 0.3V、30MHz 高频等幅信号。

（2）0.3V、30MHz 高频调幅信号的产生

① 接通电源。按下电源按钮接通电源，让仪器预热 5min。

② 选择频率范围并调节输出信号频率。按下频率范围选择中最大值按钮，然后调节频率调节旋钮，同时观察频率显示屏，直到显示频率为 30MHz 为止。

③ 选择内、外调制方式。让选择输入/输出按钮处于弹起状态，选择调制方式为内调制，若按下选择输入/输出按钮，则选择外调制方式，需要从低频输入/输出插孔输入低频信号作为外调制信号。

④ 选择调幅方式，并调节调幅度。按下调幅选择按钮选择调幅方式，然后调节调幅度旋钮，调节调幅信号的调幅度。

⑤ 调节输出信号幅度。按下-10dB 的高频衰减按钮，再调节高频幅度调节旋钮，同时观察幅度显示屏，直到显示电压为 0.3V。

这样就会从仪器的高频输出端输出 0.3V、30MHz 高频调幅信号。

（3）0.3V、30MHz 高频调频信号的产生

① 接通电源。按下电源按钮接通电源，让仪器预热 5min。

② 选择频率范围并调节输出信号频率。按下频率范围选择中最大值按钮，然后调节频率调节旋钮，同时观察频率显示屏，直到显示频率为 30MHz 为止。

③ 选择内、外调制方式。让选择输入/输出按钮处于弹起状态，选择调制方式为内调制，若按下选择输入/输出按钮，则选择外调制方式，需要从低频输入/输出插孔输入低频信号作为外调制信号。

④ 选择调频方式，并调节频偏宽度。按下调频选择按钮选择调频方式，然后调节频偏调节旋钮，调节调频信号的频率偏移范围。

⑤ 调节输出信号幅度。按下-10dB 的高频衰减按钮，再调节高频幅度调节旋钮，同时观察幅度显示屏，直到显示电压为 0.3V。这样就会从仪器的高频输出端输出 0.3V、30MHz 高频调频信号。

（4）1V、400Hz 低频信号的产生

① 接通电源。按下电源按钮接通电源，让仪器预热 5min。

② 选择低频信号的频率和输入、输出方式。让低频频率选择按钮处于弹起状态，内部产生 400Hz 的低频信号，再让输入/输出选择按钮处于弹起状态，选择方式为输出，这时从低频输入/输出插孔就会有 400Hz 的低频信号输出。

③ 调节输出信号的幅度。调节低频幅度调节旋钮，使输出的低频信号幅度为 1V。这样就会从仪器的低频输入/输出端输出 1V、400Hz 低频信号。

知识链接 3　高频信号发生器的应用实例

调幅高频信号发生器广泛应用在无线电技术的测试实践中。现以无线电接收机的性能测试为例，介绍高频信号发生器的应用。

1．接线方法

① 将被测接收机置于仪器输出插孔的一侧，两者距离应使输出电缆可以达到。

② 仪器机壳与接收机壳用不长于 30cm 的导线连接，并接地线。

③ 用带有分压器的输出电缆，从 0～0.1V 插孔输出（在测试接收机自动音量控制时，用一根没有分压器的电缆，从 0～1V 插孔输出）。为了避免误接高电位，可以在电缆输出端串接一个 0.01～0.1μF 的电容器。0～1V 插孔应用金属插孔盖盖住。

④ 输出电缆不应靠近仪器的电源线，两者更不能绞在一起。

⑤ 为了使接收机符合实际工作情况，必须在接收机与仪器间接一个等效天线。等效天线连接在本仪器带有分压器的输出电缆的分压接线柱（有电位的一端）与接收机的天线接线柱之间，如图 6-4 所示。每种接收机的等效天线由它的技术条件规定。一般可采用图 6-5 所示的典型等效天线电路，它适用于 540kHz 到几十 MHz 的接收机中。

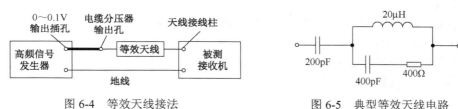

图 6-4　等效天线接法　　　　　图 6-5　典型等效天线电路

2．接收机的校准

① 调整仪器输出信号的载波频率，使它与被校接收机调谐频率一致。这时仪器输出信号应为 30%调幅度的 400Hz 调幅波，它的电压大小应不使接收机输出过大或过小。

② 调整接收机中的调谐变压器使输出最大。

③ 按上述方法由末级逐级向前调整。

3．灵敏度的测试

① 调整仪器输出信号的载波频率到需要的数值（一般用 600kHz、1000kHz、1400kHz 共 3 点测定广播段），这时输出信号仍为 30%调幅度的 400Hz 调幅波。

② 调节仪器的输出电压使接收机达到标准的输出功率值（按各种接收机的技术条件定）。

③ 依次测试各频率时的输出电压（仍维持标准输出功率值），将各个频率时仪器的输出电压作为纵坐标，频率作为横坐标，绘成曲线，就得到接收机的灵敏度曲线。

4．选择性的测试

① 调整仪器输出信号的载波频率到需要的数值，输出信号仍为 30%调幅度的 400Hz 调幅波。

② 调整接收机，使输出最大。再调节输出-微调旋钮，使接收机输出维持标准输出功率值。

③ 改变仪器输出频率（每5kHz变一次），这时维持接收机不动，再调节"输出—微调"旋钮，使接收机输出仍为标准输出功率值，记下信号发生器的输出电压值。

④ 用同样方法依次测试各频率，将各个频率时的电压值与第1次的电压值的比值作为纵坐标，频率作为横坐标，绘成曲线，就得到接收机的选择性曲线。

5．保真度的测试

① 利用外接音频信号源，得到50～8000Hz的调幅波，以适应测试各级接收机的要求，具体频段参照接收机的技术规定。

② 以30%调幅度的400Hz调幅波为标准，调谐接收机，使输出最大。再调节输出—微调旋钮，使接收机输出维持标准输出功率。

③ 维持载波频率和调幅度不变，改变调谐频率，调谐接收机使输出最大，记下接收机的输出电压。将其他频率时的输出电压值与400Hz时的输出电压值的比值作为纵坐标，将频率作为横坐标（一般用对数刻度），绘得接收机的保真度曲线。

知识链接 4　其他类型的高频信号发生器

调幅高频信号发生器型号不少，但是它们除载波频率范围、输出电压、调幅信号频率大小等有些差异外，基本使用方法是类似的。下面介绍当前常用的其他类型高频信号发生器，便于使用者能熟练使用各种不同型号的高频信号发生器。

1．XFG-7 型高频信号发生器

XFG-7 型调幅高频信号发生器面板如图6-6所示。

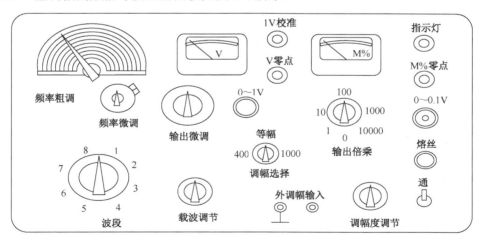

图6-6　XFG-7 型高频信号发生器面板图

（1）波段开关

变换振荡电路工作频段。分8个频段，与频率调节度盘上的8条刻度线相对应。

（2）频率调节旋钮

在每个频段中连续地改变频率。使用时可先调节粗调旋钮到需要的频率附近，再利用微调旋钮调节到准确的频率上。

（3）载波调节旋钮

用以改变载波信号的幅度值。一般情况下都应该调节它使电压表指在 1V 上。

（4）输出-微调旋钮

用以改变输出信号（载波或调幅波）的幅度。共分 10 大格，每大格又分成 10 小格，这样便组成一个 1：100 的可变分压器。

（5）输出-倍乘开关

用来改变输出电压的步级衰减器。共分 5 挡：1，10，100，1000 和 10000。当电压表准确地指在 1V 红线上时，从 0～0.1V 插孔输出的信号电压幅度，就是微调旋钮上的读数与这个开关上倍乘数的乘积，单位为 μV。

（6）调幅选择开关

用以选择输出信号为等幅信号或调幅信号。当开关在等幅挡时，输出为等幅波信号；当开关在 400Hz 或 1000Hz 挡时，输出分别为调制频率是 400Hz 或 1000Hz 的典型调幅波信号。

（7）外调幅输入接线柱

当需要 400Hz 或 1000Hz 以外的调幅波时，可由此输入音频调制信号（此时调幅度选择开关应置于等幅挡）。另外，也可以将内调制信号发生器输出的 400Hz 或 1000Hz 音频信号由此引出（此时调幅度选择开关应置于 400Hz 或 1000Hz 挡）。当连接不平衡式的信号源时，应该注意标有接地符号的黑色接线柱表示接地。

（8）调幅度调节旋钮

用以改变内调制信号发生器的音频输出信号的幅度。当载波频率的幅度一定时（1V），改变音频调制信号的幅度就是改变输出高频调幅波的调幅度。

（9）0～1V 输出插孔

它是从步级衰减器前引出的。一般是电压表指示值保持在 1V 红线上时，调节输出微调旋钮改变输出电压，实际输出电压值为微调旋钮所指的读数的 1/10，即为输出信号的幅度值，单位为 V。

（10）0～0.1V 输出插孔

它是从步级衰减器后引出的。从这个插孔输出的信号幅度由"输出微调"旋钮、"输出倍乘"开关和带有分压器电缆接线柱的三者读数的乘积决定，单位为 μV。

（11）电压表（V 表）

它指示输出载波信号的电压值。只有在 1V 时（即红线处）才能保证指示值的准确度，其他刻度仅供参考。

（12）调幅度表（M%表）

它指示输出调幅波信号的调幅度，内调制和外调制均可指示。在 30%调幅度处标有红线，此为常用的调幅度值。

（13）V 表零点旋钮

调节电压表零点用。

（14）1V 校准电位器

用以校准 V 表的 1V 挡读数（刻度）。平常用螺钉盖盖着，不得随意旋动。

（15）M 表零点旋钮

在调幅度调节旋钮置于起始位置（即逆时针旋到底），将 M%表调整到零点，这一调整过程须在电压表为 1V 时进行，否则 M% 表的指示是不正确的。

2．AS1053A 型高频信号发生器

AS1053A 型高频信号发生器面板如图 6-7 所示。

（1）前面板各控制和指示器件使用说明

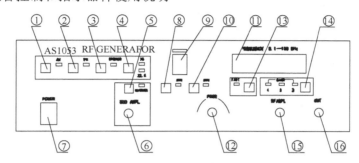

图 6-7　AS1053A 型高频信号发生器面板

① 调幅 AM 控制按键：键的右上角 AM 指示灯亮时，表明工作在调幅方式。

② 调频 FM 控制按键：键的右上角 FM 指示灯亮时，表明工作在调频方式。

③ 立体声 STEREO 控制按键：键的右上角 STEREO 指示灯亮时，表明工作在立体声方式。

④ 调频频偏：22.5kHz 和 75kHz 选择键。

⑤ 外伴音调制工作按键：键的右上角 EXTERN 指示灯亮时，表明工作在外伴音调制方式。

⑥ 外调制调制度调节钮。

⑦ 信号发生器电源开关。

⑧ 射频频偏和信号工作方式存储按键。

⑨ 存储或调取单元编号显示数码管：0～9。

⑩ 存储的频率和工作方式调取按键。

⑪ 射频频率数码指示：5 位。

⑫ 频率调谐电位器：在按下 STORE 和 RECALL 键后兼用于存储单元的调节。

⑬ 频率快速调谐选择按键：FAST 的指示灯亮时，工作在快速调谐方式，这时频率调谐变化将加大。

⑭ 工作频段选择按键：每按一次，转换一个频段，依次为 1→2→3→1。

⑮ 射频输出幅度调节电位器。

⑯ 射频信号输出插座。

（2）后面板各控制器件、插座使用说明（图 6-8）。

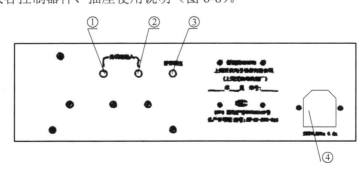

图 6-8　高频信号发生器后面板

① 外调制输入 CH R。

② 外调制输入 CH L。

③ 内音频输出。

④ 电源插座（附熔丝）。

操作训练　高频信号发生器的使用

1．使用前的准备工作

① 检查电源电压是否在 220V 范围内，若超出此范围，应外接稳压器或调压器，否则会造成频率误差增大。

② 由于电源中接有高频滤波电容器，机壳带有一定的电位。如果机壳没有接地线，使用时必须装设接地线。

③ 通电前，检查各旋钮位置，把载波调节、输出微调、输出倍乘和调幅度调节等旋钮逆时针方向旋到底。电压表（V 表）和调幅度表（M% 表）做好机械调零。

④ 接通电源，打开开关，指示灯亮。预热 10min，将仪器面板上的波段开关旋到任意两挡之间，然后调节面板上的零点旋钮，使电压表的指针指零。

2．等幅高频信号输出（载波）步骤

① 将调幅选择开关置于"等幅"位置。

② 将波段开关置于相应的波段，调节频率调节旋钮到所需频率。频率调节旋钮有两个，在大范围内改变频率时用频率刻度盘中间的旋钮；当接近所需频率时，再用频率刻度盘旁边的频率微调旋钮微调到所需频率上。

③ 转动载波调节旋钮，使电压表的指针指在红线"1"上。这时在"0～0.1V"插孔输出的信号电压等于输出微调旋钮的读数和输出倍乘开关的倍乘数的乘积。例如，输出微调旋钮指在 5，输出倍乘开关置于 10 挡，输出信号电压便为 $1×5×10\mu V=50\mu V$。

注意，当调节输出微调旋钮时，电压表的指针可能会略偏离"1"。可以用调节载波调节旋钮的方法，使电压表的指针指在"1"上。

④ 若要得到 $1\mu V$ 以下的输出电压，必须使用带有分压器的输出电缆。如果电缆终端分压为 0.1V，则输出电压应将上述方法计算所得的数值乘以 0.1。

⑤ 若需大于 0.1V 的信号电压，应该从"0～1V"插孔输出。这时，仍应调节载波调节旋钮，使电压表指在 1V 上。如果输出微调旋钮放在 4 处，就表示输出电压为 0.4V，以此类推。如果输出微调旋钮置于 10 处，此时直接调节载波调节旋钮，那么电压表上的读数就是输出信号的电压值。但这种调节方法误差较大，一般只在频率超过 10MHz 时才采用。

3．调幅波输出

（1）内部调制

仪器内有 400Hz 和 1000Hz 的低频振荡器，供内部调制用。内部调制的调节操作顺序如下。

① 将调幅选择开关放在需要的 400Hz 或 1000Hz 位置。

② 调节载波调节旋钮到电压表指示为 1V。

③ 调节载波调节旋钮，从调幅度表上的读数，确定出调幅波的幅度。一般可以调节在 30% 的标准调幅度刻度线上。

④ 频率调节、电压调节与等幅输出的调节方法相同。

调节载波调节旋钮也可以改变输出电压，但由于电压表的刻度只在"1"时正确，其他各点只有参考作用，误差较大。同时，由于载波调节旋钮的改变，会使得在输出信号的调幅度不变的情况下，调幅度表的读数相应有所改变，造成读数误差。

（2）外部调制

当输出电压需要其他频率的调幅时，就需要输入外部调制信号。外部调制的调节操作顺序如下。

① 将调幅选择开关放在"等幅"位置。

② 按选择等幅振荡频率的方法，选择所需要的载波频率。

③ 选择合适的外加信号源，作为低频调幅信号源。外加信号源的输出电压必须在 20kΩ 的负载上有 100V 电压输出（即其输出功率为 0.5W 以上），才能在 50～8000Hz 的范围内达到 100%的调幅。

④ 接通外加信号源的电源，预热几分钟后，将输出调到最小，然后将它接到"外调幅输入"插孔。逐渐增大输出，直到调幅度表的指针达到所需要的调幅度。

利用输出微调旋钮和输出倍乘开关控制调幅波输出，计算方法与等幅振荡输出相同。

 **同步练习**

一、填空题

1．高频信号发生器的调制信号有_____和_____两种，两种信号能同时加入。

2．高频信号发生器是提供_____和_____的高频信号源。

3．高频信号发生器输出信号的调制方式一般有_____和_____两种。

4．信号源中的核心部分是_____。调谐信号发生器中常用的振荡器有变压器反馈式、电感反馈式及_____三种振荡形式。

5．高频信号发生器通常采用_____，其调节频率时，用改变电容进行_____，改变电感进行频率_____。

6．高频信号发生器的信号频率低于 30MHZ 时，通常采用_____调制方式。

7．高频信号发生器的主振级一般采用_____。

8．高频信号发生器中调制级的作用是_____。

二、选择题

1．高频信号发生器一般采用（　　　）。
　　A．LC 振荡器　　　　　　　　　　B．RC 文式电桥振荡器
　　C．电容三点式振荡器　　　　　　D．电感三点式振荡器

2．高频信号发生器的工作频率一般为（　　　）。
　　A．1Hz～1MHz　　　　　　　　　B．0.001Hz～1kHz
　　C．200kHz～30MHz　　　　　　　D．300MHz 以上

3．高频信号发生器输出级的作用，除对调制信号进行放大和滤波，得到足够大的输出电平，同时实现（　　　）。
　　A．输出频率的调节　　　　　　　B．输出电平较大范围的调节
　　C．输出阻抗的调节　　　　　　　D．输出电平较大范围及稳定输出阻抗

4. 高频信号发生器的主振级一般是由（　　）构成。

  A. 文氏电桥振荡器   B. LC 振荡器

  C. 晶体振荡器   D. 多谐振荡器

5. 高频信号发生器中可变电抗器可使主振级产生（　　）。

  A. 调幅信号   B. 调频信号   C. 调相信号   D. 脉冲信号

6. 高频信号发生器的振荡电路通常采用的是（　　）。

  A. RC 振荡器   B. LC 振荡器

  C. RC 振荡器和 LC 振荡器都可用   D. RC 振荡器和 LC 振荡器都不能用

7. 高信号发生器中，要产生 30MHz 以下的信号，一般所采用的调制方式为（　　）。

  A. 调幅   B. 调频   C. 调相   D. 脉冲调制

8. 以下关于高频信号发生器的表述正确的是（　　）。

  A. 不能输出 1MHz 以下的低频信号   B. 频率微调是通过调节电感来实现的

  C. 频段改变是通过改变电容来实现的   D. 可输出调制信号

项目七

函数信号发生器

场景描述

该项目以典型信号发生器为例,通过对信号发生器各功能键钮的介绍,使学习者对信号发生器的功能、种类以及使用特点有一个全面、系统的了解。让学习者能够真正掌握信号发生器的使用与维护等操作技能。

基础知识

函数信号发生器可以连续地输出正弦波、方波、矩形波、锯齿波和三角波 5 种基本函数信号,这 5 种函数信号的频率和幅度均可连续调节。本仪器性能稳定,操作方便,是工程师、电子实验室、生产线及教学须配备的理想设备。

知识链接 1 函数信号发生器的组成与性能指标

函数信号发生器的构成方式有多种,主要有两种形式比较常见。

1. 函数信号发生器的组成

(1)方波、三角波、正弦波方式(脉冲式)

脉冲式函数信号发生器先由施密特电路产生方波,然后经变换得到三角波和正弦波形,其组成如图 7-1 所示。它包括双稳态触发器、积分器、正弦波形成电路等部分,双稳态触发器通常采用施密特触发器,积分器则采用密勒积分器。

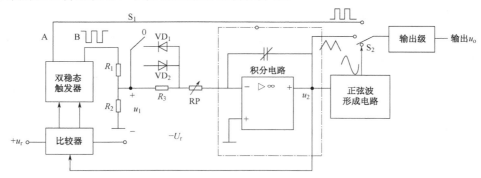

图 7-1 脉冲式函数信号发生器组成框图

(2)正弦波、方波、三角波方式(正弦式)

正弦式函数信号发生器先振荡出正弦波,然后经变换得到方波和三角波,其组成如图 7-2 所示。它包括正弦振荡器、缓冲级、方波形成器、积分器、放大器、输出级等部分。

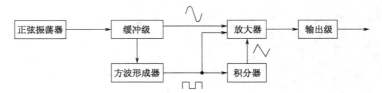

图 7-2　正弦式函数信号发生器组成框图

2．函数信号发生器的性能指标

函数信号发生器的性能指标如下。

（1）输出波形

通常输出波形有正弦波、方波、脉冲和三角波等波形，有的还具有锯齿波、斜波、TTL同步输出及单次脉冲输出等。

（2）频率范围

函数发生器的整个工作频率范围一般分为若干频段，如 1～10Hz、10～100Hz、100Hz～1kHz、1～10kHz、10～100kHz、100kHz～1MHz 共 6 个波段。

（3）输出电压

对正弦信号，一般指输出电压的峰-峰值，通常可达 10V 以上；对脉冲数字信号，则包括 TTL 和 CMOS 输出电平。

（4）波形特性

正弦波特性通常用非线性失真系数表示，一般要求小于或等于 3%；三角波的特性用非线性系数表示，一般要求小于或等于 2%；方波的特性参数是上升时间，一般要求小于或等于 100ns。

（5）输出阻抗

函数波形输出阻抗为 500Ω，TTL 同步输出阻抗为 600Ω。

知识链接 2　函数信号发生器的操作方法

1．函数信号发生器面板

函数信号发生器前面板如图 7-3 所示。

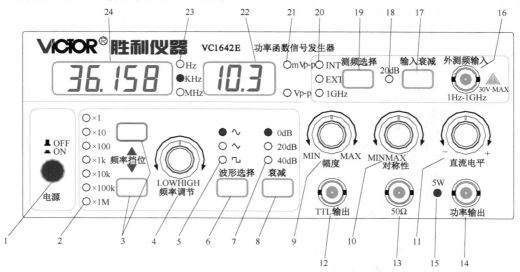

图 7-3　VC1642E 函数信号发生器前面板

各控制旋钮和按键的功能列于表 7-1 中。

表 7-1　VC1642E 面板控制旋钮和功能

序　号	控制件名称	功　能
1	电源开关	按下开关，机内 220V 交流电接通，电路开始工作
2	频率挡位指示灯	表示输出频率所在挡位的倍率
3	频率挡位换挡键	按动此键可将输出频率升高或降低 1 个倍频程
4	频率微调旋钮	调节电位器可在每个挡位内微调频率
5	输出波形指示灯	表示函数输出的基本波形
6	波形选择按键	按动此键可依次选择输出信号的波形，同时与之对应的输出波形指示灯点亮
7	衰减量程指示灯	表示函数输出信号的衰减量
8	衰减选择按键	按此键可使输出信号幅度衰减 0dB、20dB 或 40dB
9	输出幅度调节旋钮	调节此电位器可改变函数输出和功率输出的幅度
10	对称性（占空比）调节旋钮	调节此电位器可改变输出波形的对称度
11	直流抵补（直流偏置）调节旋钮	调节此电位器可改变输出信号的直流分量
12	TTL 输出插座	此端口输出与函数输出同频率的 TTL 电平的同步方波信号
13	函数输出插座	函数信号的输出口，输出阻抗为 50Ω，具有过压、回输保护
14	功率输出指示灯	当频率挡位在 1～6 挡有功率输出时，此灯点亮
15	功率输出插座	功率信号输出口，在 200kHz 以下输出功率最大可达 5W，具有过压、回输保护
16	外部测频输入插座	当仪器进入外测频状态下，该输入端口的信号频率将显示在频率显示窗中
17	外测频输入衰减键	外测频信号输入衰减选择开关，对输入信号有 20dB 的衰减量
18	外测频输入衰减指示灯	指示灯亮起表示外测频输入信号被衰减 20dB，灯灭不衰减
19	频率显示窗口功能选择按键	按动此键可依次选择内测频、外测频、外测高频功能
20	频率显示窗口功能指示灯	表示频率显示窗口功能所处状态
21	幅度单位指示灯	显示幅度单位 V 或 mV
22	幅度显示窗口	内置 3 位 LED 数码管用于显示输出幅度值
23	频率单位指示灯	显示频率单位 Hz、kHz 或 MHz
24	频率显示窗口	内置 5 位 LED 数码管用于显示频率值
25	220V 电源插座	交流市电 220V 输入插座
26	压控频率输入插座	用于外接电压信号控制输出频率的变化

函数信号发生器后面板如图 7-4 所示。

220V 电源插座：盒内带熔丝，其容量为 500mA。

压控频率输入插座：用于外接电压信号控制输出频率的变化，可用于扫频和调频。

2．函数信号发生器使用方法

使用前请先检查电源电压是否为 220V，正确后方可将电源线插头插入本仪器后面板电源插座内。

（1）开机

插入 220V 交流电源线后，按下面板上电源开关，频率显示窗口显示"1642"，整机开始工作。为了得到更好的使用效果，建议开机预热 30min 后再使用。

（2）函数信号输出设置

① 频率设置：按动频率挡位换挡键（RANGE），选定输出函数信号的频段，调节频率微

调旋钮（FREQ）至所需频率。调节时可通过观察频率显示窗口得知输出频率，如图 7-5 所示。

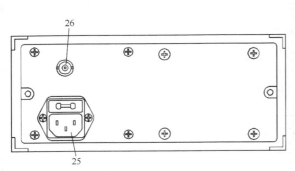

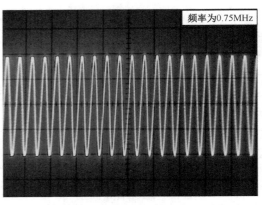

图 7-4　VC1642D 函数信号发生器后面板　　　　图 7-5　输出信号频率波形

② 波形设置：按动波形选择按键（WAVE），可依次选择正弦波、矩形波，如图 7-6 所示。

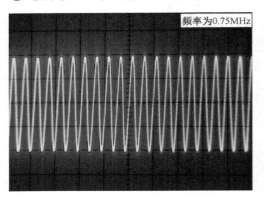

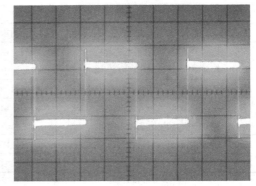

图 7-6　正弦波、矩形波波形

③ 幅度设置：调节输出幅度调节旋钮（AMPL），通过观察幅度显示窗口，调节到所需的信号幅度，如图 7-7 所示。若所需信号幅度较小，可按动衰减选择按键（ATT）来衰减信号幅度，如图 7-8 所示。

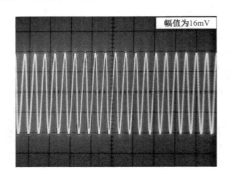

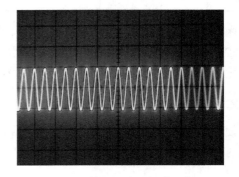

图 7-7　旋转幅度调节旋钮　　　　图 7-8　按下 20dB 衰减开关

④ 对称性设置：调节对称性（占空比）调节旋钮（DUTY），可使输出的函数信号对称度发生改变。通过调节可改善正弦波的失真度，使三角波调频变为锯齿波，改变矩形波的占空比等对称特性。

⑤ 直流偏置设置：通过调节直流抵补（直流偏置）调节旋钮（DC OFFSET），可使输出信号中加入直流分量，通过调节可改变输出信号的电平范围。

⑥ TTL 信号输出：由 TTL 输出插座（TTL）输出的信号是与函数信号输出频率一致的同步标准 TTL 电平信号。

⑦ 功率信号输出：由功率输出插座（POW OUT）输出的信号是与函数信号输出完全一致的信号，当频率在 0.6Hz～200kHz 范围内时可提供 5W 的输出功率，如频率在第 7 挡时，功率输出信号自动关断。

⑧ 保护说明：当函数信号输出或功率信号输出接上负载后，出现无输出信号，说明负载上存在有高压信号或负载短路，机器自动保护，当排除故障后仪器自动恢复正常工作。

（3）频率测量

① 内测量：按动计数器功能选择按键（FUN），选择到内测频状态，此时"INT"指示灯亮起，表示计数器进入内测频状态，此时频率显示窗口中显示的为本仪器函数信号输出的频率。

② 外测量：外测量频率时，分 1Hz～10MHz 和 10～1000MHz 两个量程，按动计数器功能选择按键，选择到外测频状态，"EXT"指示灯亮起表示外测频，测量范围为 1Hz～10MHz；"EXT"与"1GHz" 指示灯同时亮起表示外测高频率，测量范围为 10～1000MHz。测量结果显示在频率显示窗口中。若输入的被测信号幅度大于 3V 时，应接通输入衰减电路，可用外测频输入衰减键进行衰减电路的选通，外测频输入衰减指示灯亮起表示外测频输入信号被衰减 20dB。外测频为等精度测量方式，测频闸门自动切换，不用手动更改。

3．使用中注意事项

① 本仪器采用大规模集成电路，调试、维修时应有防静电装置，以免造成仪器受损。

② 请勿在高温、高压、潮湿、强振荡、强磁场、强辐射、易爆环境、防雷电条件差、防尘条件差、温湿度变化大等场所使用和存放。

③ 请在相对稳定环境中使用，并提供良好的通风散热条件。校准测试时，测试仪器或其他设备的外壳应良好接地，以免意外损害。

④ 当熔丝熔断后，请先排除故障。注意，更换熔丝以前，必须将电源线与交流市电电源切断，把仪表和被测线路断开，将仪器电源开关关断，以避免受到电击或人身伤害。并且仅可安装具有指定电流、电压和熔断速度等额定值的熔丝。

⑤ 信号发生器的负载不能存在高压、强辐射、强脉冲信号，以防止功率回输造成仪器的永久损坏。功率输出负载不要短路，以防止功放电路过载。当出现显示窗显示不正常、死机等现象出现时，只要关一下机重新启动即可恢复正常。

⑥ 为了达到最佳效果，使用前请先预热 30min。

⑦ 非专业人员请勿擅自打开机壳或拆装本仪器，以免影响本仪器的性能，或造成不必要的损失。

知识链接 3　函数信号发生器的应用实例

1．正弦波、方波、三角波的产生

① 将电源线插入后面板上的电源插孔，按下电源开关。函数信号发生器默认 10kHz 挡正弦波，LED 显示窗口显示本机输出信号频率，如图 7-9 所示。

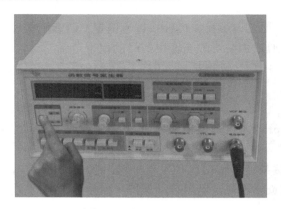

图 7-9　按下电源开关

② 用波形选择开关（WAVE FORM）分别选择正弦波、方波、三角波，此时示波器屏幕上将分别显示正弦波、方波、三角波，如图 7-10 所示。

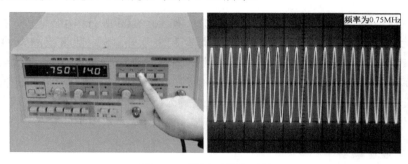

图 7-10　按下正弦波开关

③ 改变频率选择开关，示波器显示的波形以及 LED 窗口显示的频率将发生明显变化，如图 7-11 所示。

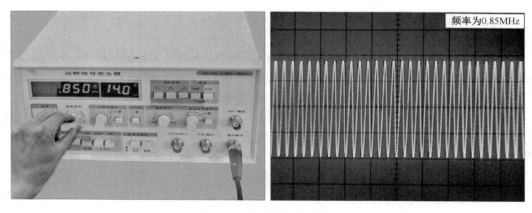

图 7-11　旋转频率调节旋钮

④ 将幅度旋钮（AMPLITUDE）顺时针旋转至最大，示波器显示的波形幅度将大于等于20V，改变幅度调节旋钮，示波器显示的波形以及 LED 窗口显示的频率将发生明显变化，如图 7-12 所示。

⑤ 按下衰减开关，输出波形将被衰减，如图 7-13 所示。

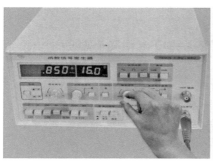
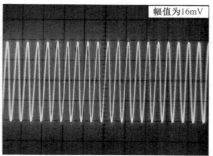

图 7-12　旋转幅度调节旋钮

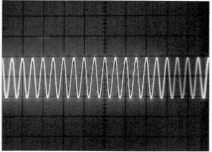

图 7-13　按下 20dB 衰减开关

2．单次波的产生

① 首先将电源开关按下，将频率开关置于"Hz"挡，如图 7-14 所示。

图 7-14　频率开关置于"Hz"挡

② 将波形选择开关（WAVE FORM）置于"方波"挡，电压输入接入示波器，此时示波器屏幕上将显示方波，如图 7-15 所示。

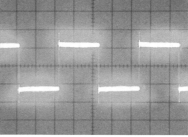

图 7-15　按下"方波"开关

3．斜波产生

① 首先将电源开关按下，接下来，将频率开关置于其中某个需要的挡位。

② 再将波形开关置于"三角波"挡位。

③ 将电压输出端口接入示波器 Y 输入端。

④ 将对称性调节开关按入，此时对称性指示灯变亮。

⑤ 调节对称性调节旋钮，使三角波变成为斜波。

4．外测频率

① 计频功能最高频率为 10MHz，分析度为 0.1Hz，信号幅度大于 500mV。

② 按下外测频开关，此时外测频的指示灯变亮。

③ 将外测频输入端口接被测的信号。

④ 选择频率开关，根据需要按下其中需要的挡位，从显示屏上读取所测的频率值。

知识链接 4　其他类型的函数信号发生器

函数信号发生器，是一种新型高精度信号源，仪器外形美观、新颖，操作直观方便，具有数字频率计、计数器及电压显示功能，仪器功能齐全，各端口具有保护功能，有效地防止了输出短路和外电路电流的倒灌对仪器的损坏，大大提高了整机的可靠性。下面介绍当前常用的其他类型函数信号发生器，便于使用者熟练使用各种不同型号的函数信号发生器。

1．YB1600 函数信号发生器

YB1600 函数信号发生器前面板如图 7-16 所示，后面板如图 7-17 所示。

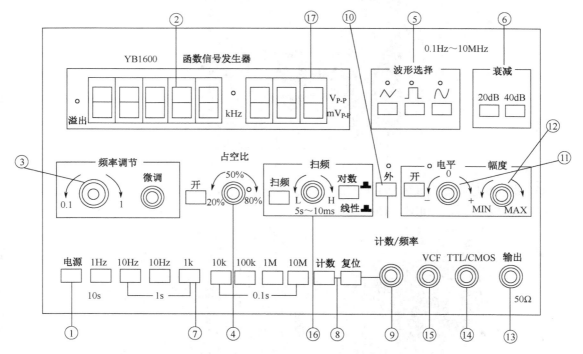

图 7-16　YB1600 函数信号发生器前面板

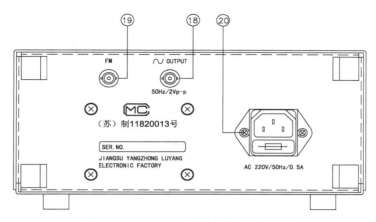

图 7-17　YB1600 函数信号发生器后面板

① 电源开关（POWER）：将电源开关按键弹出即为"关"位置，将电源线接入，按电源开关，以接通电源。

② LED 显示窗口：此窗口指示输出信号的频率，当"外测"开关按入，显示外测信号的频率。如超出测量范围，溢出指示灯亮。

③ 频率调节旋钮（FREQUENCY）：调节此旋钮改变输出信号频率，顺时针旋转，频率增大，逆时针旋转，频率减小，微调旋钮可以微调频率。

④ 占空比（DUTY）：占空比开关，占空比调节旋钮，将占空比开关按入，占空比指示灯亮，调节占空比旋钮，可改变波形的占空比。

⑤ 波形选择开关（WAVE FORM）：按对应波形的某一键，可选择需要的波形。

⑥ 衰减开关（ATTE）：电压输出衰减开关，二挡开关组合为 20dB、40dB、60dB。

⑦ 频率范围选择开关（并兼频率计闸门开关）：根据所需要的频率，按其中一键。

⑧ 计数、复位开关：按计数键，LED 显示开始计数，按复位键，LED 显示全为 0。

⑨ 计数/频率端口：计数、外测频率输入端口。

⑩ 外测频开关：此开关按入 LED 显示窗显示外测信号频率或计数值。

⑪ 电平调节：按入电平调节开关，电平指示灯亮，此时调节电平调节旋钮，可改变直流偏置电平。

⑫ 幅度调节旋钮（AMPLITUDE）：顺时针调节此旋钮，可增大电压输出幅度。逆时针调节此旋钮，可减小电压输出幅度。

⑬ 电压输出端口（VOLTAGE OUT）：电压输出由此端口输出。

⑭ TTL/CMOS 输出端口：由此端口输出 TTL/CMOS 信号。

⑮ VCF：由此端口输入电压控制频率变化。

⑯ 扫频：按入扫频开关，电压输出端口输出信号为扫频信号，调节速率旋钮，可改变扫频速率，改变线性/对数开关可产生线性扫频和对数扫频。

⑰ 电压输出指示：3 位 LED 显示输出电压值，输出接 50Ω 负载时应将读数除 2。

⑱ 50HZ 正弦波输出端口：50Hz 约 2V 正弦波由此端口输出。

⑲ 调频（FM）输入端口：外调频波由此端口输入。

⑳ 交流电源 220V 输入插座。

2．YB1634 函数信号发生器

YB1634 函数信号发生器的面板如图 7-18 所示。

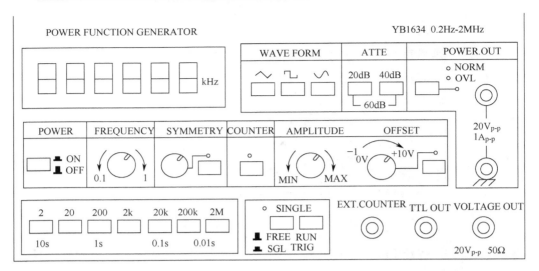

图 7-18　YB1634 函数信号发生器的面板

① POWER：电源开关。

② FREQUENCY：频率调节旋钮，调节此旋钮改变输出信号频率。

③ LED 显示屏：指示输出信号的频率。

④ SYMMETRY：对称性开关旋钮，按下此旋钮，指示灯亮。调节对称性旋钮，可改变波形的对称性。

⑤ WAVE FORM：波形选择开关，按下对应波形的某一键，可选择需要的波形。三个键都未按下，无信号输出，此时为直流电平。

⑥ ATTE：电压输出衰减开关，如果二挡同时按入为 60dB。

⑦ 频率范围选择开关（兼频率计数闸门开关）：根据需要的频率，按下其中一键，2Hz（0.2～2Hz）、20Hz（2～20Hz）、200Hz（20～200Hz）、2kHz（200Hz～2kHz）、20kHz（2～20kHz）、200kHz（20～200kHz）、2MHz（200kHz～2MHz）。

⑧ POWER OUT：功率输出开关，按下此键指示灯发绿色，如果该指示灯由绿色变为红色，则说明已短路或过载。

⑨ 功率输出端：为电路负载提供功率输出，负载应为纯电阻，如是感性或容性负载，应串入 10W、50Ω 左右的电阻。

⑩ OFFSET 电平控制开关：按下此键，红色指示灯亮，调节电平旋钮方可起作用。

⑪ OFFSET 电平调节旋钮：可进行输出信号的直流电平设置。

⑫ AMPLITUDE 幅度旋钮：调节此旋钮可改变"电压输出"、"功率输出"输出幅度。

⑬ VOLTAGE OUT：电压输出插座。

⑭ TTL OUT：TTL 方波输出插座。

⑮ EXT COUNTER：外测频率输入端，最高频率为 10MHz。

⑯ COUNTER："内/外"测频选择开关，按下此开关，为外测频率。

⑰ SINGLE：单次组合开关，SGL 开关按入，指示灯亮，仪器处于单次状态，按一次"TRIG"键，输出一个单次波形。

3. EE1411 合成函数信号发生器

EE1411 合成函数信号发生器的前、后面板如图 7-19 和图 7-20 所示。

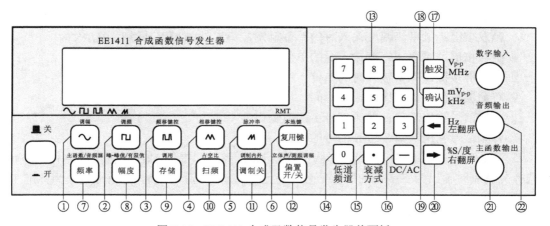

图 7-19　EE1411 合成函数信号发生器前面板

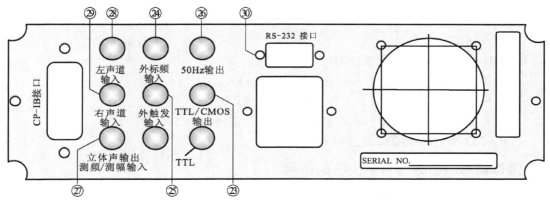

图 7-20　EE1411 合成函数信号发生器后面板

① 调幅按键：选择正弦波，第二功能为进入调幅功能。

② 调频按键：选择方波，第二功能为进入调频功能。

③ 频移控制按键：选择脉冲波，第二功能为进入频移键控功能。

④ 相移控制按键：选择三角波，第二功能为进入相移键控功能。

⑤ 脉冲串按键：选择锯齿波，第二功能为进入脉冲猝发控制功能。

⑥ 本地键按键：复用键功能，辅助功能为从远控状态进入本地状态。

⑦ 主函数/音频源：设置输出信号的频率，第二功能为主函数和音频源之间的切换。

⑧ 峰峰值和有效值：设置输出信号的幅度，第二功能为切换幅度显示的峰-峰值/有效值。

⑨ 调用按键：进入状态存储功能，第二功能为进入状态调用功能。

⑩ 占空比按键：设置频率扫描功能，第二功能为调整脉冲波占空比。

⑪ 调制开关：关闭调制，第二功能为切换内外调制源。

⑫ 偏置开关：直流偏置开关切换，第二功能为进入立体声功能或外部测频及测幅功能。

⑬ 数字输入键：用于输入数字 1～9 的数字，第二功能为进入存储调用时用于输入存储号。

⑭ 低通频道开关：输入数字 0 时，第二功能为在进入外测频时，开关低通滤波；进入立体声时，进行频道选择；进入存储调用时，用于输入存储号。

⑮ 输入小数点和衰减方式：输入小数点，其第二功能为在进入外测频时选择是否衰减信号，进入立体声时进行立体声调制方式的选择。

⑯ DC/AC 按键：在输入数字时进行退格操作，第二功能为在进入外测幅时进行交直流

选择。

⑰ 触发按键：频率、幅度输入时的单位触发，第二功能为手动触发 BURST。

⑱ 确认按键：频率、幅度输入时的单位确认，第二功能编码器状态切换。

⑲ 左翻屏按键：频率输入时的单位，第二功能为左翻屏。

⑳ 右翻屏按键：占空比，扫描时间，相位输入时的单位，第二功能为右翻屏。

㉑ 射频信号输出端口：射频信号主函数输出。

㉒ 音频信号输出端口：音频信号的输出。

㉓ TTL/CMOS 输出端口：当选择内部调制源时，该端口提供 1kHz 的音频调制信号输出；当选择外调制时输出为主函数的同步信号（在正弦、方波、脉冲波时），信号电平为标准 TTL 或 CMOS 电平。

㉔ 外标频输入端口：后面板时基输入，当外部时基输入时，仪器自动切换时基信号，并与外部时基同步，当没有外部时基输入时，仪器使用内部时基。

㉕ 外触发输入端口：后面板 AM、FM、FSK、BPSK、BURST 信号等的外调制信号输入端口。

㉖ 50Hz 输出端口：后面板 50Hz 信号的输出。

㉗ 测频/测幅输入端口：后面板外测量信号的输入。

㉘ 左声道输入：后面板外部立体声调制的左声道输入。

㉙ 右声道输入：后面板外部立体声调制的右声道输入。

㉚ RS-232 接口：RS-232 连接口。

操作训练　函数信号发生器的使用

使用前请先检查电源电压是否为 220V，正确后方可将电源线插头插入本仪器后面板电源插座内。

开机：插入 220V 交流电源线后，按下面板上电源开关，频率显示窗口有显示，整机开始工作。为了得到更好的使用效果，建议开机预热 30min 后再使用。

函数信号输出设置如下。

① 波形选择：该仪器可输出三种信号波形，即正弦波、方波、三角波，按入对应波形的某一键，可选择需要的波形，三只键都未按入，无信号输出，此时为直流电平。

② 频率选择：根据所需频率，先选择相应的频率范围，再通过频率调节旋钮改变输出信号频率至所需值。

③ 幅度调节：通过幅度调节旋钮将输出信号幅值调节至所需值，若所需信号幅度较小，可按动衰减选择按键来衰减信号幅度。

拓展演练　正弦波、方波、三角波的调制

（1）测试正弦波、方波、三角波

① 将电源线插入后面板上的电源插孔，按下电源开关。函数信号发生器默认 10kHz 挡正弦波，LED 显示窗口显示本机输出信号频率，如图 7-21 所示。

② 用波形选择开关（WAVE FORM）分别选正

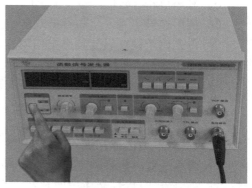

图 7-21　按下电源开关

弦波、方波、三角波。此时示波器屏幕上将分别显示正弦波、方波、三角波，如图 7-22 所示。

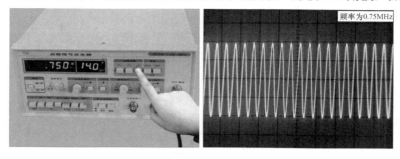

图 7-22　按下正弦波开关

③ 改变频率选择开关，示波器显示的波形以及 LED 窗口显示的频率将发生明显变化，如图 7-23 所示。

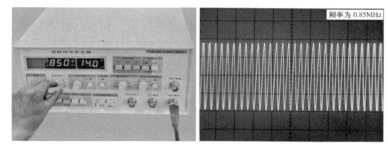

图 7-23　旋转频率调节旋钮

④ 将幅度旋钮（AMPLITUDE）顺时针旋转至最大，示波器显示的波形幅度将大于或等于 20Vp-p，改变幅度调节旋钮，示波器显示的波形以及 LED 窗口显示的频率将发生明显变化，如图 7-24 所示。

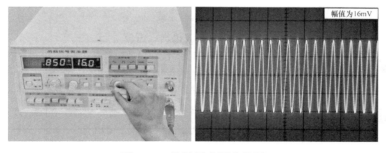

图 7-24　旋转幅度调节旋钮

⑤ 按下衰减开关，输出波形将被衰减，如图 7-25 所示。

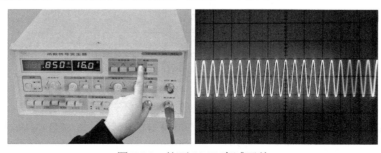

图 7-25　按下 20dB 衰减开关

⑥ 用波形选择开关（WAVE FORM）选方波，此时示波器屏幕上将显示方波，如图 7-26 所示。

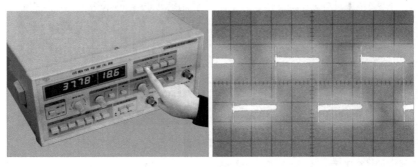

图 7-26　按下方波开关

（2）用信号发生器产生 1V/2kHz 的正弦波

要求观察有效值、峰-峰值、周期、频率，写出电压值、周期的读数过程，写出有效值与峰-峰值之间的关系，填入表 7-2 中。

表 7-2　正弦波测量值

信　号		Y1 通道灵敏度	信号显示格数	计算实际测量幅值
幅值	1V			
频率	2kHz	扫描时间量程选择	一周期显示格数	计算实际测量频率

（3）上述信号衰减 20dB、40dB，测量输出电压

填写数据至表 7-3 中。

表 7-3　正弦波输出电压值

信号输出衰减	0dB	20dB	40dB
毫伏表读数（mV）	1000		
示波器读数（mV）			
衰减倍数计算			

同步练习

一、填空题

1. 正弦信号发生器的三大指标是指_____、_____和调制特性。

2. 函数信号发生器一般能产生_____、_____和_____信号。

3. 函数信号发生器也称_____，能在很宽的频率范围内产生_____、_____、_____、_____和脉冲波等多种波形。

4. 函数信号发生器可以产生_____波。

5. 利用函数信号发生器产生方波信号时，如果方波的频率为 1kHz，峰-峰值幅度为 2V，偏移 1V，占空比为 80%，那么此方波信号的正脉冲宽度为_____μs。

108

6．调幅内调制信号频率为_____Hz。

7．函数信号发生器产生信号的方法有_____、_____、_____三种。

8．信号发生器电压表指示的读数_____。

二、判断题

1．低频信号发生器的主振级一般采用 LC 正弦波振荡器。　　　　（　　）

2．信号发生器输出电阻越小，带载能力越强，性能越好。　　　　（　　）

3．可变电抗器的作用是使信号发生器能产生调幅信号。　　　　（　　）

4．高频信号发生器中调制级的作用是产生调幅信号。　　　　（　　）

5．在电子测量中，正弦交流电在一个周期内的平均值为 0。　　　　（　　）

6．高频信号发生器的主振级一般采用文氏电桥振荡器。　　　　（　　）

7．低频信号发生器用于电压输出时输出阻抗为 600Ω。　　　　（　　）

8．高频信号发生器通常采用 LC 振荡器。　　　　（　　）

电子计数器

 场景描述

　　该项目主要介绍电子计数器的功能特点和使用方法。项目以典型电子计数器为例，通过对电子计数器各功能键钮的介绍，使学习者了解电子计数器的功能、种类以及能够使用计数器完成检测操作。

 基础知识

　　电子计数器是一种常用的数字式测量仪器，利用它可以测量周期信号的频率、周期、时间间隔以及累加计数和计时等。由于电子计数器主要用来测量周期信号的频率，因此常将它称为频率计数器。

知识链接 1　电子计数器的组成与性能指标

1. 电子计数器的分类

（1）按功能分类

电子计数器按功能可分为以下几大类。

　　① 通用计数器：通用计数器可测量频率、频率比、周期、时间间隔、累加计数等，其测量功能可扩展。

　　② 频率计数器：频率计数器的功能只限于测频和计数，但测频范围往往很宽。

　　③ 时间计数器：时间计数器以时间测量为基础，可测量周期、脉冲参数等，其测时分辨力和准确度很高。

　　④ 特种计数器：特种计数器是指具有特殊功能的计数器，包括可逆计数器、序列计数器、预置计数器等，一般用于工业测控方面。

（2）按用途分类

电子计数器按用途可分为测量用计数器和控制用计数器两大类。

（3）按测频范围分类

电子计数器按测频范围可分为以下几大类。

　　① 低速计数器：测量频率低于 10MHz。

　　② 中速计数器：测量频率为 10～100MHz。

　　③ 高速计数器：测量频率高于 100MHz。

　　④ 微波计数器：测量频率为 1～80GHz。

2．电子计数器的主要技术指标

① 测量范围：几兆赫兹至几十吉赫兹。

② 准确度：可达 10^{-9} 以上。

③ 晶振频率及稳定度：晶体振荡器是电子计数器的内部基准，一般要求高于所要求测量准确度一个数量级（10 倍）。输出频率为 1MHz、2.5MHz、5MHz、10MHz 等，普通晶振稳定度为 10^{-5}，恒温晶振达 $10^{-7}\sim10^{-9}$。

④ 输入特性：包括耦合方式（DC、AC）、触发电平（可调）、灵敏度（10～100mV）、输入阻抗（50Ω 低阻和 1MΩ 高阻）等。

⑤ 闸门时间（测频）：有 1ms、10ms、100ms、1s、10s 等。

⑥ 时标（测周）：有 10ns、100ns、1ms、10ms 等。

⑦ 显示：包括显示位数及显示方式等。

测量准确度和频率上限是电子计数器的两个重要指标，电子计数器的发展体现了这两个指标的不断提高及功能的扩展和完善。

3．电子计数器的基本组成

电子计数器的基本组成原理方框图如图 8-1 所示。这是一种通用多功能电子计数器。电路由 A、B 输入通道、时基产生与变换单元、主门、控制单元、计数及显示单元等组成。电子计数器的基本功能是频率测量和时间测量，但测量频率和测量时间时，加到主门和控制单元的信号源不同，测量功能的转换由开关来操纵。累加计数时，加到控制单元的信号则由人工控制。至于计数器的其他测量功能，如频率比测量、周期测量等则是基本功能的扩展。

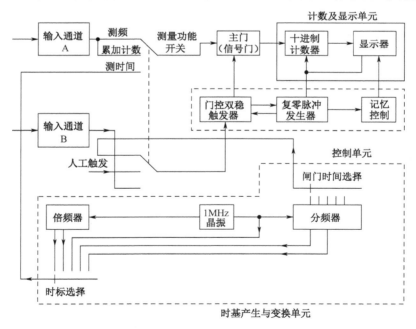

图 8-1　通用电子计数器方框图

（1）A、B 输入通道

输入通道送出的信号，经过主门进入计数电路，它是计数电路的触发脉冲源。为了保证计数电路正确工作，要求该信号具有一定的波形、极性和适当的幅度，但输入被测信号的幅度不同，波形也多种多样，必须利用输入通道对信号进行放大、整形，使其变换为符合主门要求的计数脉冲信号。输入通道共有两路。由于两个通道在测试中的作用不同，也各有其特点。

A 输入通道是计数脉冲信号的输入电路。其组成如图 8-2（a）所示。

当测量频率时，计数脉冲是输入的被测信号经整形而得到的。当测量时间时，该信号是仪器内部晶振信号经倍频或分频后再经整形得到的。究竟选用何种信号，由选通门的选通控制信号决定。

B 输入通道是闸门时间信号的通路，用于控制主门是否开通。其组成如图 8-2（b）所示。该信号经整形后用来触发双稳态触发器，使其翻转。以一个脉冲开启主门，而以随后的一个脉冲关门。两脉冲的时间间隔为开门时间。在此期间，计数器对经过 A 通道的计数脉冲计数。为保证信号在一定的电平时触发，输入端可对输入信号电平进行连续调节。在施密特电路之后还接有倒相器，从而可任意选择所需的触发脉冲极性。

有的通用计数器闸门时间信号通路有两路，分别称为 B、C 通道。两通道的电路结构完全相同。B 通道用来做门控双稳的"启动"通道，使双稳电路翻转；C 通道用做门控双稳"停止"通道，使其复原。两通道的输出经由或门电路加至门控双稳触发器的输入端。

（2）主门

主门又称信号门或闸门，对计数脉冲能否进入计数器起着闸门的作用。主门电路是一个标准的双输入逻辑门，如图 8-3 所示。它的一个输入端接入来自门控双稳触发器的门控信号，另一个输入端则接收计数用脉冲信号。在门控信号有效期间，计数脉冲允许通过此门进入计数器计数。

在测量频率时的门控信号为仪器内部的闸门时间选择电路送来的标准信号，在测量周期或时间时则是整形后的被测信号。

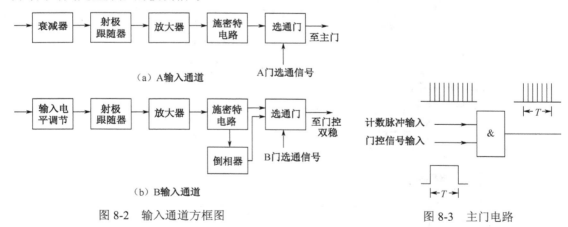

（a）A输入通道

（b）B输入通道

图 8-2 输入通道方框图

图 8-3 主门电路

（3）时基信号产生与变换单元

由 1MHz 晶振产生的标准频率信号，作为通用计数器的时间标准。该信号经倍频或分频后可提供不同的时标信号，用于计数或作为门控信号。当晶振频率不同时，或要求提供的闸门信号和时标信号不同时，倍频和分频的级数也不同。

（4）控制单元

控制单元为程控电路，能产生各种控制信号去控制和协调计数器各单元工作，以使整机按一定工作程序自动完成测量任务。

（5）计数及显示单元

本单元用于对主门输出的脉冲计数并显示十进脉冲数。由 2-10 进制计数电路及译码器、数字显示器等构成。它有三条输入线，一条是计数脉冲用的信号输入线，一条是复零信号线，第三条是记忆控制信号线。有的通用计数器还可以输出显示结果的 BCD 码。

知识链接 2　电子计数器的操作方法

电子计数器的型号不少，但是它们的基本使用方法是雷同的，这里以 E312A 型通用计数器为例，介绍其面板装置、使用步骤。

E312A 通用电子计数器是采用大规模集成电路的数字式仪器，采用 LED 显示，具有读数直观、测量快速、准确和使用方便等优点。

如图 8-4 所示为 E312A 型通用电子计数器面板图，其面板上各旋钮的功能和使用方法如下。

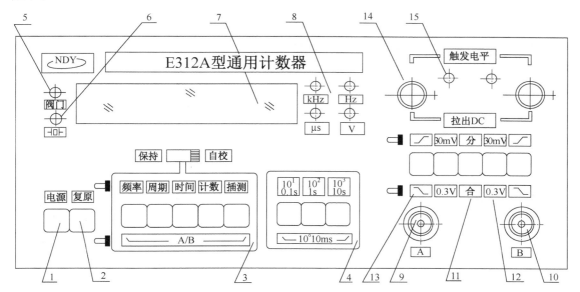

图 8-4　E312A 型通用电子计数器面板示意图

1. E312A 型电子计数器旋钮的名称和作用

（1）电源开关

按键开关按下为机内电源接通，仪器可正常工作。

（2）复原键

每按一次，产生一次人工复原信号。

（3）功能选择模块

功能选择模块由一个 3 位拨动开关和 5 个按键开关组成。当拨动开关处于右边位置时，整机执行自校功能，显示 10MHz 的时钟频率，位数随闸门时间的不同而不同；当拨动开关处于左边位置时，可将拨动前测得的数据一直保持显示不变，当拨动开关处于上述两个位置时，5 个按键开关失去作用；当拨动开关处于中间位置时，整机的功能由 5 个按键开关的位置决定，5 个按键开关可完成 6 种功能的选择；当 5 个按键依次按下时，将依次完成频率、周期、时间间隔的测量及计数等功能。5 个按键开关之间为互锁关系，即只能按下其中的一个；当 5 个按键全部弹出时，仪器可进行频率比的测量。

（4）闸门选择模块

由 3 个按键开关组成，可选择 4 挡闸门和相应的 4 种倍乘率。"0.1s（10^1）"键按下时，仪器选通 0.1s 闸门或 10^1 倍乘；"1s（10^2）"键按下，仪器选通 1s 闸门或 10^2 倍乘；"10s（10^3）"键按下，仪器选通 10s 闸门或 10^3 倍乘；三个键都弹出时，仪器选通 10ms 闸门或 10^0 倍乘；至于是闸门还是倍乘，应同时结合功能选择而定，频率、自校测量时，选择的为闸门，周期、时间测量时选择的是倍乘率。

（5）闸门指示

闸门开启，发光二极管亮（红色）。

（6）晶振指示

绿色发光二极管亮，表示晶体振荡器电源接通。

（7）显示器

显示器为 8 位 7 段 LED 显示，小数点自动定位。

（8）单位指示

有 4 种单位指示。频率测量用 kHz 或 Hz（Hz 供功能扩展用），时间测量用 μs，电压测量用 V（供扩展插件用）。

（9）A 输入插座

频率、周期测量时的被测信号、时间间隔测量时的启动信号以及 A/B 测量时的 A 输入均由此处输入。

（10）B 输入插座

时间间隔测量时的停止信号，A/B 测量时的 B 信号均由此处输入。

（11）分—合键

分—合键按下时为合，B 输入通道断开，A、B 通道相连，被测信号从 A 输入端输入；弹出时为分，A、B 为独立的通道。

（12）输入信号衰减键

此键弹出时，输入信号不衰减地进入通道；按下时，输入信号衰减 10 倍后进入通道。

（13）斜率选择键

此键用来选择输入波形的上升或下降沿。按下时，选择下降沿；弹出时，选择上升沿。

（14）触发电平调节器

此调节器是由带开关的推拉电位器组成的，可以通过电位器阻值的调整来进行触发电平的调节。调节电位器可使触发电平在 -1.5～+1.5V（不衰减时）或 -15～+15V（衰减时）连续调节。开关推入为 AC 耦合，拉出为 DC 耦合。

（15）触发电平指示灯

此指示灯用来表征触发电平的调节状态。当发光二极管均匀闪亮时，表示触发电平调节正常；常亮时，表示触发电平偏高；不亮时，表示触发电平偏低。12、13、14 和 15 对于 A、B 输入通道作用一样。

2. 电子计数器的使用

（1）测量前的准备工作

① 先仔细检查市电电压，确认市电电压在 220V±10% 范围内，方可将电源线插头插入本机后面板上电源插座内，如图 8-5 所示。

② 检查后面板"内接、外接"选择开关位置是否正确，当采用机内晶振时，应处于"内接"位置。

③ 仪器预热 3min 能正常工作，预热 2h 能达到技术指标规定的稳定度。

（2）自校

测量前必须对仪器进行自校，以判断仪器工作是否正常。将前面板的 3 位拨动开关拨至"自校"位置，选择闸门，选择模块的不同闸门，时标信号为 10MHz，显示的测量结果应符合表 8-1 中的正确值。

图 8-5　连接电源线

表 8-1　自校准显示值

闸 门 时 间	10ms	0.1s	1s	10s
时 标 信 号	10 000.0	10 000.00	10 000.000	`0000.0000

单位：全部为 kHz。

10s 挡测量数据的左上角光点亮，表示测量结果由于显示位数的限制而产生了溢出。

（3）频率测量

当功能选择模块中的 3 位拨动开关置于中间位置时，意味着 5 种功能均可起作用。继而按下频率键，表示仪器已进入频率测量功能。闸门选择模块中的 4 挡闸门时间可根据需要选定。频率高时可选短的闸门时间，频率低时可选长的闸门时间。

通道部分的"分—合"键弹出，由 A 端输入适当幅度的被测信号（幅度大时，可用衰减键）。若被测信号为正弦波，则送入后即可正常显示；若被测信导是脉冲波、三角波或锯齿波，则需要将触发电平调节器的推拉电位器拉出，采用 DC 耦合，调节触发电平即可显示被测信号的频率值。

（4）周期测量

功能选择模块中的 3 位拨动开关置于中间位置，按下周期键，此时闸门时间及模块的按键为倍乘率的选择。被测周期较长时可选择"10"倍乘直接测量，这时，若倍乘率选得太大，就会等待较长时间才能显示测量结果。

在进行周期测量时，被测信号由 A 端输入，"分—合"键弹出，选择"分"工作状态。当被测信号为正弦波时，选择适当的幅度就可直接显示测量结果。当被测信号为脉冲波或三角波等时，应将触发电平调节器的电位器拉出，采用 DC 耦合，选取适当的幅度，并调节电位器使触发指示灯闪亮。

（5）脉冲时间间隔测量

按下时间键，正确选择闸门时间及模块的各按键，使显示位数适中。在适当幅度的作用下（单线时，公用 A 路衰减器；双线时，使用各自的衰减器）调节电位器使触发电平指示灯闪亮。

当采用单线输入时，"分—合"键置于"合"的位置，被测信号由 A 通道输入；两路斜率选择相同时可测量被测信号的周期，使用方法与周期测量相同。还可以通过斜率选择键选择信号的上升沿或下降沿，从而测出被测信号的脉冲持续时间和休止时间。

当采用双线输入时，启动信号由 A 端输入，停止信号由 B 端输入，"分—合"键置于"分"的位置。

（6）频率比的测量

功能选择模块中的功能选择键全部弹出，计数器进入频率比测量状态。此时闸门选择模块的按键用来选择倍乘率，"分－合"键置于"分"的位置，两被测信号分别由 A、B 两输入端输入。但须注意 A 输入电路的频率范围为 1Hz～10MHz，B 输入电路的频率范围为 1Hz～2.5MHz。为防止出现误计数，两个输入电压的范围应限制在：正弦波 30mV～1V（有效值），脉冲波 0.1～3V（峰-峰值）。

（7）计数

按下计数键，"分－合"键置于"分"的位置，衰减器和触发电平调节器的推拉电位器的位置均与频率测量时相同，信号从 A 端输入，即可正常计数。计数过程中，若要观察瞬间结果，可将 3 位拨动开关置保持位置，显示即为瞬间测量结果；若希望重新开始计数，只需要按一次复原键。

3. 通用电子计数器的使用注意事项

① 当给该仪器通电后，应预热一定的时间，晶振频率的稳定度才可达到规定的指标，对 E312A 型通用电子计数器预热约 2h。使用时应注意，如果不要求精确测量，预热时间可适当缩短。

② 被测信号送入时，应注意电压的大小不得超过规定的范围，否则容易损坏仪器。

③ 仪器使用时要注意周围环境的影响，附近不应有强磁场、电场干扰，仪器不应受到强烈的振动。

④ 数字式测量仪器在测量的过程中，由于闸门的打开时刻与送入的第一个计数脉冲在时间的对应关系上是随机的，所以测量结果中不可避免地存在着±1 个字的测量误差，现象是显示的最末一位数字有跳动。为使它的影响相对减小，对于各种测量功能，都应力争使测量数据有较多的有效数字位数。适当地选择闸门时间或周期倍乘率即可达到此目的。

⑤ 仪器在进行各种测量前，应先进行自校检查，以检查仪器是否正常。但自校检查只能检查部分电路的工作情况，并不能说明仪器没有任何故障。例如，无法给予 A、B 两输入电路是否正常的提示，另外，自校测量无法反映晶体振荡器频率的准确度。

⑥ 使用时，应注意触发电平的调节，在测量脉冲时间间隔时尤为重要，否则会带来很大的测量误差。

⑦ 使用时，应按要求正确选用输入耦合方式。

⑧ 测量时，应尽量降低被测信号的干扰分量，以保证测量的准确度。

知识链接 3　其他类型的电子计数器

SP1500C 型多功能计数器是采用微处理技术开发完成的。它是一种精密的测试仪器。本仪器最大特点是采用倒数计数技术，测量精度高，测频范围宽，灵敏度高，测量速度快，具有 PPM 测量功能，预置频率 f_0 可任意设置。本仪器适合邮电通信、电子实验室、生产线及教学、科研之用。

1. 多功能计数器前面板

SP1500C 型多功能计数器的前面板如图 8-6 所示。

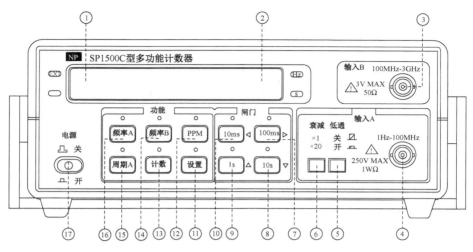

图 8-6　SP1500C 型多功能计数器前面板

① 测量数据显示窗口：显示测量的频率、周期或计数的数据。

② 指数显示窗口：显示被测信号的指数量级。

③ B 通道输入插座：当被测信号频率大于 100MHz 时，由此通道输入。

④ A 通道输入插座：当被测信号频率小于 100MHz 或进行周期、计数测量时由此通道输入。

⑤ 低通滤波器开关：按下此键可有效滤除低频信号上混有的高频成分。

⑥ 衰减开关：按下此键，可衰减 A 通道输入信号 20 倍。

⑦ 闸门选择开关：按此按钮，闸门时间为 100ms，当仪器具有 PPM 测量功能，在设置预置频率 f_0 时，此按钮为向右移动钮。

⑧ 闸门选择开关：按此按钮，闸门时间为 10s，当仪器具有 PPM 测量功能，在设置预置频率 f_0 时，此按钮为数字递减按钮。

⑨ 闸门选择开关：按此按钮，闸门时间为 1s，当仪器具有 PPM 测量功能，在设置预置频率 f_0 时，此按钮为数字递增按钮。

⑩ 闸门选择开关：按此按钮，闸门时间为 10ms，当仪器具有 PPM 测量功能，在设置预置频率 f_0 时，此按钮为向左移动钮。

⑪ 设置按钮：当仪器具有 PPM 测量功能时，按此按钮可对预置频率 f_0 进行任意设置。设置频率范围为 1Hz～100MHz。开机默认的 f_0 为 32768Hz。

⑫ PPM 测量按钮：按此钮，仪器进入 PPM 测量状态，测量范围为-9999～+9999PPM，超出范围时显示 9999PPM。

⑬ 计数按钮：按此钮，仪器进入计数状态，闸门灯点亮。若 A 通道有输入信号，仪器开始计数，再按计数钮，计数处于保持（停止）状态，闸门灯熄灭，再按计数钮，闸门灯又亮，仪器继续进行累加计数。设置钮和四个闸门钮均为计数清零按钮。

⑭ 频率 B 按钮：当被测信号频率大于 100MHz 时，按此钮同时将输入信号由 B 通道输入。

⑮ 周期按钮：按此钮，仪器进入周期测量状态，此时输入信号由 A 通道输入。

⑯ 频率 A 按钮：当被测信号频率小于 100MHz 时，按此钮，仪器进入频率测量状态。

⑰ 整机电源开关。

2．多功能计数器后面板

SP1500C 型多功能计数器的后面板如图 8-7 所示。

117

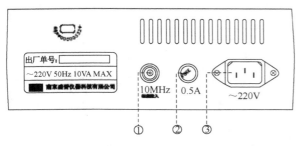

图 8-7　SP1500C 型多功能计数器后面板

① 10MHz 标频输入插座：当输入大于等于 1V 的 10MHz 外接标频时，EXT 指示灯亮，机内自动切换成外部标频工作。

② 熔丝管座。

③ 电源插座。

3．多功能计数器测量频率

① 根据所需测量信号的频率高低大致范围选择"A 通道"或"B 通道"测量。

② 输入信号频率为 1Hz～100MHz 接至 A 输入通道口，按一下"A 通道"功能键。输入信号频率大于 100MHz 接至 B 输入通道口，按一下"B 通道"功能键。

③ "A 通道"测量时，根据输入信号的幅度大小决定衰减按键置×1 或×20 位置；输入幅度大于 3V 时，衰减开关应置×20 位置。

④ "A 通道"测量时，根据输入信号的频率高低决定，低通滤波器按键置"开"或"关"位置。输入频率低于 100kHz，低通滤波器应置"开"位置。

⑤ 按照表 8-2 进行测量并填入数据。

表 8-2　频率测量

闸门时间　　　　　输出信号	500kHz 0.3V	10MHz 0.5V
0.01s		
0.1s		
1s		

◆ 操作训练　电子计数器的使用

测量前应检查电源是否为 220V，后面板的标准频率选择是否在内接位置。核对无误后，接通电源预热 3min 即可正常工作。

1．自校

测量前必须对仪器进行自校，以判断仪器工作是否正常。将面板上的 3 位拨动开关拨到自校位置，选择闸门，选择模块的不同闸门时间，若这时的时标信号为 10MHz，则显示的测量结果见表 8-3。

表 8-3　功能选择模块在校位时的正确指示

闸门时间/s	0.01	0.1	1	10
时标信号	10000.0	10000.00	10000.000	.0000.0000

注：10s 数字上出现光点时表示溢出。显示的最低位允许出现±1 的偏差，单位全部为 Hz。当 10s 挡测量数据的左上角出现光点时，表示测量结果由于显示位数的限制而产生了溢出。

2．测量频率

当功能选择模块中的 3 位拨动开关置于中间位置时，意味着 5 种功能均可起作用。继而按下频率键，表示仪器已进入频率测量状态。闸门选择模块中的 4 挡闸门时间可根据需要选定。频率高时可选短的闸门时间，频率低时可选长的闸门时间。

通道部分的"分—合"键弹出，由 A 端输入适当幅度的被测信号（幅度大时，可用衰减键）。若被测信号为正弦波，则送入后即可正常显示；若被测信导是脉冲波、三角波或锯齿波，则需要将触发电平调节器的推拉电位器拉出，采用 DC 耦合，调节触发电平即可显示被测信号的频率值。

3．测量周期

功能选择模块中的 3 位拨动开关置于中间位置，按下周期键，此时闸门时间及模块的按键用于选择倍乘率。被测周期较长时可选择"10"倍乘直接测量，这时，若倍乘率选得太大，就会等待较长时间才能显示测量结果。在进行周期测量时，被测信号由 A 端输入，"分—合"键弹出，选择"分"工作状态。当被测信号为正弦波时，选择适当的幅度就可直接显示测量结果。当被测信号为脉冲波或三角波等时，应将触发电平调节器的电位器拉出，采用 DC 耦合，选取适当的幅度，并调节电位器使触发指示灯闪亮。

4．测量脉冲时间间隔

按下时间键，正确选择闸门时间及模块的各按键，使显示位数适中。在适当幅度的作用下（单线时，公用 A 路衰减器；双线时，使用各自的衰减器）调节电位器使触发电平指示灯闪亮。当采用单线输入时，"分—合"键置于"合"的位置，被测信号由 A 通道输入；两路斜率选择相同时可测量被测信号的周期，使用方法与周期测量相同。还可以通过斜率选择键选择信号的上升沿或下降沿，从而测出被测信号的脉冲持续时间和休止时间。当采用双线输入时，启动信号由 A 端输入，停止信号由 B 端输入，"分—合"键置于"分"的位置。

5．测量频率比

功能选择模块中的功能选择键全部弹出，计数器进入频率比测量状态。此时闸门选择模块的按键用来选择倍乘率，"分—合"键置于"分"的位置，两被测信号分别由 A、B 两输入端输入。但须注意 A 输入电路的频率范围为 1Hz～10MHz，B 输入电路的频率范围为 1Hz～2.5MHz。为防止出现误计数，两个输入电压的范围应限制在：正弦波 30mV～1V（有效值），脉冲波 0.1～3V（峰-峰值）。

6．计数

按下计数键，"分—合"键置于"分"的位置，衰减器和触发电平调节器的推拉电位器的位置均与频率测量时相同，信号从 A 端输入，即可正常计数。计数过程中，若要观察瞬间结果，可将 3 位拨动开关置于保持位置，即可显示瞬间测量结果；若希望重新开始计数，只需要按一次复原键。

拓展演练　使用频率计数器调试 AM 调谐收音机

① 如图 8-8 所示为收音机的主电路板。

图 8-8　收音机主电路板

② AM 信号发生器和频率计数器在小型超外差收音机电路中的连接，如图 8-9 所示。

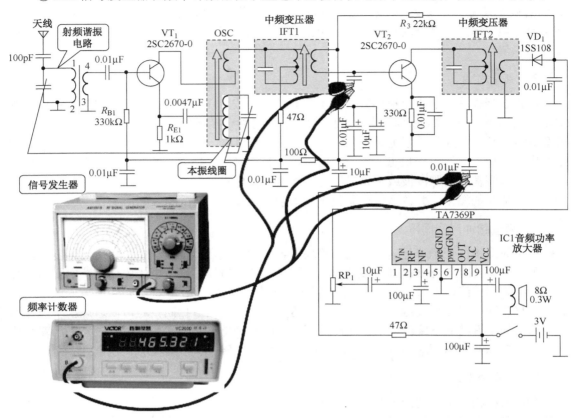

图 8-9　AM 信号发生器和频率计数器在电路中的连接

③ 使用电烙铁将电容器的一个引脚焊接在主电路板的三极管 VT_2 的基极引脚上，将 AM 信号发生器输出线信号端的一个鳄鱼夹夹在电容器的另一端引脚处，如图 8-10 所示。

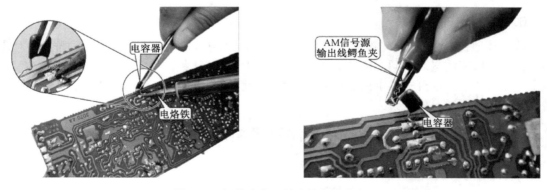

图 8-10　焊接电容器并连接信号发生器

④ 将 AM 信号发生器输出线的接地端用另一个黑色鳄鱼夹夹在电路板的一接地端，如图 8-11 所示。

⑤ AM 信号发生器与电路板连接完成后，再将频率计数器与 AM 信号发生器以同样的方法连接到电路中，即一端连接电容器，另一端接地，如图 8-12 所示为 AM 信号发生器和频率计数器在电路中的连接。

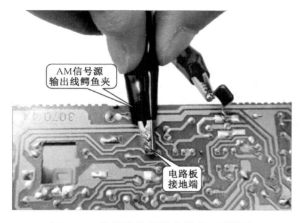

图 8-11　信号发生器输出线另一端接地　　　图 8-12　信号发生器和计数器连接

⑥ 连接完成后，调整中频变压器的谐振频率，在调整时对 AM 信号发生器输出的中频载波频率进行监测，使频率计数器上显示的数字是 465kHz，如图 8-13 所示。

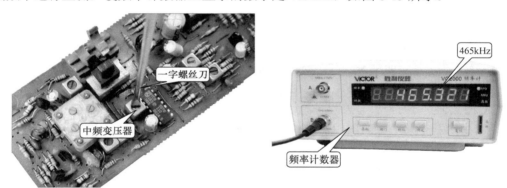

图 8-13　调整中频变压器的谐振频率

⑦ 检测正弦波电压。

用高频信号发生器输出符合要求的信号，用示波器进行同步检测，显示波形并将波形保留在示波器上，计算出相应的电压有效值、周期和频率，测量结果填入表 8-4 中。

表 8-4　正弦波电压测量值

参 考 值 测 量 内 容	500kHz 0.3V	10MHz 0.5V
测电压 V/div 挡位（V）		
测电压 波形高度（$U_{p\text{-}p}$）/div（V）		
测电压 $U_{p\text{-}p}$（V）		
测电压 示波器测量 U（有效值）（V）		
测周期 T/div 挡位（s）		
测周期 一个周期距离/div（s）		
测周期 周期（s）		
测周期 频率（Hz）		

⑧ 测量频率。

利用高频信号发生器输出的上述信号，合理选择电子计数器的输入端，在频率测量状态下，选择不同闸门时间进行频率的测量。测量结果填入表 8-5 中，并将闸门时间为 1s 时的数据保留在计数器中。

表 8-5　频率测量值

输出信号　　　　　闸门时间	500kHz 0.3V	10MHz 0.5V
0.01s		
0.1s		
1s		

同步练习

一、填空题

1. 电子计数器的测频误差包括＿＿＿＿＿＿＿＿＿＿误差和＿＿＿＿＿＿＿＿＿＿误差。

2. 电子计数器的测周原理与测频相反，即由＿＿＿＿＿＿＿＿信号控制主门开通，而用＿＿＿＿＿＿＿脉冲进行计数。

3. 电子计数器的误差来源有＿＿＿＿＿＿＿＿、＿＿＿＿＿＿＿＿＿＿和＿＿＿＿＿＿＿；其中＿＿＿＿＿＿＿＿是主要来源，其绝对值恒为＿＿＿＿＿＿＿。

4. 通用电子计数器测量频率时，由＿＿＿＿＿＿＿信号来控制主门（闸门）开启与关闭当由人工控制主门的开启与关闭时，计数器执行的是＿＿＿＿＿＿＿测量功能。

5. 当由时基单元产生的闸门信号控制主门的开启和关闭时，电子计数器所执行的测量功能是＿＿＿＿＿＿＿＿。

6. 用电子计数器测量频率比时，周期小的信号应加到输入通道＿＿＿＿＿＿＿。用电子计数器测量频率，如闸门时间不变，频率越高，则测量误差越＿＿＿＿＿＿。

7. 用电子计数器测量周期时，如时标（计数脉冲周期）不变，被测信号频率越高，则测量误差越＿＿＿＿＿＿。

8. 电子计数器的功能除测频、测周期外，扩展功能有＿＿＿＿＿＿＿、＿＿＿＿＿＿＿、＿＿＿＿＿＿＿。

二、选择题

1. 下列哪种方法不能减小量化误差（　　　）。
   A. 测频时使用较长闸门时间　　　　　B. 测周时使用较高的时基频率
   C. 采用多周期测量的方法　　　　　　D. 采用平均法

2. 电子计数器测频的误差主要包括（　　　）。
   A. 量化误差、触发误差　　　　　　　B. 量化误差、闸门时间误差
   C. 触发误差、标准频率误差　　　　　D. 量化误差、转换误差

3. 用通用计数器测量低频信号的频率时，采用倒数计数器是为了（　　　）。
   A. 测量低频周期　　　　　　　　　　B. 克服转换误差
   C. 测量低频失真　　　　　　　　　　D. 减小测频时的量化误差影响

4. 仪器各指示仪表或显示器应放置在与操作者（　　　）的位置，以减少视差。
   A. 仰视　　　　　B. 俯视　　　　　C. 平视　　　　　D. 较远距离

5. 用万用表测量 8.5mA 的直流电流，合适的量程是（　　　）mA。

    A．5　　　　　　　　B．50　　　　　　　　C．10　　　　　　　　D．500

6. 下列测量中属于间接测量的是（　　　）。

    A．用万用欧姆挡测量电阻　　　　　　　　B．用电压表测量已知电阻上消耗的功率

    C．用逻辑笔测量信号的逻辑状态　　　　　D．用电子计数器测量信号周期

7. 通用计数器在测量频率时，当闸门时间选定后，被测信号频率越低，则（　　　）误差越大。

    A．±1　　　　　　　B．标准频率　　　　　C．转换　　　　　　　D．触发滞后

8. 用数字式万用表测量直流电压时，两表笔应（　　　）在被测电路中。

    A．串联　　　　　　B．并联　　　　　　　C．短接　　　　　　　D．断开

钳形电流表

 场景描述

该项目主要介绍钳形电流表的功能特点和使用方法。项目以典型钳形电流表为例，通过对钳形电流表各功能键钮的介绍，使学习者了解钳形电流表的功能、种类以及能够使用钳形电流表完成检测操作。

 基础知识

电工常用的钳形电流表，简称钳形表，是一种用于测量正在运行的电气线路电流大小的仪表，可在不断电的情况下测量电流。

知识链接 1　钳形电流表的组成与性能指标

1. 钳形电流表的种类

钳形电流表根据其不同的结构形式可分为模拟式钳形电流表和数字式钳形电流表两种，而根据其功能不同可分为通用型钳形电流表和交直流两用型钳形电流表两种，根据其测量的范围不同又分为高压钳形电流表和漏电电流钳形电流表两种。

常用模拟式钳形电流表和数字式钳形电流表如图 9-1 所示。

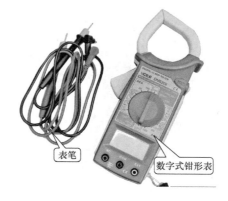

（a）模拟式钳形电流表　　　　　　　　　（b）数字式钳形电流表

图 9-1　钳形电流表

2. 钳形电流表的工作原理

握紧钳形电流表的把手时，铁芯张开，将通有被测电流的导线放入钳口中。松开把手后铁芯闭合，被测载流导线相当于电流互感器的一次绕组，绕在钳形电流表铁芯上的线圈相当于电流互感器的二次绕组。于是二次绕组便感应出电流，送入整流系电流表，使指针偏转，指示出被测电流值。钳形电流表结构示意图如图 9-2 所示。

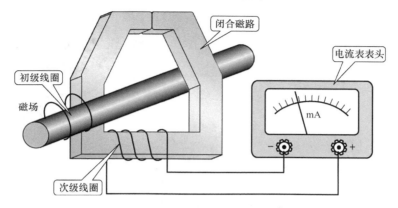

图 9-2　钳形电流表结构示意图

3．钳形电流表的按键功能

通用型钳形电流表如图 9-3 所示。

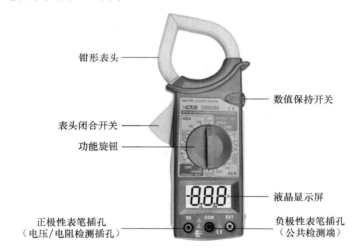

图 9-3　通用型钳形电流表

（1）钳形表头

钳形电流表表头在其内部缠有线圈，通过缠绕的线圈组成一个闭合磁路，按下表头闭合开关可以看到钳形表头的连接处缠有线圈，如图 9-4 所示。

（2）数值保持开关

在测量数值时，对于一直闪烁变换的数值可以按下数值保持开关，通过查看数值的不同，判断所测量的电子设备是否正常。

（3）功能旋钮

钳形电流表的功能旋钮位于操作面板的主体位置，在其四周有量程刻度盘，主要包括电流、电压、电阻等，如图 9-5 所示。在功能旋钮四周的刻度盘以"OFF"为标志，刻度盘分成相对应的测量范围。

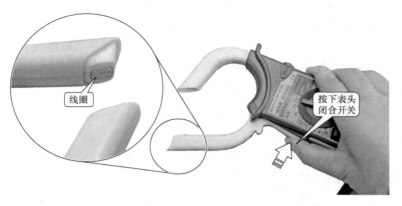

图 9-4　钳形表头

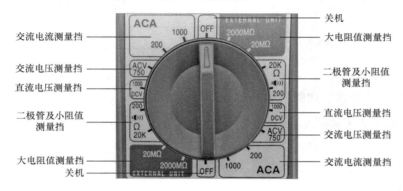

图 9-5　钳形电流表的功能旋钮

在对电子产品进行测量时，旋动中间的功能旋钮，使其指向相应的挡位及量程刻度，即可进行相应的测量，同时会在液晶显示屏上显示出所测的数值。

（4）液晶显示屏

液晶显示屏主要用来显示当前的测量状态和测量数值，如图 9-6 所示。如果在测量时所选择的测量功能为交流电，根据所选择交流电流挡位的不同，液晶显示屏的显示也不相同，如果选择"200"挡位，在液晶屏的下部会显示有小数点及"200"。若选择电压挡，则会在显示屏的右方显示字符"V"，表示测量电压。

在进行检测时，若显示"-1"，则表明所选择的量程不正确，需要重新调整钳形表的量程进行检测。

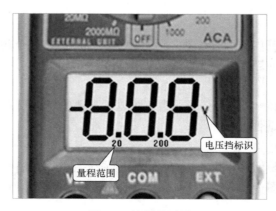

图 9-6　液晶显示屏

（5）表笔插孔

钳形表的操作面板下有 3 个插孔，用来与表笔进行连接。钳形表的每个表笔插孔都用文字或符号进行标识，如图 9-7 所示。其中，使用红色表示的为正极性表笔连接端，标识为"VΩ"；使用黑色表示的为负极性表笔连接端，标识为"COM"；绝缘测试附件接口端，则使用"EXT"标识。

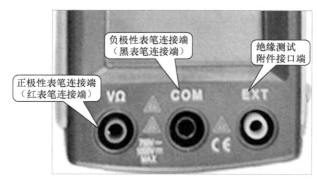

图 9-7　表笔插孔

知识链接 2　钳形电流表的操作方法

在使用钳形表进行检测时，通过调整钳形表的功能旋钮，进行电阻、电流、电压等的测量。

1．测量电阻

① 测量电阻值前，将钳形电流表的表笔分别插入表笔插孔中，如图 9-8 所示，将红表笔插入正极性插孔，黑表笔插入负极性插孔。

② 将钳形电流表的量程调整至电阻挡，如图 9-9 所示。

图 9-8　插入钳形电流表表笔　　　　　图 9-9　调整钳形电流表电阻量程

③ 将钳形电流表的红、黑表笔分别连接到电阻器的两端，如图 9-10 所示，此时即可检测该电阻器的电阻值。在读取电阻值时，根据液晶显示屏的显示数值读数，所测得的电阻值为 6.66kΩ。

2．测量电流

用钳形电流表检测插座电流。

① 剥开外接插座的一段电源线，使其露出内部的零线、火线和地线，如图 9-11 所示。

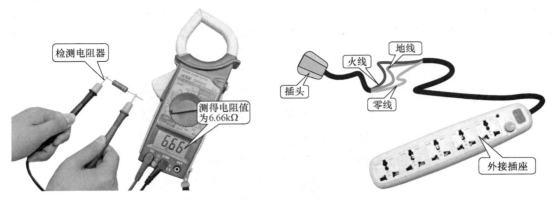

图 9-10 检测电阻器   图 9-11 剥开电源线

② 将外接插座与市电连接，打开插座的电源开关，如图 9-12 所示。

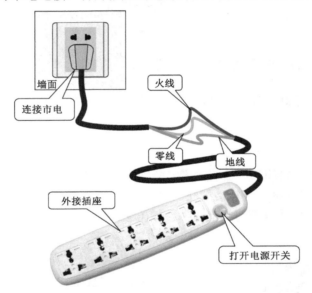

图 9-12 连接市电

③ 使用钳形电流表检测电源线上流过的电流时，电源线的地线、零线和火线不能同时测量，只能将电源线中的火线（或零线）单独钳在钳形电流表的钳口内，方可检测出电源线上流过的电流，如图 9-13 所示。

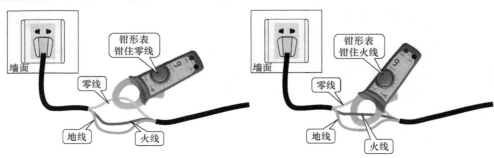

图 9-13 钳形表检测方法

④ 在检测插座的电流时，需要在插座上连接正在工作的设备，按下钳形电流表的表头闭合开关，使其钳住电源线的火线（或零线），如图 9-14 所示。此时，即可检测出该插座的电流值为 10A 左右。

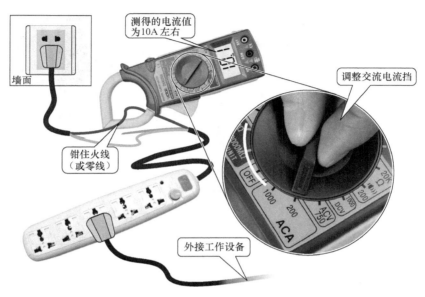

图 9-14　检测插座电流

3．测量电压

钳形电流表可以检测交流和直流电压，通过调整钳形电流表的功能旋钮，选择不同的电压检测范围。

（1）检测交流电压

① 使用钳形电流表检测交流电压时，先将表笔连接到钳形电流表的电压检测插孔，并将钳形电流表调整至交流电压挡，如图 9-15 所示。

图 9-15　调整至交流电压挡

② 使用钳形电流表检测电压时，其方法与普通数字万用表相同，将钳形电流表并联接入被测电路中，并且在检测交流电压时，不用区分电压的正负极，如图 9-16 所示。

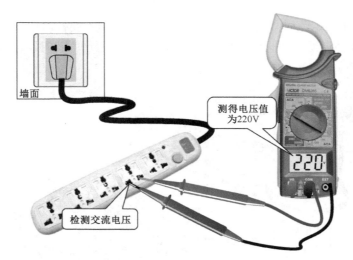

图 9-16 检测交流电压

（2）检测直流电压

在使用钳形电流表检测直流电压时，将钳形电流表的量程调整至直流电压挡，如图 9-17 所示，并且在检测时需要考虑电压的正负极之分，即红表笔（正极）连接电路中的正极端，黑表笔（负极）连接负极端。

图 9-17 调整至直流电压挡

4．使用注意事项

① 在高压环境下使用钳形电流表进行检测时，操作人员应佩戴绝缘手套。

② 要根据钳形表的额定工作电压进行测量，若所测量的电压超过钳形电流表的工作电压，则会烧坏钳形表。因此，在进行检测时，要选择合适的钳形表进行测量。

③ 在使用钳形电流表进行测量前，要根据测量要求设置测量功能，如检测交/直流电流、交/直流电压、电阻等。

④ 根据设置的测量功能（如交/直流电流、电压，电阻），进一步调整检测的量程。

⑤ 在使用钳形电流表检测电源线上流过的电流时，电源线的地线、零线和火线不能同时测量，只能将电源线中的火线（或零线）单独钳在钳形电流表的钳口内，方可检测出电源线上流过的电流。

⑥ 测量完毕，钳形电流表不用时，应将量程选择开关旋至最高量程挡。

⑦ 严禁在测量过程中切换钳形电流表的挡位；若需要换挡，应先将被测导线从钳口退出再更换挡位。

⑧ 由于钳形电流表要接触被测线路，所以测量前一定要检查表的绝缘性能是否良好，即外壳无破损，手柄应清洁干燥。

知识链接 3　钳形电流表的应用实例

在家庭电路中，配电箱主要用于电路的分配工作，若配电箱出现故障，则会出现断电，因此配电箱是家庭电路中必不可少的电气设备，如图 9-18 所示。

检测配电箱时，将钳形电流表调整至交流电压挡，将红、黑表笔分别插入钳形电流表的表笔插孔，检测总开关的输出电压。由于室内电路为交流电，因此，在检测电压时不需要区分正负极，如图 9-19 所示。若检测的电压值为 220V，表明室内电源供电电路正常；若检测的电压值低于 220V，则表明室内电源供电电路出现问题，需要对室内电源供电电路进行进一步的检测。

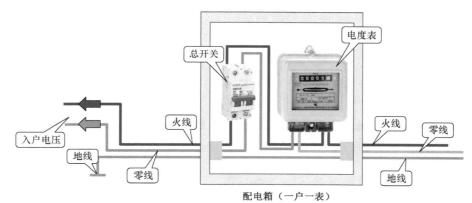

图 9-18　室内配电箱

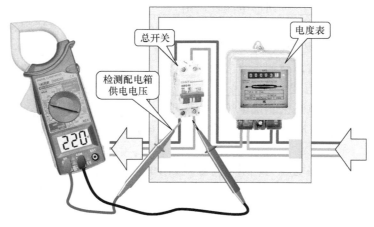

图 9-19　检测配电箱

操作训练　钳形电流表的使用

① 按电动机铭牌规定，接好接线盒内的连接片。

② 按规定接入三相交流电路，令其通电运行。

③ 用钳形电流表检测启动瞬时电流和转速达到额定值后的空载电流，并记录有关测量数据。

④ 导线在钳口绕两匝后，测空载电流，并记录有关测量数据。

⑤ 在电动机空载运行时，人为断开一相电源，如取下某一相熔断器，用钳形电流表检测缺相运行电流（检测时间尽量短），测量完毕立即关断电源，并记录有关测量数据。

⑥ 填写实训报告于表 9-1 中。

表 9-1　测量数据

钳形电流表型号：		电动机型号：		
正常工作状态电流/A		U	V	W
缺相运行状态电流/A				
简述钳形电流表的基本操作方法：				

同步练习

一、填空题

1．钳形电流表主要能在＿＿＿＿＿＿＿＿的情况下测量交流电流。

2．常用的是＿＿＿＿＿＿钳形电流表，由＿＿＿＿＿＿和＿＿＿＿＿＿组成。

3．被测电流过小时，为了得到较准确的读数，若条件允许，可将被测导线＿＿＿＿＿进行测量。此时，钳形表读数除以钳口内的导线根数，即为＿＿＿＿＿＿。

4．使用钳形电流表时，被测导线应放在＿＿＿＿＿＿＿＿＿＿＿＿＿＿＿＿＿＿＿。

5．在测量电流时，应把电流表＿＿＿＿＿＿在被测回路中。

6．要求不断开被测电路来测量电流，应选用＿＿＿＿＿＿＿＿＿＿＿＿＿＿＿。

7．测量电压时，应将电压表＿＿＿联接入被测电路；测量电流时，应将电流表＿＿＿联接入被测电路。

8．被测导线在钳口共绕 9 匝，钳口内导线为 10 根线，钳形电流表的指示为＿＿＿＿＿，则被测的实际电流为＿＿＿＿＿＿。

二、选择题

1．使用钳形电流表测量三相电动机的一相电流为 10A，同时测量两相电流值为（　　）。

A．20A　　　　　　B．30A　　　　　　C．0A　　　　　　D．10A

2．由电流互感器和电流表组成的钳形电流表，其测量机构属于（　　）测量机构。

A. 磁电系   B. 磁电整流系   C. 电磁系   D. 电动系

3. 磁电系钳形电流表可用于测量（   ）。

    A. 直流电流   B. 工频交流电流

    C. 异步电动机转子电流   D. 上述三种电流

4. 用钳形电流表 10A 挡测量小电流，将被测电线在钳口内穿过 4 次，如指示为 8A，则电线内实际电流是（   ）A。

    A. 10A   B. 8A   C. 2.5A   D. 2A

5. 采用钳形电流表测量电动机负载电流时，若单根相线电流值为 I_N，同时钳入三相导线，其测量的结果是（   ）。

    A. $3I_N$ B. $1I_N$ C. 0   D. $2I_N$

6. 钳形电流表由（   ）等部分组成。

    A. 电流表   B. 电流互感器   C. 钳形手柄   D. 计数器

7. 以下是有关"钳形电流表"使用的描述，正确的有（   ）。

    A. 钳形电流表可带电测量裸导线、绝缘导线的电流

    B. 钳形电流表可带电测量绝缘导线的电流而不能测量裸导线

    C. 钳形电流表在测量过程中不能带电转换量程

    D. 钳形电流表铁芯穿入三相对称回路中三相电源线时，其读数为"三相电流数值之和"

8. 在用钳形电流表测量三相三线电能表的电流时，假定三相平衡，若将两根相线同时放入测量的读数为 20A，则实际相电流不正确的是（   ）。

    A. 40A   B. 20A   C. 30A   D. 10A

项目十

兆 欧 表

 场景描述

　　该项目主要介绍兆欧表的功能特点和使用方法。项目以典型兆欧表为例，通过对兆欧表各功能键钮的介绍，使学习者了解兆欧表的功能、种类以及能够使用兆欧表完成检测操作。

 基础知识

　　兆欧表又称绝缘电阻表，是测量电气设备绝缘电阻的常用仪表。兆欧表可以测量所有导电型、抗静电型及静电泄放型表面的阻抗或电阻值，并且兆欧表自身带有高压电源，能够反映出绝缘体在高压条件下工作的真正电阻值。

知识链接 1　兆欧表的组成与性能指标

1. 兆欧表的种类及功能特点

　　兆欧表根据其不同的结构、特点、检测范围等有许多的分类方式，按照其结构形式可以分为模拟式兆欧表和数字式兆欧表。

　　（1）模拟式兆欧表

　　模拟式兆欧表又称指针式兆欧表，而模拟式兆欧表按照其不同的供电方式又分为手摇式兆欧表和电子式兆欧表两种。

　　① 手摇式兆欧表。

　　图 10-1 所示为常用手摇式兆欧表，这种兆欧表中装有一个手摇式发电机，又称摇表或发电机式兆欧表。

　　手摇式兆欧表在测量时通过发电机产生高压，以便借助高压产生的漏电电流，实现阻抗的检测。

　　手摇式兆欧表主要由直流发电机、磁电系比率表及测量线路组成，图 10-2 所示为发电机式兆欧表的结构示意图。发电机是兆欧表的电源，磁电系比率表是兆欧表的测量机构，由固定的永久磁铁和可在磁场中转动的两个线圈组成。当用手摇动发电机时，两个线圈中同时有电流通过，在两个线圈上产生方向相反的转矩，指针就随这两个转矩的合成转矩的大小而偏转。

　　② 电子式兆欧表。

　　电子式兆欧表又称电池式兆欧表或智能兆欧表，主要采用电池供电的方式为兆欧表提供工作电压。

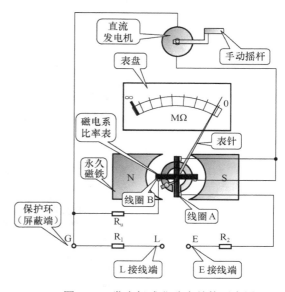

图 10-1 常用手摇式兆欧表   图 10-2   发电机式兆欧表结构示意图

随着电子技术的不断发展，传统的发电机式兆欧表正逐渐被电子式兆欧表所取代。电子式兆欧表又称智能兆欧表，图 10-3 所示为常见的电子式兆欧表。

（2）数字式兆欧表

数字式兆欧表又称智能化兆欧表，主要通过液晶显示屏，将所测量的结果以数字形式直接显示出来，如图 10-4 所示为常见的数字式兆欧表。

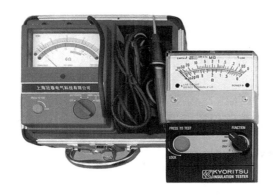

图 10-3   电子式兆欧表   图 10-4   常见数字式兆欧表

2．兆欧表的结构

图 10-5 所示为典型的普通兆欧表结构图，兆欧表由指针、使用说明、刻度盘、手动摇杆、检测端子和测试线等组成。

（1）手动摇杆

普通兆欧表主要通过手动摇杆摇动兆欧表内的自动发电机发电，为兆欧表提供工作电压。

（2）刻度盘

可调量程检测用电压表的刻度盘主要由几条弧线及不同量程标识组成，普通兆欧表的刻度盘主要由弧度线及固定量程标识所组成，如图 10-6 所示。

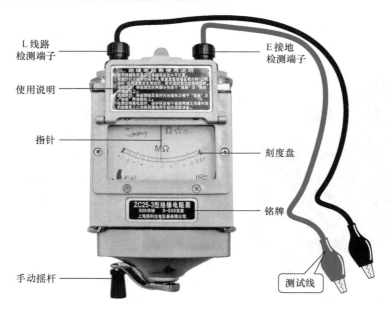

图 10-5　普通兆欧表结构图

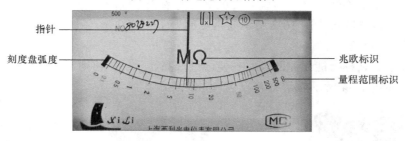

图 10-6　兆欧表的刻度盘

（3）检测端子

兆欧表的检测端子主要分为 L 线路检测端子和 E 接地检测端子，如图 10-7 所示。在 L 线路检测端子的下方还与保护环进行连接，保护环在电路中的标识为 G。

图 10-7　检测端子

（4）测试线

兆欧表有两条测试线，分别使用红色和黑色表示，用于与待测设备之间的连接，如图 10-8 所示。其中，测试线的连接端子主要用于与兆欧表进行连接，而鳄鱼夹则主要与待测设备进行连接。

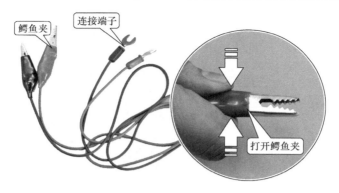

图 10-8　测试线

知识链接 2　兆欧表的操作方法

　　测量前要先切断被测设备的电源，并将设备的导电部分与大地接通，进行充分放电，以保证安全。然后检查兆欧表是否完好。

1. 兆欧表使用方法

　　① 拧松兆欧表的 L 线路检测端子和 E 接地检测端子，如图 10-9 所示。

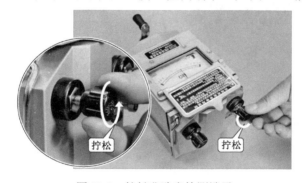

图 10-9　拧松兆欧表检测端子

　　② 将兆欧表的测试线的连接端子分别连接到兆欧表的两个检测端子上，即黑色测试线连接 E 接地检测端子，红色测试线连接 L 线路检测端子，如图 10-10 所示，并拧紧兆欧表的检测端子。

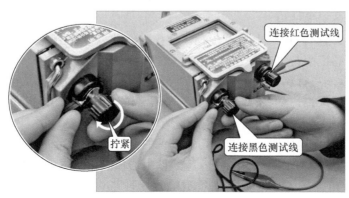

图 10-10　连接兆欧表与测试线

③ 连接被测设备，顺时针摇动摇杆，观察被测设备的绝缘电阻值，如图 10-11 所示。

图 10-11　观察设备的绝缘电阻

④ 检测干燥并且干净的电缆或线路的绝缘电阻时，则不区分 L 线路、E 接地检测端子，红/黑色测试线可以任意连接电缆线芯及电缆外壳，如图 10-12 所示。

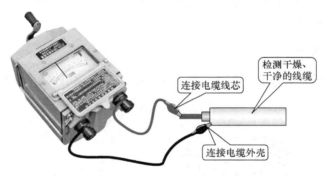

图 10-12　检测干燥并且干净的线缆

2. 兆欧表使用注意事项

① 兆欧表在不使用时应放置于固定的地点，环境气温不宜太低或太高。切忌将兆欧表放置在潮湿、脏污的地面上，并避免将其置于含有害气体的空气中，如酸碱等蒸气。

② 应尽量避免剧烈、长期的振动，防止表头轴尖受损，影响仪表的准确度。

③ 接线柱与被测量物体间连接的导线不能用绞线，应分开单独连接，以防止因绞线绝缘不良而影响读数。

④ 用兆欧表测量含有较大电容的设备，测量前应先进行放电，以保障设备及人身安全。测量后应将被测设备对地放电。

⑤ 在雷电及临近带高压导电的设备时，禁止用兆欧表进行测量，只有在设备不带电又不可能受其他电源感应而带电时，才能使用兆欧表进行测量。

⑥ 在使用兆欧表进行测量时，用力安装兆欧表，防止兆欧表在摇动摇杆时晃动。

⑦摇手柄时由慢渐快，如发现指针指零，则不要继续用力摇动，以防止兆欧表内部线圈损坏。

⑧ 测量设备的绝缘电阻时，必须先切断设备的电源。

⑨ 测量时，切忌将两根测试线绞在一起，以免造成测量数据的不准确。

⑩ 测量完成后应立即对被测设备进行放电，并且兆欧表的摇杆未停止转动和被测设备未放电前，不可用手去触及被测物的测量部分或拆除导线，以防止触电。

知识链接 3 兆欧表的应用实例

用兆欧表检测干燥和潮湿的线缆。

① 拧松兆欧表的 L 线路检测端子和 E 接地检测端子，如图 10-13 所示。

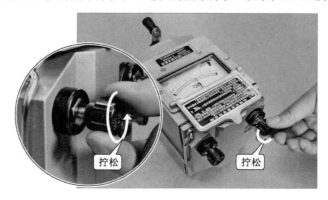

图 10-13 拧松兆欧表检测端子

② 将兆欧表的测试线的连接端子分别连接到兆欧表的两个检测端子上，即黑色测试线连接 E 接地检测端子，红色测试线连接 L 线路检测端子，如图 10-14 所示，并拧紧兆欧表的检测端子。

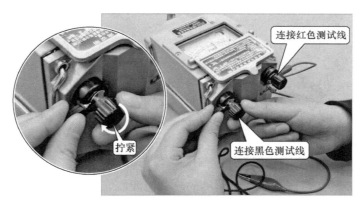

图 10-14 连接兆欧表与测试线

③ 分别检测干燥的线缆和潮湿的线缆，如图 10-15、图 10-16 所示。

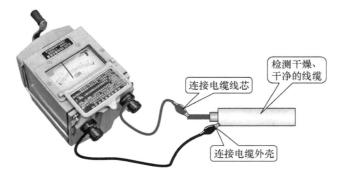

图 10-15 检测干燥的线缆

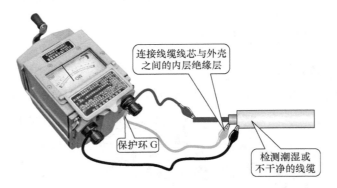

图 10-16　检测潮湿的线缆

操作训练　兆欧表的使用

使用兆欧表检测电动机、电器设备，保证在使用过程中的安全及稳定性。

1. 兆欧表检测电动机的绝缘电阻

在对电动机进行测定或检修时，经常使用兆欧表检测电动机的对地电阻，以判断电动机绝缘性能的好坏，以及电动机是否损坏。

① 将高压电动机放置在地面上，并连接兆欧表与测试线，如图 10-17 所示。

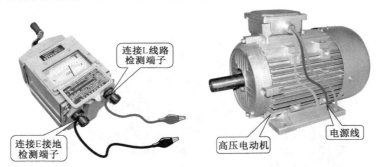

图 10-17　连接兆欧表与测试线

② 使用兆欧表的红色测试线与电动机的一根电源线连接，黑色测试线连接电动机的外壳（接地线），如图 10-18 所示。

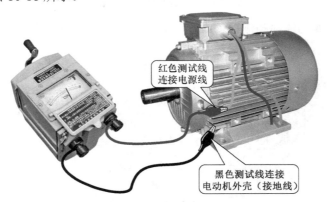

图 10-18　连接兆欧表与电动机

③ 用力按住兆欧表，顺时针由慢渐快地摇动摇杆，如图 10-19 所示。此时，即可检测出

高压电动机的绝缘电阻值为 500MΩ 左右，若测得电动机的阻抗远小于 500MΩ，则表明该电动机已经损坏，需要及时进行检测或更换。

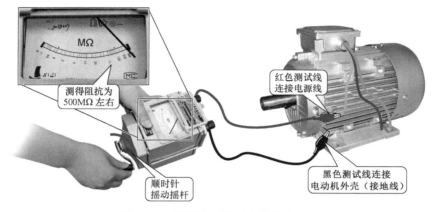

图 10-19　检测高压电动机绝缘电阻

2．兆欧表检测电器设备的绝缘电阻

检测电力/电器设备（如三相电动机、洗衣机、电冰箱等）的绝缘电阻时，将红色测试线连接待测设备的电源线，黑色测试线连接待测设备的外壳（接地线），如图 10-20 所示。

图 10-20　检测电器设备

拓展演练　检测电动机和变压器的绝缘电阻

1．兆欧表检测电动机的绝缘电阻

① 将高压电动机放置在地面上，并连接兆欧表与测试线，如图 10-21 所示。

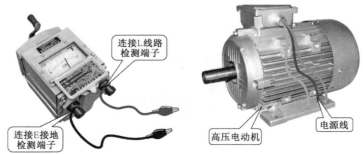

图 10-21　连接兆欧表与测试线

② 兆欧表的红色测试线与电动机的一根电源线连接，黑色测试线连接电动机的外壳（接地线），如图 10-22 所示。

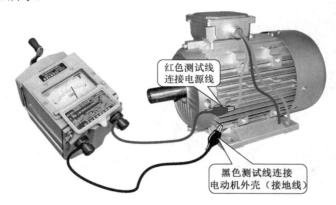

图 10-22　连接兆欧表与电动机

③ 用力按住兆欧表，顺时针由慢渐快地摇动摇杆，如图 10-23 所示。此时，即可检测出高压电动机的绝缘电阻值为 500MΩ 左右，若测得电动机的阻抗远小于 500MΩ，则表明该电动机已经损坏，需要及时进行检测或更换。

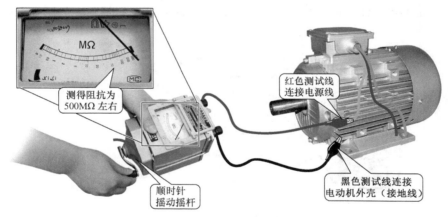

图 10-23　检测绝缘电阻

2. 兆欧表检测变压器的绝缘电阻（图 10-24）

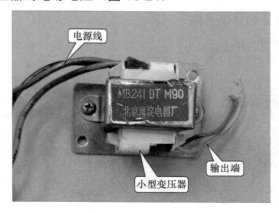

图 10-24　小型变压器

142

① 将兆欧表与测试线连接完成后，使用兆欧表的红色测试线连接变压器电源线的其中一根电线，黑色测试线连接变压器的外壳（接地线），如图 10-25 所示。

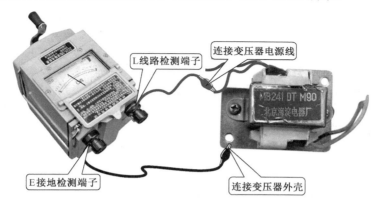

图 10-25　连接兆欧表与变压器

② 按住兆欧表，依照顺时针的旋转方向，由慢渐快地摇动兆欧表的摇杆，如图 10-26 所示。若检测出变压器的绝缘电阻趋于无穷大，表明该变压器的绝缘性能良好；若检测出绝缘电阻值接近于零，则表明该变压器已经损坏，需要将其更换。

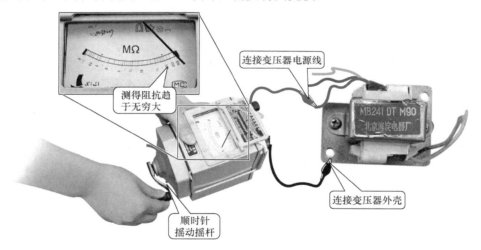

图 10-26　检测变压器绝缘电阻

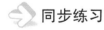 同步练习

一、填空题

1．兆欧表又称绝缘摇表，用来测量电气设备或线路的_____电阻。

2．兆欧表的额定电压有 500V、1000V 和 2500V 三种量程，测量运行中的电动机的绝缘电阻应选用_____的兆欧表。

3．使用兆欧表时，摇把的标准转速为_____r/min，最低不应低于该值的 80%。

4．兆欧表在使用前，必须进行_____试验。

5．兆欧表在结构上属于磁电式仪表，其反作用力矩由_____力产生。

6．接地摇表是用来测量接地体的_____的。

7．用兆欧表检测 480V 直流电动机绝缘电阻时，选择_____兆欧表最佳。

8．测量电动机的对地绝缘电阻和相间绝缘电阻，常使用_____表，而不宜使用_____表。

二、选择题

1．兆欧表的手摇发电机输出的电压是（　　）电压。
  A．交流   B．直流   C．高频   D．脉冲

2．尚未转动兆欧表摇柄时，水平放置完好的兆欧表的指针应当指在（　　）。
  A．刻度盘最左端 B．刻度盘最右端 C．刻度盘正中央 D．随机位置

3．测量绝缘电阻的仪表是（　　）。
  A．兆欧表   B．接地电阻测量仪
  C．单臂电桥   D．双臂电桥

4．绝缘电阻表是专用仪表，用来测量电气设备供电线路的（　　）。
  A．耐压   B．接地电阻   C．绝缘电阻   D．电流

5．摇测低压电力电缆的绝缘电阻应选用额定电压为（　　）V的兆欧表。
  A．250   B．500   C．1000   D．2500

6．测量绝缘电阻使用的仪表是（　　）。
  A．接地电阻测试仪   B．绝缘电阻表
  C．万用表   D．功率表

7．测量工作电压为380V以下的电动机绕组绝缘电阻时应选（　　）。
  A．500型万用表   B．500V绝缘电阻表
  C．1000V绝缘电阻表   D．2500V绝缘电阻表

8．绝缘电阻表输出的电压是（　　）。
  A．直流电压   B．正弦波交流电压
  C．脉动直流电压   D．非正弦交流电压

项目十一

交流毫伏表

场景描述

　　该项目主要介绍交流毫伏表的功能特点和使用方法。项目以典型交流毫伏表为例，通过对交流毫伏表各功能键钮的介绍，使学习者了解交流毫伏表的功能、种类以及能够使用交流毫伏表完成检测操作。

基础知识

　　交流毫伏表是电工、电子实验中用来测量交流电压有效值的常用电子测量仪器。交流毫伏表测量电压范围广、频率宽、输入阻抗高、灵敏度高等。交流毫伏表种类很多，下面以 DF2172 双路输入交流毫伏表为例，介绍毫伏表的使用方法。

知识链接 1　交流毫伏表的组成与性能指标

1. 交流毫伏表面板

　　DF2172 双路输入交流毫伏表由两组性能相同的集成电路及晶体管放大电路和表头指示电路组成，其面板如图 11-1 所示。

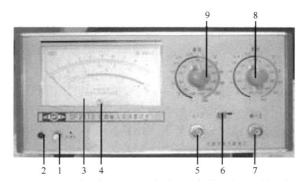

1—电源开关；2—电源指示灯；3—表面；4—机械调零；5—输入端Ⅰ；
6—输入选择开关；7—输入端Ⅱ；8—量程转换开关Ⅰ及刻度；9—量程转换开关Ⅱ及刻度

图 11-1　DF2172 双路输入交流毫伏表面板

2. 主要技术性能

　　DF2172 双路输入交流毫伏表是一种通用型电压表，由于具有双路输入，故对于同时测量两种不同大小的交流信号的有效值及两种信号的比较最为方便，适用于 10Hz～1MHz 交流信号的电压有效值测量。

    ① 测量范围：$100\mu V \sim 300V$，分 12 挡量程。

    ② 电压刻度：1mV、3mV、10mV、30mV、100mV、300mV、1V、3V、10V、30V、100V、300V 共 12 挡。

    ③ dB 刻度：$-60 \sim 50dB$（0dB=1V）。

    ④ 电压测量工作误差：≤5%满刻度（1kHz）。

    ⑤ 频率响应：$100Hz \sim 100kHz$ 误差为 3%，$10Hz \sim 1MHz$ 误差为 5%。

    ⑥ 输入特性：最大输入电压不得大于 450V（AC+DC），输入阻抗大于或等于 $1M\Omega$（小于或等于 50pF）。

    ⑦ 噪声：输入端良好短路时低于满刻度值的 3%。

    ⑧ 两通道互扰：<80dB。

    ⑨ 电源适应范围：电压 220（$1\pm10\%$）V，频率 50（1 ± 2）Hz，功率不大于 10VA。

知识链接 2　交流毫伏表的操作方法

1．交流毫伏表的操作

    ① 通电前先观察表针停留的位置，如果不在表面零刻度，须调整电表指针的机械零位。

    ② 根据需要选择输入端 I 或 II。

    ③ 将量程开关置于高量程挡，接通电源，通电后预热 10min 后使用，可保证性能可靠。

    ④ 根据所测电压选择合适的量程，若测量电压大小未知，应将量程开关置最大挡，然后逐级减少量程，以表针偏转到满度 2/3 以上为宜，然后根据表针所指刻度和所选量程确定电压读数。

    ⑤ 在需要测量两个端口电压时，可将被测的两路电压分别馈入输入端 I 和 II，通过拨动输入选择开关来确定 I 路或 II 路的电压读数。

    说明：在接通电源 10s 内指针有无规则摆动几次的现象是正常的。

2．交流毫伏表使用注意事项

    ① 测量前应短路调零。打开电源开关，将测试线的红黑夹子夹在一起，将量程旋钮旋到 1mV 量程，指针应指在零位。若指针不指在零位，应检查测试线是否断路或接触不良，并更换测试线。

    ② 交流毫伏表灵敏度较高，打开电源后，在较低量程时由于干扰信号的作用，指针会发生偏转，称为自起现象。所以在不测试信号时应将量程旋钮旋到较高量程挡，以防打弯指针。

    ③ 交流毫伏表接入被测电路时，黑夹子应始终接在电路的接地端，以防干扰。

    ④ 调整信号时，应先将量程旋钮旋到较大量程，改变信号后，再逐渐减小。

    ⑤ 使用前应先检查量程旋钮与量程标记是否一致，若错位会产生读数错误。

    ⑥ 交流毫伏表只能用来测量正弦交流信号的有效值，若测量非正弦交流信号要经过换算。

    ⑦ 不可用万用表的交流电压挡代替交流毫伏表测量交流电压（万用表内阻较低，用于测量 50Hz 左右的工频电压）。

知识链接 3　交流毫伏表的应用实例

用 DF2172 双路毫伏表测量放大器的电压放大倍数 A_u，如图 11-2 所示。

图 11-2 是用 DF2172 双路毫伏表测量放大器电压放大倍数的电路连线示意图，信号源 U_s 为正弦信号。用示波器观察输入和输出的正弦波形不失真的情况下，将输入电压 U_1 和输出电压 U_2 分别馈入 DF2172 毫伏表的输入端 Ⅰ 和 Ⅱ，调节量程和拨动输入选择开关，分别读出输入和输出电压有效值 U_1、U_2，则放大器的电压放大倍数为

$$A_u = U_2/U_1$$

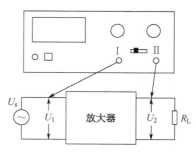

图 11-2　测量放大器电压放大倍数

知识链接4　其他类型的交流毫伏表

1. 交流毫伏表面板

AS2294D 型双通道交流毫伏表前后面板如图 11-3 所示。

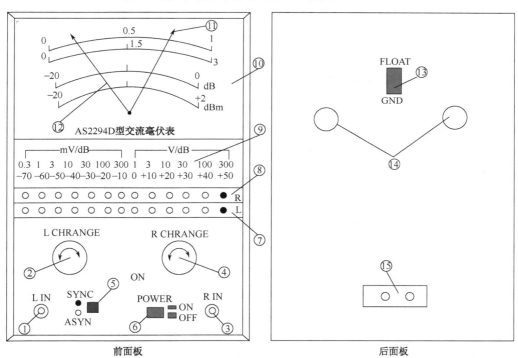

图 11-3　AS2294D 型双通道交流毫伏表前后面板

① 左通道（L IN）输入插座：输入被测交流电压。

② 左通道（L CHRANGE）量程调节旋钮（灰色）。

③ 右通道（R IN）输入插座：输入被测交流电压。

④ 右通道（R CHRANGE）量程调节旋钮（橘红色）。

⑤ "同步/异步"按键："SYNC"即橘红色灯亮，左右量程调节旋钮进入同步调整状态，旋转两个量程调节旋钮中的任意一个，另一个的量程也跟随同步改变；"ASYN"即绿灯亮，量程调节旋钮进入异步状态，转动量程调节旋钮，只改变相应通道的量程。

⑥ 电源开关：按下，仪器电源接通（ON）；弹起，仪器电源被切断（OFF）。

⑦ 左通道（L）量程指示灯（绿色）：绿色指示灯所亮位置对应的量程为该通道当前所

选量程。

⑧ 右通道（R）量程指示灯（橘红色）：橘红色指示灯所亮位置对应的量程为该通道当前所选量程。

⑨ 电压/电平量程挡：共 13 挡，分别是 0.3mV/−70dB、1mV/−60dB、3mV/−50dB、10mV/−40dB、30mV/−30dB、100mV/−20dB、300mV/−10dB、1V/0dB、3V/+10dB、10V/+20dB、30V/+30dB、100V/+40dB、300V/+50dB。

⑩ 表刻度盘：共 4 条刻度线，由上到下分别是 0~1、0~3、−20~0dB、−20~+2dBm。测量电压时，若所选量程是 10 的倍数，读数看 0~1 即第一条刻度线；若所选量程是 3 的倍数，读数看 0~3 即第二条刻度线。当前所选量程均指指针从 0 达到满刻度时的电压值，具体每一大格及每一小格所代表的电压值应根据所选量程确定。

⑪ 红色指针：指示右通道（R IN）输入交流电压的有效值。

⑫ 黑色指针：指示左通道（L IN）输入交流电压的有效值。

⑬ FLOAT（浮置）/GND（接地）开关。

⑭ 信号输出插座。

⑮ 220V 交流电源输入插座。

操作训练　交流毫伏表的使用

常用的单通道晶体管毫伏表，具有测量交流电压、测试电平、监视输出三大功能。交流测量范围是 100mV~300V、5Hz~2MHz，分 1mV、3mV、10mV、30mV、100mV、300mV、1V、3V、10V、30V、100V、300V 共 12 挡。现将其基本使用方法介绍如下。

1. 开机前的准备工作

① 将通道输入端测试探头上的红、黑鳄鱼夹短接。

② 将量程开关置于最高量程（300V）。

2. 操作步骤

① 接通 220V 电源，按下电源开关，电源指示灯亮，仪器立刻工作。为了保证仪器稳定性，须预热 10s 后使用，开机后 10s 内指针无规则摆动属正常。

② 将输入测试探头上的红、黑鳄鱼夹断开后与被测电路并联（红鳄鱼夹接被测电路的正端，黑鳄鱼夹接地端），观察表头指针在刻度盘上所指的位置，若指针在起始点位置基本没动，说明被测电路中的电压甚小，且毫伏表量程选得过高，此时用递减法由高量程向低量程变换，直到表头指针指到满刻度的 2/3 左右即可。

③ 准确读数。表头刻度盘上共刻有四条刻度。第一条刻度和第二条刻度为测量交流电压有效值的专用刻度，第三条和第四条为测量分贝值的刻度。当量程开关分别选 1mV、10mV、100mV、1V、10V、100V 挡时，就从第一条刻度读数；当量程开关分别选 3mV、30mV、300mV、3V、30V、300V 时，应从第二条刻度读数（逢 1 就从第一条刻度读数，逢 3 从第二刻度读数）。例如，将量程开关置"1V"挡，就从第一条刻度读数。若指针指的是第一条刻度的 0.7 处，其实际测量值为 0.7V。若量程开关置"3V"挡，就从第二条刻度读数。若指针指在第二条刻度的 2 处，其实际测量值为 2V。以上举例说明，量程开关选在哪个挡位，如 1V 挡位，此时毫伏表可以测量外电路中电压的范围是 0~1V，满刻度的最大值也就是 1V。当用该仪器去测量外电路中的电平值时，就从第三、四条刻度读数，读数方法是，量程数加上指针指示值，等于实际测量值。

3．应用实例

例：用 DF2172 双路毫伏表测量放大器的电压放大倍数 A_u，如图 11-4 所示。

图 11-4 是用 DF2172 双路毫伏表测量放大器电压放大倍数的电路连线示意图，信号源 U_s 为正弦信号。用示波器观察输入和输出的正弦波形不失真的情况下，将输入电压 U_1 和输出电压 U_2 分别馈入 DF2172 毫伏表的输入端 I 和 II，调节量程和拨动输入选择开关，分别读出输入和输出电压有效值 U_1、U_2，则放大器的电压放大倍数为

$$A_u = U_2 / U_1$$

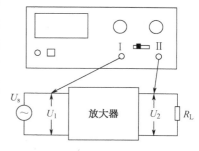

图 11-4　测量放大器电压放大倍数

拓展演练　低频毫伏表测量交流信号的电压

1．方波信号测量

用 CH1（或 CH2）观测示波器本身的校准信号（CAL），测量数据填入表 11-1，并用 DC 和 AC 挡，分别画出波形图，在图上标出 V_{p-p} 和周期 T。

表 11-1　方波信号测量

校 正 符 号	标 称 值	示波器测得的原始数据		测 量 值
幅度 V_{p-p}	V	div	V/div	V
频率 f	Hz	div	ms/div	Hz

2．用示波器和低频毫伏表测量交流信号的电压

用示波器和低频毫伏表同时测量低频信号发生器的输出电压。信号发生器的输出电压，可用低频毫伏表准确测出。调节信号发生器输出信号的频率为 1kHz，然后改变"输出调节"和变换"输出衰减"挡，使输出信号电压分别为 3V、0.3V、100mV（用低频毫伏表监测），再用示波器测量这些电压，将结果填入表 11-2 中，并加以比较。

表 11-2　交流信号测量

信号发生器"输出衰减"挡			
低频毫伏表读数	3V	0.3V	100mV
示波器测量电压峰-峰值（V）			
示波器测量电压有效值（V）			

3．用示波器测量信号的周期与频率

将信号发生器输出电压固定为某一数值。用示波器分别测量信号发生器的频率指示为 1kHz、5kHz、100kHz 时的信号周期 T，并换算出相应的频率值 f，记入表 11-3 中。为了保证测量的精度，应使屏幕上显示波形的一个周期占有足够的格数；或测量 2～4 个周期的时间，再取其平均值。

表 11-3　信号的周期与频率测量

信号发生器的频率指示（kHz）	1	5	100
"扫描时间"标称值（t/div）			
一个周期占有水平方向的格数			
信号周期 T（μs）			
信号频率 f（Hz）			

同步练习

一、填空题

1．DF2172 交流毫伏表测量的电平范围为_____，测量频率范围为_____。

2．晶体交流毫伏表工作时先将信号_____，然后再进行_____，最后通过直流表头指示读数。

3．DF2172 交流毫伏表的表盘值是按正弦波的_____进行刻度的，所以不能用于非正弦交流_____测量。

4．晶体交流毫伏表工作前需要先_____。

5．晶体交流毫伏表工作时，出现指针摆动的原因可能有_____、_____和_____。

6．电子电压表按其测量结果显示方式分类，有_____和_____。

7．测量电压时，应将电压表_____联接入被测电路；测量电流时，应将电流表_____联接入被测电路。

8．测量仪器准确度等级一般分为 7 级，其中准确度最高的为_____级，准确度最低的为_____级。

二、选择题

1．下列不属于 DF2172 交流毫伏表中量程挡位的是（　　　）。
　　A．1mV　　　　　B．10V　　　　　C．300V　　　　　D．3kV

2．DF2172 交流毫伏表中挡位量程开关共有（　　　）个。
　　A．10　　　　　B．11　　　　　C．12　　　　　D．9

3．DF2172 交流毫伏表交流电压测量范围为（　　　）。
　　A．300μV～100V　　　　　　　　B．3～100V
　　C．300mV～100V　　　　　　　　D．100mV～300V

4．DF2172 交流毫伏表，工作电源电压为（　　　）。
　　A．DC220V　　　B．AC220V　　　C．DC110V　　　D．AC110V

5．DF2172 交流毫伏表中调整机械调零旋钮时，指针应处于（　　　）。
　　A．最短零刻度线　　　　　　　　B．最右端
　　C．中间位置　　　　　　　　　　D．不确定

6．交流毫伏表测得的电压为（　　　）。
　　A．平均值　　　B．有效值　　　C．峰值　　　D．峰-峰值

7．交流电压表都是按照正弦波电压（　　　）进行定度的。
　　A．峰值　　　　B．峰-峰值　　　C．有效值　　　D．平均值

8．数字电压表显示位数越多，则（　　　）。
　　A．测量范围越大　　　　　　　　B．测量误差越小
　　C．过载能力越强　　　　　　　　D．测量分辨力越高

项目十二

频率特性测试仪

场景描述

该项目主要介绍频率特性测试仪的功能特点和使用方法。项目以典型频率特性测试仪为例，通过对频率特性测试仪各功能键钮的介绍，使学习者了解频率特性测试仪的功能、种类以及能够使用频率特性测试仪完成检测操作。

基础知识

频率特性测试仪，俗称扫频仪。它是一种用示波器直接显示被测设备频率响应曲线或滤波器的幅频特性的直观测试设备。其广泛地应用于调试宽频带放大，短波通信机和雷达接收机的中频放大器，电视差转机、电视接收机图像和伴音通道，调频广播发射机、接收机高放、中频放大器以及滤波器等有源和无源四端网络。测量频率特性的方法一般有逐点法和扫频法两种。

知识链接 1　频率特性测试仪的组成与性能指标

1. BT-3 型扫频仪的组成

扫频仪主要包括三部分，如图 12-1 所示。

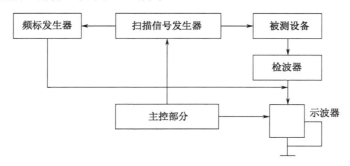

图 12-1　扫频仪方框图

（1）扫描信号发生器

它的核心仍然是 LC 振荡器，其电路是设法用调制信号控制振荡电路中的电容器或电感线圈，使电容量或电感量变化，从而使振荡频率受调制信号的控制而变化，但其幅度不变。用调制信号控制电容量变化的方法是由变容二极管实现的。用调制信号控制电感量变化的方法通常是用磁调制来实现的。其原理是用调制电流改变线圈磁芯的导磁系数，使线圈的电感量也做相应的变化，由此而实现扫频。BT-3 型扫频仪就采用这种方法。

（2）频标发生器

它在显示的频率特性曲线上打上频率标志，可以直接读得曲线上各点所对应的频率。

（3）显示部分

其包括示波器和主控部分。主控部分的作用就是使得示波器的水平扫描与扫描振荡器的扫频完全同步。

2．BT-3 型扫频仪面板

BT-3 型扫频仪的面板如图 12-2 所示。

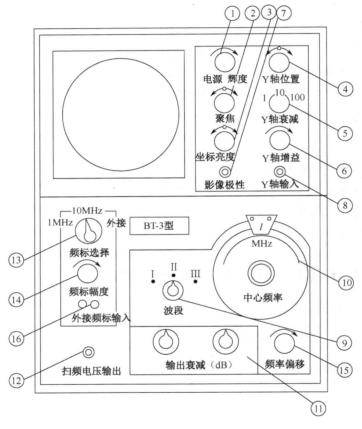

图 12-2　BT-3 型扫频仪面板图

显示部分如下。

① 电源、辉度旋钮：该控制装置是一只带开关的电位器，兼电源开关和辉度旋钮两种作用。顺时针旋动此旋钮，即可接通电源，继续顺时针旋动，屏幕上显示的光点或图形亮度增加。使用时亮度宜适中。

② 聚焦旋钮：调节屏幕上光点或亮线清晰明亮，以保证显示波形的清晰度。

③ 坐标亮度旋钮：在屏幕的 4 个角上，装有 4 个带颜色的指示灯泡，使屏幕的坐标尺度线显示清晰。旋钮从中间位置顺时针方向旋动时，荧光屏上两个对角位置的黄灯亮，屏幕上出现黄色的坐标线；从中间位置逆时针方向旋动时，另两个对角位置的红灯亮，显示出红色的坐标线。黄色坐标线便于观察，红色坐标线利于摄影。

④ Y 轴位置旋钮：调节荧光屏上光点或图形在垂直方向上的位置。

⑤ Y 轴衰减开关：有 1、10、100 三个衰减挡级。根据输入电压的大小选择适当的衰减挡级。

⑥ Y 轴增益旋钮：调节显示在荧光屏上图形垂直方向幅度的大小。

⑦ 影像极性开关：用来改变屏幕上所显示的曲线波形正负极性。当开关在"+"位置时，波形曲线向上方向变化（正极性波形）；当开关在"-"位置时，波形曲线向下方向变化（负极性波形）。当曲线波形需要正负方向同时显示时，只能将开关在"+"和"-"位置往复变动，才能观察曲线波形的全貌。

⑧ Y 轴输入插座：由被测电路的输出端用电缆探头引接此插座，使输入信号经垂直放大器，便可显示出该信号的曲线波形。

扫描部分如下。

⑨ 波段开关：输出的扫频信号按中心频率划分为三个波段（第Ⅰ波段 1～75MHz、第Ⅱ波段 75～150MHz、第Ⅲ波段 150～300MHz），可以根据测试需要来选择波段。

⑩ 中心频率度盘：能连续地改变中心频率。度盘上所标定的中心频率不是十分准确，一般采用边调节度盘，边看频标移动的数值来确定中心频率位置。

⑪ 输出衰减（dB）开关：根据测试的需要，选择扫频信号的输出幅度大小。按开关的衰减量来划分，可分粗调、细调两种。粗调：0dB、10dB、20dB、30dB、40dB、50dB、60dB。细调：0dB、2dB、3dB、4dB、6dB、8dB、10dB。粗调和细调的总衰减量为 70dB。

⑫ 扫频电压输出插座：扫频信号由此插座输出，可用 75Ω 匹配电缆探头或开路电缆来连接，送到被测电路的输入端，以便进行测试。

频标部分如下。

⑬ 频标选择开关：有 1MHz、10MHz 和外接三挡。当开关置于 1MHz 挡时，扫描线上显示 1MHz 的菱形频标；置于 10MHz 挡时，扫描线上显示 10MHz 的菱形频标；置于外接时，扫描线上显示外接信号频率的频标。

⑭ 频标幅度旋钮：调节频标幅度大小。一般幅度不宜太大，以观察清楚为准。

⑮ 频率偏移旋钮：调节扫频信号的频率偏移宽度。在测试时可以调整适合被测电路的通频带宽度所需的频偏，顺时针方向旋动时，频偏增宽，最大可达±7.5MHz 以上；反之则频偏变窄，最小在±0.5MHz 以下。

⑯ 外接频标输入接线柱：当频标选择开关置于外接频标挡时，外来的标准信号发生器的信号由此接线柱引入，这时在扫描线上显示外接频标信号的标记。

3. BT-3 型扫频仪性能指标

BT-3 型扫频仪的主要技术指标如下。

① 中心频率：1～300MHz 分 3 个波段（1～75MHz、75～150MHz、150～300MHz）。

② 扫频频偏：最小频偏小于±0.5%，最大频偏大于±7.5MHz。

③ 输出扫频信号的寄生调幅系数，在最大频偏内小于±7.5%。

④ 输出扫频信号的调频非线性系数，在最大频偏内小于 20%。

⑤ 输出扫频信号电压大于等于 0.1V（有效值）。

⑥ 频标信号为 1MHz、10MHz 和外接 3 种。

⑦ 扫频信号输出阻抗为 75Ω。

⑧ 扫频信号输出衰减：粗衰减（0～60dB）分 7 挡，细衰减（0～10dB）分 7 挡。

知识链接 2　频率特性测试仪的操作方法

① 输入电源电压为 220V，按下面板上电源开关，指示灯 LED 亮。

② 调节辉度旋钮和聚焦旋钮，水平扫描线应明亮清晰。

③ 视输入信号而定，极性开关置"＋"或"－"，耦合方式置 AC 或 DC。

④ 零频率标记识别和频标检查。

"频标选择"开关扳向 1MHz 或 10MHz，此时扫描基线上呈现频标信号，调节"频标幅度"旋钮，可改变频标的幅度。顺时针旋转"中心频率"旋钮，扫描线上的频标向右平移，当旋足时屏幕上应出现零频标，零频标的特征是：它的左侧有一幅度较小的频标作为识别标志，零频标右侧第一个为 2MHz 频标。确定了零频标后，向右依次是 2MHz、3MHz、4MHz 等频标，满十出现一个大频标，如图 12-3 所示。逆时针旋转"中心频率"旋钮，屏幕上频标向左平移，自零频标起至 300MHz 范围内频标应该分得清。

置"频标选择"于 50MHz，调节"中心频率"旋钮，全频段内每间隔 50MHz 出现 1 个频率标记，间隔分得清。

检查外接标记时，置"频标选择"于外接，在外接标记输入端输入 30MHz 的连续波振荡信号，输入幅度约 0.5V，此时在显示器上应出现指示 30MHz 的菱形标记。

⑤ 检查扫频信号和扫频宽度。

置扫频仪衰减器于 0dB、机箱底部通断开关于"通"、"频标选择"于 10MHz 和 1MHz 位置，将 75Ω 射频电缆（粗）接扫频信号输出插座，另一端接低阻检波器"75Ω"输入端，用"50Ω"电缆（细）把低阻检波器输出引入扫频仪"Y 输入"端，调整显示器 Y 增益，在显示屏上出现如图 12-4 所示的图形。再旋转"中心频率"旋钮，图上的扫频线和频标都相应地跟着移动，在整个扫频范围内扫频线应不产生较大起伏。

⑥ 检查扫频线性。

调节扫频宽度为 100MHz（10MHz、1MHz 标记读数），调节中心频率旋钮使标记位置如图 12-5 所示。

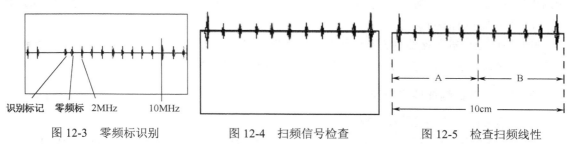

识别标记　零频标　2MHz　　　10MHz

图 12-3　零频标识别　　　图 12-4　扫频信号检查　　　图 12-5　检查扫频线性

⑦ 检查扫频信号平坦度和衰减器。

调节扫频宽度为 100MHz（50MHz、10MHz 标记读数）。置衰减器为 0dB。调节显示器的"Y 位移"旋钮，使扫描基线显示在屏幕的底线上。调节"Y 轴增益"使带有标记的信号线离底线约 6 格，调节"中心频率"旋钮，自零频标至 300MHz 找出最大幅度为 A。增加 1dB 衰减时，记下幅度 A 跌落至 B。恢复衰减器为 0dB 时其全频段（2～300MHz）内，扫频电压波动应落在 A 和 B 之间，如图 12-6 所示。

⑧ 测量输出电平。

置超高频毫伏表量程于 1V 挡。开机预热15min，反复调零和调满度后待测。

置本仪器粗、细衰减器于 0dB。调节中心频率于 150MHz，扫频宽度最小。机箱底部通断开关置于"断"位置，此时用超高频毫伏表测得输出电压应为 0.3V。测毕后，通断开关仍恢复至"通"位置。

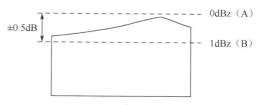

图 12-6　检查扫频信号平坦度和衰减器

知识链接 3　频率特性测试仪的应用实例

例：用 BT-3 型扫频仪测量一个放大器的增益和通频带。

1．增益测量步骤

① 零分贝校正：先将 75Ω 射频电缆接扫频信号输出插座，另一端接低阻检波器"75Ω"输入端，用检波电缆（50Ω）把低阻检波器输出引入 "Y 输入"端，"输出衰减"置 0dB，"Y衰减"置校正挡，调节"Y 增益"使扫频电压线与基线之间的距离为整数格 H（一般取 H=5）。

② 将经过零分贝校正的频率特性测试仪与被测电路连接好，如图 12-7 所示。保持"Y增益"旋钮不动，再调节两个"输出衰减"旋钮，使屏幕显示的幅频特性曲线的幅度正好为 H，则"输出衰减"的分贝值就等于被测电路的增益。例如，粗衰减为 20dB，细衰减为 3dB，则增益 A=23dB。

2．带宽的测量

频标选 10MHz 和 1MHz，调节"中心频率"旋钮和"扫频宽度"旋钮，从屏幕上显示的幅频特性曲线上确定下限频率 f_L 与上限频率 f_H，则带宽为 BW=f_H−f_L。例如，从幅频特性曲线上，读出曲线弯曲段下降到中频段幅度的 0.707 时所对应的低端频率 f_L=47MHz，高端频率 f_H=55MHz，则 BW =55MHz−47MHz=8MHz。

说明一点，如果被测设备本身带有检波器输出，其输出可直接用电缆馈入显示系统的 Y输入端。

1）测试调谐放大器

以一个中频放大器为例。它的技术指标如下：中心频率为 30MHz，频带宽度为 6MHz，增益大于 50dB，特性曲线顶部呈双峰曲线，平坦度小于 1dB。测试步骤和方法如下。

（1）调整方法

开机预热，调节辉度、聚焦，使图形清晰，基线与扫描线重合，频标显示正常。波段选择开关置于Ⅰ位置，中心频率为 30MHz，频偏约为±5MHz，扫频电压输出接带 75Ω 的匹配电缆，Y 轴输入接检波器电缆，把以上两根电缆探头直接相连。Y 轴衰减置于"1"位置，Y轴增益旋至最大位置，调节输出衰减使曲线呈矩形，且其幅度为 5 大格，记下输出衰减的分贝数，如为 12dB。

（2）测试电路

测试时，可按图 12-8 所示连接电路。但输出电缆探头接一个 510pF 左右的隔直电容，再接到中频放大器的输入端，引入这个隔直电容的目的是防止影响放大器电路的偏置电压；带

155

检波器电缆探头经 1kΩ 隔离电阻接于中频放大器的输出端，有这个隔离电阻可以减小检波器的输入电容对调谐频率的影响。

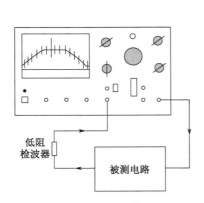 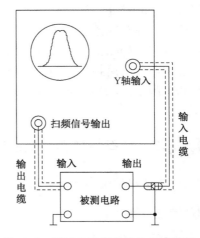

图 12-7　测量增益和通频带　　　　　　图 12-8　测试电路幅频特性的连接图

（3）测试方法

将 Y 轴衰减置于 10 挡上（相当于衰减 20dB），输出粗调衰减置于 40dB 上，再来调整输出细衰减，使波形曲线高度为 5 大格，记下总分贝数，如为 42dB，则该中频放大器的电压增益为：电压总增益=42dB+20dB-12dB=50dB。调节中频放大器的有关元件，使波形曲线达到技术指标如图 12-9 所示的频率特性曲线，调试时若出现如图 12-10（a）、（b）所示的特性曲线，表示电路处于临振和已振状态，应调整中频放大器的工作点，消除这种现象。

2）测试电视接收机高频头

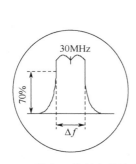 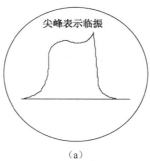

图 12-9　放大器的频率特性曲线　　　　图 12-10　电路临振和已振时的特性曲线

扫频仪是测试电视接收机的主要仪器。电视接收机中的高频头、图像中频放大器、视频放大器和伴音放大器、鉴频器等部分，均可很方便地进行调试，边调边看曲线波形，一直调整到最佳的工作状态，现介绍晶体管式独立微调高频的测试方法。它的技术指标如下：频率为 53～230MHz，分 12 频道，增益 20dB 以上，本振频率微调范围为±1.5MHz。高频头由输入回路、高频放大器、本机振荡器和混频器等组成。下面介绍混频输出特性、本机振荡频率特性、高频放大频率特性和高频头总特性曲线的测试。

（1）测试混频输出特性

进行测试时，扫频仪面板控制装置的位置参考如下：中心频率为 34MHz，频偏为±7.5MHz，输出衰减器约为 30dB，输入衰减器置于"1"位置，Y 轴增益最大。电视机的频道选择器置于空挡位置。混频输出频率特性曲线应如图 12-11 所示。通过调整混频输出变压器内的磁芯、初次级线圈间的耦合距离或线圈匝数及疏密程度，以及有关阻容，达到图 12-11 所示的频率特性曲线。

（2）测试本机振荡频率特性

测试方法与前面基本相同。仪器的中心频率调到所需位置，第二频道的本振频率应为 94.75MHz，如果本振工作正常，则扫频仪屏幕上在 95MHz 左右处将出现一个小频标，并有 ±1.5MHz 左右的微调范围。若本振频率不对，可以改变本振线圈的疏密或匝数，使振荡的频率满足要求。

（3）测试高频放大频率特性

这部分包括高频放大器、输入回路和高通滤波器等。测试方法与前面基本相同。首先在第一频道确定起控点，因为工作频率不一样，在频率低端所需起控电流稍大，只要第一频道的起控电流调得合适，其他频道就可正常工作。在 AGC 直流电压为 +3V 时，调整高放级电感线圈的电感量或耦合强弱，使高放曲线达到图 12-12 所示的要求。然后再从 2～12 频道分别调整到各自的要求。高通滤波器的调整是在第一通道进行的，办法是改变高通线圈疏密程度来改变电感量，使截止频率为 39～40MHz。

（4）测试总特性曲线

高放和混频输出曲线调好后，且各频道的本振频率也均合适，即可检查总特性曲线。一般来说都会合乎要求。但由于调整混频器曲线是在空挡进行的，与接入各频道的情况有些差异，应该复调一下，兼顾以上三种曲线，但以总特性曲线为准。总特性曲线如图 12-13 所示，图中 f_p 为图像载频。输入回路一般和高放曲线一并调整，使高放增益最大，并要满足要求。

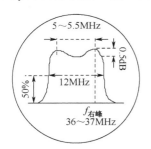 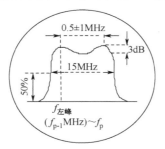 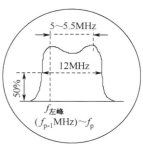

图 12-11　混频输出频率特性曲线　图 12-12　高频放大器频率特性曲线　图 12-13　高频头的总特性曲线

同步练习

一、填空题

1．频率特性测量包括幅频特性测量和_____特性测量。线性系统幅频特性测量方法有_____、_____和多频测量法。

2．扫频仪的核心是_____，它能产生一种输出频率随时间在一定范围内变化而幅度恒定的_____。

3．扫频仪包括_____、_____、_____、_____、_____等部分。

4．用扫频外差式频谱分析仪测量信号频谱时，会在零频率点的左边出现不应有的谱线，这称为_____。

5．扫频仪中，扫频信号发生器产生的信号是_____。

6．_____是在示波管上直接显示被测网络幅频特性的测量仪器。

7. 能显示出各种半导体器件特性曲线的测量仪器是_____。

8. 测量放大器的增益及频率响应时，首选的仪器是_____。

二、判断题

1. 用示波器测量电压时，只要测出 Y 轴方向距离并读出灵敏度即可。 （   ）

2. 电子示波器是时域分析的最典型仪器。 （   ）

3. 用示波法测量信号的时间、时间差、相位和频率都以测量扫描距离为基础。

          （   ）

4. 电子电压表对直流、交流、正弦和非正弦信号均能正确测量。 （   ）

5. 直流数字电压表中有 A/D 转换器，交流数字电压表中没有 A/D 转换器。 （   ）

6. 在电子测量中，把 53.4501V 保留 3 位有效数字为 53.4V。 （   ）

7. 在电子测量中，正弦交流电在一个周期内的平均值为 0。 （   ）

8. 万用表测量交流电压时，其读数为被测交流电压的最大值。 （   ）

项目十三

晶体管特性图示仪

 场景描述

　　该项目主要介绍晶体管特性图示仪的功能特点和使用方法。项目以典型晶体管特性图示仪为例，通过对晶体管特性图示仪各功能键钮的介绍，使学习者了解晶体管特性图示仪的功能、种类以及能够使用晶体管特性图示仪完成检测操作。

 基础知识

　　晶体管测量仪器是以通用电子测量仪器为技术基础，以半导体器件为测量对象的电子仪器。用它可以测试晶体管（NPN 型和 PNP 型）的共发射极、共基极电路的输入特性、输出特性，测试各种反向饱和电流和击穿电压，还可以测量场效管、稳压管、二极管、单结晶体管、可控硅等器件的各种参数。

知识链接 1　晶体管特性图示仪的组成与性能指标

XJ4810 型晶体管特性图示仪面板如图 13-1 所示。

① 集电极电源极性按钮，极性可按面板指示选择。

② 集电极峰值电压熔丝：1.5A。

③ 峰值电压：峰值电压在 0～10V、0～50V、0～100V、0～500V 连续可调，面板上的标称值是近似值，参考用。

④ 功耗限制电阻：它串联在被测管的集电极电路中，限制超过功耗，亦可作为被测晶体管集电极的负载电阻。

⑤ 峰值电压范围：分 0～10V/5A、0～50V/1A、0～100V/0.5A、0～500V/0.1A 四挡。当由低挡改换高挡观察晶体管的特性时，须先将峰值电压调到零值，换挡后再按需要的电压逐渐增加，否则容易击穿被测晶体管。

AC 挡的设置专为二极管或其他元件的测试提供双向扫描，以便能同时显示器件正反向的特性曲线。

⑥ 电容平衡：由于集电极电流输出端对地存在各种杂散电容，都将形成电容性电流，因而在电流取样电阻上产生电压降，造成测量误差。为了尽量减小电容性电流，测试前应调节电容平衡，使容性电流减至最小。

⑦ 辅助电容平衡：针对集电极变压器次级绕组对地电容的不对称，而再次进行电容平衡调节。

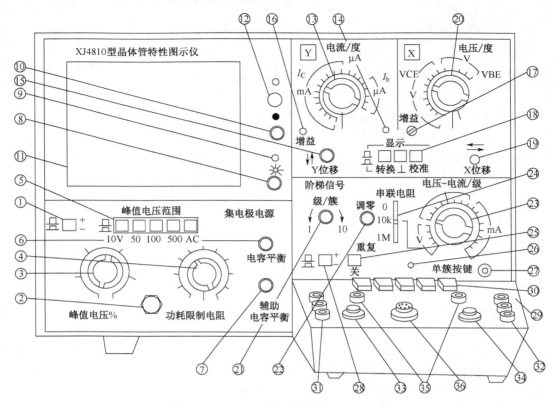

图 13-1　XJ4810 型晶体管特性图示仪面板

⑧ 电源开关及辉度调节：旋钮拉出，接通仪器电源，旋转旋钮可以改变示波管光点亮度。

⑨ 电源指示：接通电源时灯亮。

⑩ 聚焦旋钮：调节旋钮可使光迹最清晰。

⑪ 荧光屏幕：示波管屏幕，外有坐标刻度片。

⑫ 辅助聚焦：与聚焦旋钮配合使用。

⑬ Y 轴选择（电流/度）开关：具有 22 挡四种偏转作用的开关。可以进行集电极电流、基极电压、基极电流和外接的不同转换。

⑭ 电流/度×0.1 倍率指示灯：灯亮时，仪器进入电流/度×0.1 倍工作状态。

⑮ 垂直移位及电流/度倍率开关：调节迹线在垂直方向的移位。旋钮拉出，放大器增益扩大 10 倍，电流/度各挡 I_C 标值乘以 0.1，同时指示灯⑭亮。

⑯ Y 轴增益：校正 Y 轴增益。

⑰ X 轴增益：校正 X 轴增益。

⑱ 显示开关：分转换、接地、校准三挡，其作用如下。

转换：使图像在 I、III 象限内相互转换，便于由 NPN 管转测 PNP 管时简化测试操作。

接地：放大器输入接地，表示输入为零的基准点。

校准：按下校准键，光点在 X、Y 轴方向移动的距离刚好为 10 度，以达到 10 度校正目的。

⑲ X 轴移位：调节光迹在水平方向的移位。

⑳ X 轴选择（电压/度）开关：可以进行集电极电压、基极电流、基极电压和外接四种功能的转换，共 17 挡。

㉑ "级/簇"调节：在0～10范围内可连续调节阶梯信号的级数。

㉒ 调零旋钮：测试前，应首先调整阶梯信号的起始级零电平的位置。当荧光屏上已观察到基极阶梯信号后，按下测试台上选择按键"零电压"，观察光点停留在荧光屏上的位置，复位后调节零旋钮，使阶梯信号的起始级光点仍在该处，这样阶梯信号的零电位即被准确校正。

㉓ 阶梯信号选择开关：可以调节每级电流大小注入被测管的基极，作为测试各种特性曲线的基极信号源，共22挡。一般选用基极电流/级，当测试场效应管时选用基极源电压/级。

㉔ 串联电阻开关：当阶梯信号选择开关置于电压/级的位置时，串联电阻将串联在被测管的输入电路中。

㉕ 重复一关按键：弹出为重复，阶梯信号重复出现；按下为关，阶梯信号处于待触发状态。

㉖ 阶梯信号待触发指示灯：重复按键按下时灯亮，阶梯信号进入待触发状态。

㉗ 单簇按键开关：其作用是使预先调整好的电压（电流）/级，出现一次阶梯信号后回到等待触发位置，因此可利用它瞬间作用的特性来观察被测管的各种极限特性。

㉘ 极性按键：极性的选择取决于被测管的特性。

㉙ 测试台：其结构如图13-2所示。

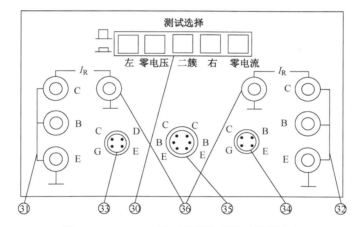

图13-2　XJ4810型晶体管特性图示仪测试台

㉚ 测试选择按键如下。

"左"、"右"、"二簇"键：可以在测试时任选左右两个被测管的特性，当置于"二簇"时，即通过电子开关自动地交替显示左右二簇特性曲线，此时"级/簇"应置适当位置，以利于观察。二簇特性曲线比较时，请不要误按单簇按键。

"零电压"键：按下此键用于调整阶梯信号的起始级在零电平的位置。

"零电流"键：按下此键时被测管的基极处于开路状态，即能测量I_{CEO}特性。

㉛、㉜ 左右测试插孔：插上专用插座（随机附件），可测试F1、F2型管座的功率晶体管。

㉝、㉞、㉟ 晶体管测试插座。

㊱ 二极管反向漏电流专用插孔（接地端）。

在仪器右侧板上分布有图13-3所示的旋钮和端子。

㊲ 二簇移位旋钮：在二簇显示时，可改变右簇曲线的位置，以便于配对晶体管各种参数的比较。

㊳ Y轴信号输入：Y轴选择开关置外接时，Y轴信号由此插座输入。

㉟ X 轴信号输入：X 轴选择开关置外接时，X 轴信号由此插座输入。

㊵ 校准信号输出端：1V、0.5V 校准信号由此两孔输出。

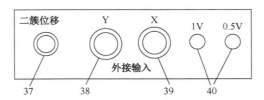

图 13-3　XJ4810 型晶体管特性图示仪右侧板

知识链接 2　晶体管特性图示仪的操作方法

① 按下电源开关，指示灯亮，预热 15min 后，即可进行测试。

② 调节辉度、聚焦及辅助聚焦，使光点清晰。

③ 将峰值电压旋钮调至零，峰值电压范围、极性、功耗电阻等开关置于测试所需位置。

④ 对 X、Y 轴放大器进行 10° 校准。

⑤ 调节阶梯调零。

⑥ 选择需要的基极阶梯信号，将极性、串联电阻置于合适挡位，调节级/簇旋钮，使阶梯信号为 10 级/簇，阶梯信号置重复位置。

⑦ 插上被测晶体管，缓慢地增大峰值电压，荧光屏上即有曲线显示。

知识链接 3　晶体管特性图示仪测量实例

1. 晶体管 h_{FE} 和 β 值的测量

以 NPN 型 3DK2 晶体管为例，查手册得知 3DK2 h_{FE} 的测试条件为 U_{CE}=1V、I_C=10mA。将光点移至荧光屏的左下角作为坐标零点，仪器部件的置位见表 13-1。

表 13-1　3DK2 晶体管 h_{FE} 测试、β 测试时仪器部件的置位

部　件	置　位	部　件	置　位
峰值电压范围	0～10V	Y 轴集电极电流	1mA/度
集电极极性	+	阶梯信号	重复
功耗电阻	250Ω	阶梯极性	+
X 轴集电极电压	1V/度	阶梯选择	20μA

逐渐加大峰值电压就能在显示屏上看到一簇特性曲线，如图 13-4 所示。读出 X 轴集电极电压 U_{ce}=1V 时最上面一条曲线（每条曲线为 20μA，最下面一条 I_B=0 不计在内）I_B 值和 Y 轴 I_C 值，可得

$$h_{FE} = \frac{I_C}{I_B} = \frac{8.5\text{mA}}{200\mu\text{A}} = \frac{8.5}{0.2} = 42.5$$

若把 X 轴选择开关放在基极电流或基极源电压位置，即可得到图 13-5 所示的电流放大特性曲线。即

$$\beta = \frac{\Delta I_C}{\Delta I_B}$$

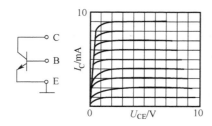

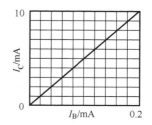

图 13-4　晶体管输出特性曲线　　　　图 13-5　电流放大特性曲线

PNP 型晶体管 h_{FE} 和 β 的测量方法同上，只需要改变扫描电压极性、阶梯信号极性，并把光点移至荧光屏右上角即可。

2. 晶体管反向电流的测试

以 NPN 型 3DK2 晶体管为例，查手册得知 3DK2 晶体管参数 I_{CBO}、I_{CEO} 的测试条件为 U_{CB}、U_{CE} 均为 10V。

逐渐调高"峰值电压"使 X 轴 U_{CB}=10V，读出 Y 轴的偏移量，即为被测值。其中图 13-6（a）测 I_{CBO} 值，图 13-6（b）测 I_{CEO} 值，图 13-6（c）测 I_{EBO} 值。

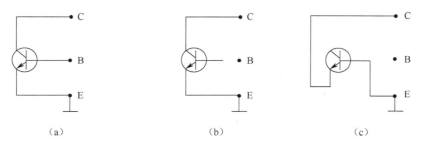

（a）　　　　　　　　　（b）　　　　　　　　　（c）

图 13-6　晶体管反向电流的测试

读数：I_{CBO}=0.5μA（U_{CB}=10V），I_{CEO}=1μA（U_{CE}=10V）。

晶体管反向电流测试曲线如图 13-7 所示。

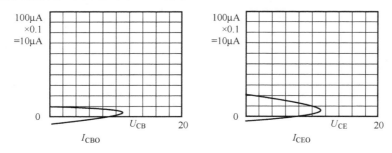

图 13-7　晶体管反向电流测试曲线

PNP 型晶体管的测试方法与 NPN 型晶体管的测试方法相同。可按测试条件，适当改变挡位，并把集电极扫描电压极性改为"−"，把光点调到荧光屏的右下角（阶梯极性为"＋"时）或右上角（阶梯极性为"−"时）即可。

3. 晶体管击穿电压的测试

以 NPN 型 3DK2 晶体管为例，查手册得知 3DK2 晶体管参数 BV_{CBO}、BV_{CEO}、BV_{EBO} 的测试条件：I_C 分别为 100μA、200μA 和 100μA。测试时，仪器部件的置位见表 13-2。

表 13-2　3DK2 晶体管击穿电压测试时仪器部件的置位

置 位　　项 目 部 件	BV_{CBO}	BV_{CEO}	BV_{EBO}
峰值电压范围	0～100V	0～100V	0～10V
极性	+	+	+
X 轴集电极电压	10V/度	10V/度	1V/度
Y 轴集电极电流	20μA/度	20μA/度	20μA/度
功耗限制电阻	1～5kΩ	1～5kΩ	1～5kΩ

逐步调高"峰值电压"，被测管按图 13-8（a）所示的接法，Y 轴 I_C=0.1mA 时，X 轴的偏移量为 BV_{CBO} 值；被测管按图 13-8（b）所示的接法，Y 轴 I_C=0.2mA 时，X 轴的偏移量为 BV_{CEO} 值；被测管按图 13-8（c）所示的接法，Y 轴 I_C=0.1mA 时，X 轴的偏移量为 BV_{EBO} 值。

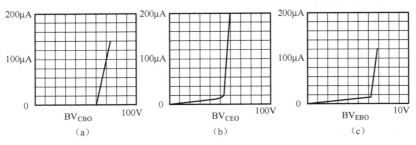

图 13-8　反向击穿电压曲线

读数：BV_{CBO}=70V（I_C=100μA），BV_{CEO}=60V（I_C=200μA），BV_{EBO}=7.8V（I_C=100μA）。PNP 型晶体管的测试方法与 NPN 型晶体管的测试方法相似。

4．稳压二极管的测试

以 2CW19 稳压二极管为例，查手册得知 2CW19 稳定电压的测试条件为 I_B=3mA。测试时，仪器部件置位见表 13-3。

逐渐加大"峰值电压"，即可在荧光屏上看到被测管的特性曲线，如图 13-9 所示。

表 13-3　2CW19 稳压二极管测试时仪器部件的置位

部 件	置 位	部 件	置 位
峰值电压范围	AC 0～10V	X 轴集电极电压	5V/度
功耗限制电阻	5kΩ	Y 轴集电极电流	1mA/度

读数：正向压降约 0.7V，稳定电压约 12.5V。

5．整流二极管反向漏电电流的测试

以 2DP5C 整流二极管为例，查手册得知其反向电流应小于或等于 500mA。测试时，仪器各部件的置位见表 13-4。

表 13-4　2DP5C 整流二极管测试时仪器部件的置位

部 件	置 位	部 件	置 位
峰值电压范围	0～10V	Y 轴集电极电流	0.2μA/度
功耗限制电阻	1kΩ	倍率	Y 轴位移拉出×0.1
X 轴集电极电压	1V/度		

逐渐增大"峰值电压"，在荧光屏上即可显示被测管反向漏电电流特性，如图 13-10 所示。

读数：I_B=4div×0.2μA×0.1（倍率）=80mA。

测量结果表明，被测管性能符合要求。

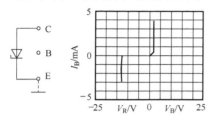 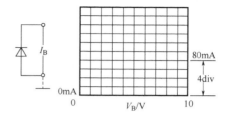

图 13-9　稳压二极管的特性曲线　　　　图 13-10　二极管反向漏电电流特性

6．二簇特性曲线比较测试

以 NPN 型 3DG6 晶体管为例，查手册得知 3DG6 晶体管输出特性的测试条件为 I_C=10mA、V_{CE}=10V。测试时，仪器部件的置位见表 13-5。

表 13-5　二簇特性曲线测试时仪器部件的置位

部　件	置　位	部　件	置　位
峰值电压范围	0～10V	Y 轴集电极电流	1mA/度
极性	+	"重复—关"开关	重复
功耗限制电阻	250Ω	阶梯信号选择开关	10μA/级
X 轴集电极电压	1V/度	阶梯极性	+

将被测的两只晶体管，分别插入测试台左、右插座内，然后按表 13-5 置位各功能键，参数调至理想位置。按下测试选择按键中的"二簇"键，逐步增大峰值电压，即可使荧光屏上显示二簇特性曲线，如图 13-11 所示。

当测试配对管要求很高时，可调节二簇位移旋钮，使右簇曲线左移，视其曲线重合程度，可判定其输出特性的一致程度。

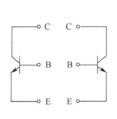 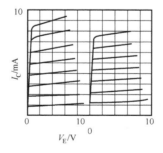

图 13-11　二簇特性曲线

知识链接4　其他类型的晶体管特性图示仪

JT-1 型晶体管特性图示仪是一种可直接在示波管荧光屏上观察各种晶体管的特性曲线的专用仪器。通过仪器的标尺刻度可直接读出被测晶体管的各项参数。它可用来测定晶体管的共集电极、共基极、共发射极的输入特性、输出特性、转换特性、α 及 β 参数特性，可测定各种反向饱和电流 I_{CBO}、I_{CEO}、I_{EBO} 和各种击穿电压 BU_{CBO}、BU_{CEO}、BU_{EBO} 等，还可以测定二极管、稳压管、可控硅、隧道二极管、场效应管及数字集成电路的特性，用途广泛。

1. 主要技术指标

（1）Y 轴偏转因数

集电极电流范围：0.01～1000mA/度，分 16 挡，误差小于或等于±3%。

集电极电流倍率：分×2、×1、×0.1 三挡，误差小于或等于±3%。

基极电压范围：0.01～0.5V/度，分 6 挡，误差小于或等于±3%。

基极电流或基极源电压：0.05V/度，误差小于或等于±3%。

外接输入：0.1V/度，误差小于或等于±3%。

（2）X 轴偏转因数

集电极电压范围：0.01～20V/度，分 11 挡，误差小于或等于±3%。

基极电压范围：0.01～0.5V/度，分 6 挡，误差小于或等于±3%。

基极电流或基极源电压：0.5V/度，误差小于或等于±3%。

外接输入：0.1V/度，误差小于或等于±3%。

（3）基极阶梯信号

阶梯电流范围：0.001～ 200mA/度，分 17 挡。

阶梯电压范围：0.01～0.2V/级，分 5 挡。

串联电阻：10Ω～22kΩ，分 24 挡。

每族级数：4～12 连续可变。

每秒级数：100 或 200，共两挡。

阶梯作用：重复、关、单族，共 3 挡。

极性：正、负两档。

误差：≤±5%。

（4）集电极扫描信号

峰值电压：0～20V、0～200V 两挡，正、负连续可调。

电流容量：0～20V 时为 10A（平均值），0～200V 时为 1A（平均值）。

功耗限制电阻：0～100kΩ，分 17 挡，误差小于或等于±5%。

（5）其他

电源：交流 220V±10%，50Hz±20Hz。

功耗：260VA。

环境温度：-10℃～+40℃。

相对湿度：≤80%。

2. 面板介绍及操作说明

1）面板介绍

JT-1 型晶体管特性图示仪面板如图 13-12 所示。面板上各旋钮和开关的名称和功能如下。

（1）显示控制单元

其包括用于显示被测管特性曲线的示波管及显示控制旋钮。

"标尺亮度"：当旋钮顺时针或逆时针旋转到两端时，分别呈黄、红两色，红色供平时观察用，黄色供摄影时用。

"辉度"：调节图线亮度。

"聚焦"、"辅助聚焦"：调节扫描线的清晰度。

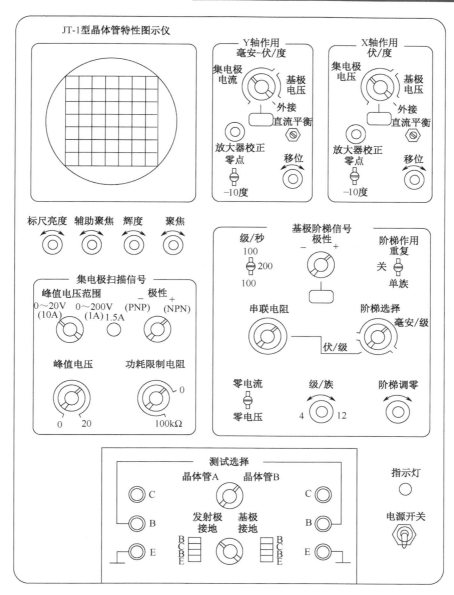

图 13-12　JT-1 型晶体管特性图示仪

（2）集电极扫描信号单元

当测试晶体管时，"集电极扫描信号"相当于加在被测晶体管的集电极电源（VCC 或 EC），是将 220V 电网电压经"调压变压器"加到"集电极扫描发生器"中，整流后形成全波整流的扫描电压，因此，其幅度可调。脉动频率为 100Hz，通过"功耗电阻"加到被测管上。

①"峰值电压范围"开关：分"0～20V"（10A）、"0～200V"（1A）两挡，用于调节峰值电压的输出范围。

②"峰值电压"调节旋钮用来调节集电极扫描电压的峰值，使之在上述两挡范围内连续可调（改变）。切换"峰值电压范围"挡时应先把本旋钮调到零值，确定"峰值电压范围"后，再按需要逐渐增加电压，以免击穿被测晶体管。

③ "极性"选择开关用来转换集电极扫描电压的极性，以适应测量不同类型的晶体管。对 NPN 型晶体管应提供正向集电极扫描电压，故选择"极性"为"+"，对 PNP 型晶体管应选择"极性"为"−"。

④ "功耗限制电阻"选择开关，共分 17 挡，电阻范围为 0~100kΩ。电阻被串接在被测晶体管的集电极回路中，限制集电极功耗，保护被测晶体管，应根据被测管的额定功耗和所加峰值电压的大小选择其电阻值。

（3）基极阶梯信号单元

产生被测晶体管所需的基极信号。由"阶梯波发生器"（包括"阶梯形成电路"和"阶梯放大器"）输出阶梯波电流。

① "阶梯选择"开关用于选择基极输入信号的类型和大小。其基极电流共 17 挡，可在 0.01~200mA/级范围内来选择基极电流，以适应测试不同功率的晶体管的需要。置于"电压"位置时，通过分压，可供给被测管基极以阶梯波电压，分 5 挡，可在 0.01~0.2V/级之间选择基极电压。这时，"串联电阻"串接在被测管的输入回路中，配合被测管的输入特性可确定被测管的最佳转换特性，将输入的电压变化转化为线性的电流变化。

② "极性"开关：可改变阶梯信号的正负极性。不同类型晶体管接法见表 13-6。

表 13-6　不同类型晶体管接法

接　　法	NPN 管	PNP 管
发射极接地	+	−
基极接地	−	+

③ "级/族"旋钮，调节阶梯信号的级数，从 4 到 12 连续可调。

④ "阶梯作用"扳键分"重复"、"关"、"单族"三挡。

a．"重复"位置：这时阶梯波发生器处在连续工作状态，输出周期性的阶梯信号，一般特性曲线测试时都应置于"重复"位置。

b．"关"位置：阶梯信号停止输出。

c．"单族"位置：将扳键从中间位置每按下一次，输出一族阶梯波，屏幕上短时间显示一组曲线。这个工作位置适合快速的过载测量，利用它的一次瞬间作用来观测被测管的各种极限特性。

⑤ "零电流"和"零电压"扳键：在中间位置时，阶梯信号接到晶体管基极。在"零电流"位置时，被测管基极处于开路状态，可测 I_{CEO} 特性。在"零电压"位置时，被测管基极与发射极成短路状态，可测 I_{CBS}、I_{CES} 特性。

⑥ "级/秒"扳键用来选择脉冲重复速度，形成电路的三种工作状态，可选择 100（上）、100（下）和 200 级/秒三种阶梯信号中的任意一种。当选择 100 级/秒时，荧光屏显示闪动，观察不方便，但被测管的管耗较小；选择 200 级/秒时，荧光屏显示稳定，但被测管管耗比 100 级/秒时大一倍。

⑦ "阶梯调零"旋钮：在测试前，应先把阶梯信号的起始级调到零电位，在荧光屏上看到基极阶梯信号后，观察在"零电压"位置时光点的位置，复位后调节"阶梯调零"旋钮，使阶梯信号的起始级光点也位于该处。

（4）"X 轴作用"控制单元

用于选择 X 轴的显示对象和控制显示量程。

"X 轴作用伏/度"开关：共分 19 挡，4 种显示对象。荧光屏上一大格为 1 度。

"集电极电压"占 11 挡，可在 0.1V/度～20V/度内变化，用于在 X 轴方向显示集电极电压。

"基极电压"占 6 挡，变化范围为 0.01～0.5V/度，将 X 轴用于显示基极电压。当被测管的基极电压为 X 轴变量时，此开关应放在这些挡位。

"基极电流或基极源电压"：当 X 轴用于显示被测管的基极电流或基极电压时，开关置此挡位置，究竟是电流还是电压，以及每级读数大小都由"阶梯选择"开关的位置来决定。荧光屏上显示的都是每度 1 级。

"外接"：当该仪器与其他仪器配合使用时，信号由仪器背板上的 X（+）、X（−）端接入，其灵敏度为 0.1V/度。

"X 轴移位"：使被测曲线沿水平方向移动。

（5）"Y 轴作用"控制单元

用于选择 Y 轴的显示对象和控制显示量程。

"Y 轴作用毫安-伏/度"开关：共分 24 挡，4 种转换作用。

"集电极电流"占 16 挡，变化范围为 0.01～1000mA/度。

"基极电压"占 6 挡，0.01～5V/度。当被测管的基极电压为 Y 轴变量时，开关置这些挡位。

"基极电流或基极源电压"：当被测管的基极电流或基极源电压为 Y 轴变量时，开关置此挡。

"外接"同上。

"倍率"开关：有×2、×1、×0.1 三挡，用来扩大（×2）或缩小（0.1）集电极电流挡倍率。

"Y 轴移位"：使被测曲线沿垂直方向移位。

（6）晶体管测试台

被测管与图示仪的连接是通过测试台来实现的。

晶体管插座有 A、B 两组，分两种：一种为四芯插座，供测小功率管用；另一种为三个接线柱，配上附件供测大功率管用。

① "测试选择"开关：分"晶体管 A"、"关"和"晶体管 B"三挡，测试时，此开关扳至测试管位置。

② 接地选择开关：有"发射极接地"和"基极接地"两挡，用于选择被测晶体管的工作方式是"共射"还是"共基"。

③X 轴和 Y 轴的"放大器校正"开关：用于测试前的仪器自校。把两开关先扳至" 0"位置，使光点移至荧光屏右上方坐标顶点，然后扳至"−10 度"，光点应回到荧光屏左下方的坐标顶点。若不如此，应调整内部放大器的放大倍数。

2）操作使用说明

① "显示部分"调节同一般示波器。

② 测试前的准备工作。

根据管型和所测特性，把各旋钮开关放在正确位置上。将"集电极扫描信号"的"峰值电压"调到 0，"基极阶梯信号"调至最小位置，"功耗电阻"调至较大阻值（1kΩ 以上）。将测试开关置"关"位置。

调节"阶梯调零"：将两个"放大器校正"开关扳至"0"位置，调 X 和 Y 轴位移，使光点位于标尺的左下角顶点。将"Y轴作用"开关和"X轴作用"开关均置于"基极电流"或"基极源电压"位置。将"阶梯选择"置于0.2V/度，正极性，荧光屏上即会出现一排45°的等间隔光点。调节"阶梯调零"旋钮，使左边第一个光点与标尺刻度左下角顶点重合即可。

③ 晶体管特性测试方法。

根据被测管管型和所需测量的电流、电压范围，正确选择扫描电压范围和合理调节峰值电压大小，正确选择阶梯输入信号的幅度。要合理选择"X轴作用"和"Y轴作用"开关的功能和量程。根据测试组态，将被测管接到测试台上。进行测试时，将"测试选择"开关扳至被测管一侧，缓慢加大"峰值电压"，即可显示出所测的特性曲线。表13-7为利用JT-1测试各种半导体器件特性时旋钮的正确位置。

表13-7　JT-1旋钮的正确位置

被测器件及测试内容 旋钮位置 旋钮名称	二极管稳压管	二极管	稳压管	三极管（NPN型）		MOS场效应管 （N沟道增强型）	
	正向特性	反向特性	反向特性	输入特性	输出特性	转移特性	输出特性
峰值电压范围	0～20V	0～200V	0～20V	0～20V	0～20V	0～20V	0～20V
峰值电压	从0调大	从0调大	从0调大	从0调大	从0调大	从0调大	从0调大
集电极扫描电压极性	+	−	−	+	+	+	+
功耗电阻	1kΩ	5kΩ	5kΩ	1kΩ	1kΩ	1kΩ	1kΩ
Y轴作用	集电极电流 1mA/度	集电极电流 0.1mA/度	集电极电流 2mA/度	集电极电流 基极源电压	集电极电流 1mA/度	集电极电流 0.1mA/度	集电极电流 1mA/度
X轴作用	集电极电压 0.1V/度	集电极电压 10V/度	集电极电压 1V/度	集电极电压 0.1V/度	集电极电压 2V/度	基极电压 2V/度	集电极电压 1V/度
基极阶梯信号极性	无关	无关	无关	+	+	+	+
基极阶梯信号极性	无关	无关	无关	0.01mA/级	0.01mA/级	0.2V/级	0.2V/级
阶梯作用	无关	无关	无关	重复	重复	重复	重复
级/族	无关	无关	无关	10级	6	10	6
倍率	×1	×1	×1	×1	×1	×1	×1
级/秒	200	200	200	200	200	200	200
被测器件在测试台上的插法	（二极管符号 C、B、E）	（二极管符号 C、B、E）		（三极管符号 C、B、E）		（MOS管符号 C、B、E）	

拓展演练　用晶体管特性图示仪检测三极管

① 开启电源，预热5min，调节仪器"辉度"、"聚焦"、"辅助聚焦"等旋钮，使荧光屏上的线条明亮清晰，然后调整图示仪。

② 根据待测管的类型（NPN或PNP）及参数测试条件，调整好光点坐标，将待测管的C、B、E按规定进行连接，插入相应的位置。根据集电极和基极的极性将测试选择开关置于

NPN（此时集电极电压、基极电压均为正）或 PNP（此时集电极电压、基极电压均为负）并将测试状态开关置于常态。

检测三极管 3DG6，具体调节方式如下：峰值电压为 0～10V，Y 轴集电极电流为 1mA/度，X 轴集电极电压为 0.5V/度，显示极性"+"，极性"+"，扫描电压"+"，功耗电阻为 250Ω，幅度 0.2mA/级，引脚为 E-B-C（型号正面从左至右）。

检测三极管 2N2907（PNP），具体调节方式如下：峰值电压为 0～10V，Y 轴集电极电流为 2mA/度，X 轴集电极电压为 1V/度，显示极性"+"，极性"−"，扫描电压"−"，功耗电阻为 250Ω，幅度 10μA/级，引脚为 E-B-C（型号正面从左至右）。

③ 将 Y 电流/度置于 I_C 合适挡级，X 电压/度置于 U_C 合适挡级。

④ 选择合适的阶梯幅度/级开关，旋至电流/级较小挡级，再逐渐加大至要求值。

⑤ 选择合适的功耗限制电阻，电阻值可按负载的要求或保护被测管的要求进行选择。

⑥ 参考表 13-8 中的测试条件进行测试。

表 13-8　测试样品参数表

型　　号	极　　性	最大耐压 V_{CE}	工作最大电流 I_C
3DK2	NPN	20V	10mA
3DG6	NPN	20V	3mA
2N2907	PNP	60V	0.8A
2N222	NPN	60V	0.8A

⑦ 根据曲线水平和垂直坐标的刻度，从曲线上读取数据。为了减少测试误差，同一个数据要多读几次，取其平均值。对所显示的 I_B-I_C 曲线（波形）进行观察记录，读取数据，并计算 β 值：

$\beta \approx \Delta I_C / \Delta I_B$，$\Delta I_C$=示波管刻度×挡级读数，$\Delta I_B$=幅度/级×级数

⑧ 试验结束后，应将"峰值电压"调回零值，再关掉电源。

同步练习

一、填空题

1．用晶体管特性图示仪测量二极管和电阻时，应将其两引脚插入_____两个插孔，此时若阶梯信号不能关闭，则"电压−电流/级"选择开关可置于_____（电压/级、电流/级、任意）位置。

2．用晶体管特性图示仪测量 PNP 型晶体管时，加在基极的是_____（填"+"或"−"）极性的阶梯_____（填"电压"或"电流"）信号。

3．用晶体管图示仪测量三极管时，调节_____可以改变特性曲线族之间的间距。

4．晶体管特性图示仪是一种能在_____上直接观察各种晶体管特性曲线的专用仪器，通过仪器上的_____可直接读得被测晶体管的各项参数。

5．调整图示仪聚焦和辅助聚焦旋钮，可使荧光屏上的_____或_____清晰。

6．操作晶体管特性图示仪时，应特别注意功耗电压的阶梯选择及_____极性_____选择开关。

7．示波器中水平扫描信号发生器产生的是_____波。

8. 双踪示波器有_____和_____两种双踪显示方式，测量频率较低信号时应使用其中的_____方式。

二、选择题

1. 用晶体管图示仪测量三极管时，调节（   ）可以改变特性曲线族之间的间距。
   A．阶梯选择
   B．功耗电阻
   C．集电极－基极电流/电位
   D．峰值范围

2. 用晶体管图示仪观察共发射极放大电路的输入特性时，（   ）。
   A．X轴作用开关置于基极电压，Y轴作用开关置于集电极电流
   B．X轴作用开关置于集电极电压，Y轴作用开关置于集电极电流
   C．X轴作用开关置于集电极电压，Y轴作用开关置于基极电压
   D．X轴作用开关置于基极电压，Y轴作用开关置于基极电流

3. JT-1型晶体管图示仪输出集电极电压的峰值是（   ）V。
   A．100   B．200   C．500   D．1000

4. JT-1型晶体管图示仪"集电极扫描信号"中，功耗限制电阻的作用是（   ）。
   A．限制集电极功耗
   B．保护晶体管
   C．把集电极电压变化转换为电流变化
   D．限制集电极功耗，保护被测晶体管

5. JT-1型晶体管特性图示仪示波管X偏转板上施加的电压波形是（   ）。
   A．锯齿波   B．正弦半波   C．阶梯波   D．尖脉冲

6. 用晶体管图示仪观察三极管正向特性时，应将（   ）。
   A．X轴作用开关置于集电极电压，Y轴作用开关置于集电极电流
   B．X轴作用开关置于集电极电压，Y轴作用开关置于基极电流
   C．X轴作用开关置于基极电压，Y轴作用开关置于基极电流
   D．X轴作用开关置于基极电压，Y轴作用开关置于集电极电流

7. 晶体管特性图示仪是利用信号曲线在荧光屏上通过（   ）来直接读取被测晶体管的各项参数的。
   A．曲线高度   B．曲线宽度   C．荧光屏上的标尺度   D．曲线波形个数

8. 使用图示仪观察晶体管输出特性曲线时，在垂直偏转板上应施加（   ）。
   A．阶梯波电压
   B．正比于 I_C 的电压
   C．正弦整流全波
   D．锯齿波电压

项目十四

直流稳压电源

 场景描述

该项目主要介绍直流稳压电源的功能特点和使用方法。项目以典型直流稳压电源为例，通过对直流稳压电源各功能键钮的介绍，使学习者了解直流稳压电源的功能、种类以及能够使用直流稳压电源提供电路工作电源。

 基础知识

直流稳压电源又称直流稳压器。它的供电电压大都是交流电压，当交流供电电压或输出负载电阻变化时，稳压器的直接输出电压都能保持稳定。稳压器的参数有电压稳定度、纹波系数和响应速度等。前者表示输入电压的变化对输出电压的影响。纹波系数表示在额定工作情况下，输出电压中交流分量的大小。后者表示输入电压或负载急剧变化时，电压回到正常值所需时间。

知识链接 1　直流稳压电源的组成与性能指标

1. 使用特性

① YB1713 系列直流稳压电源外形美观、使用方便。
② 具有稳压、稳流功能，双路具有跟踪功能，串联跟踪可产生 64V 电压。
③ 纹波小。
④ 输出调节分辨率高。

2. 保养与贮存

① 该设备由高精度的元器件及精密部件构成，因此在运输和贮存时必须小心轻放。
② 经常用干净的软布擦拭显示窗口。
③ 贮存该设备的最佳室温为-10～+60℃。

3. 直流稳压电源面板

YB1713 系列直流稳压电源面板如图 14-1 所示。
（1）电源开关（POWER）
电源开关按键弹出即为"关"位置，将电源线接入，按电源开关，以接通电源。
（2）电压调节旋钮（VOLTAGE）
单路直流稳压电源中，此为输出电压粗调旋钮。多路直流稳压电源中，此为主路电压调节旋钮。顺时针调节，电压由小变大；逆时针调节，电压由大变小。

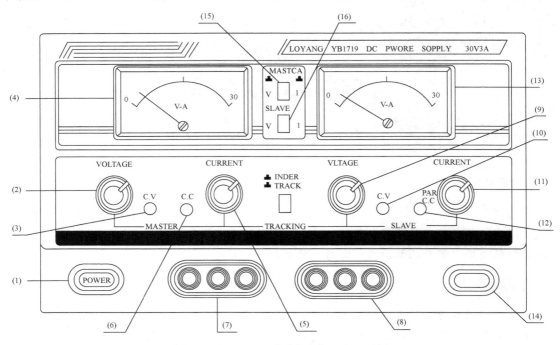

图 14-1　YB1713 系列直流稳压电源面板

（3）恒压指示灯（C.V）

当此路处于恒压状态时，C.V 指示灯亮。

（4）显示窗口

单路稳压电源中，此为电压显示器（机械表头或 LED），显示输出电压值。

多路稳压电源中，此窗口显示主路输出电压或电流。

（5）电流调节旋钮（CURRENT）

单路稳压电源中，此为输出电流细调旋钮。

多路稳压电源中，此为主路电流调节旋钮，顺时针调节，输出电流由小变大；逆时针调节，输出电流由大变小。

（6）恒流指示灯（C.C）

单路稳压电源中，无此指示灯。

多路稳压电源中，当主路处于恒流状态时，此灯亮。

（7）输出端口

单路稳压电源中，此为输出端口。

多路稳压电源中，此为主路输出端口。

（8）跟踪（TRACK）

单路稳压电源中，无此功能。

多路稳压电源中，当此开关按入时，主路与从路的输出正端相连，为并联跟踪；调节主路电压或电流调节旋钮，从路的输出电压（或电流）跟随主路变化，主路的负端接地，从路的正端接地，为串联跟踪。

（9）电压调节旋钮（VOLTAGE）

单路电源中，此为电压粗调旋钮。

多路电源中，此为从路输出电压的调节旋钮，顺时针调节，输出电压由小变大；逆时针调节，输出电压由大变小。

（10）恒压指示灯（C.V）

单路稳压电源中，无此指示灯。

多路稳压电源中，此为从路恒压指示灯，当从路处于恒压状态时，此灯亮。

（11）电流调节旋钮（CURRENT）

单路稳压电源中，此为电流细调旋钮。

多路稳压电源中，此为从路电流调节旋钮。顺时针调节，电流由小变大；逆时针旋转，电流由大变小。

（12）恒流指示灯（C.C）

单路稳压电源中，此为恒流指示灯，当输出处于恒流状态时，此灯亮。多路稳压电源中，此为从路恒流指示灯。

（13）显示窗口

单路稳压电源中，此为电流显示窗口。

多路稳压电源中，此为从路输出电压（或电流）显示窗口。

（14）输出端口

单路稳压电源中，无此端口；多路稳压电源中，此为从路输出端口。

（15）主路电压/电流开关（V/I）

单路稳压电源无此开关。

多路稳压电源中，此开关弹出，左边窗口显示主路输出电压值；此开关按入，左边窗口显示主路输出电流值。

（16）从路电压/电流开关（V/I）

单路稳压电源无此开关。

多路稳压电源中，此开关弹出，右边窗口显示从路输出电压值；此开关按入，右边窗口显示从路输出电流值。

4．直流稳压电源的原理

（1）方框图及工作原理

晶体管串联型直流稳压电源的典型电路方框图如图 14-2 所示。它由整流滤波电路、串联型稳压电路、辅助电源和保护电路等部分组成。

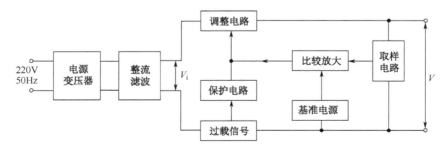

图 14-2　直流稳压电源电路原理方框图

整流滤波电路包括电源变压器、整流电路和滤波电路。半导体电路常用的直流电源有 6V、12V、18V、24V、30V 等额定电压值，而电网电压一般为交流 220V，要把电网的交流电压变换成所需要的直流电压，首先要经过电源变压器降压，然后通过整流电路将交流电变成脉动的直流电，由于整流后的电压还有较大的交流成分，必须通过滤波电路加以滤除，从而得到比较平滑的直流电压。

经过滤波电路后所得到的直流电压，虽然脉动小了，但是电压的数值仍是不稳定的，其主要原因有三个方面：一是交流电网的电压一般有±10%左右的波动，因而会引起整流滤波输出的直流电压也有±10%左右的波动；二是整流滤波电路存在内阻，当负载电流变化时，在内阻上的电压降也会变化，使输出直流电压也随之变化；三是在整流稳压电路中，由于采用的半导体器件特性随环境温度而变化，所以也造成输出电压不稳定。

稳压电路可以保持输出直流电压的稳定，使之不随电网电压、负载或温度的变化而变化。串联型稳压电路由调整环节、比较放大电路、取样电路、基准电压等部分组成。调整环节中的调整管串接在滤波电路和负载之间，故称为串联型稳压电路。调整管相当于一个可变电阻，如果输出电压升高了，则其电阻值相应地增大，使输出电压降回来；反之，如果输出电压下降了，则其电阻值相应地减小，使输出电压有所升高。这样调整输出电压，使其维持不变，就可达到稳压的目的。

取样电路用电阻分压的方法，将输出电压的变化按一定比例取样下来，为取样信号。基准电压是稳定而标准的参考电压。取样信号与基准电压同时加至比较放大电路进行比较，然后将两者之差进行放大，用放大后的电压去控制调整管的基极注入电流，从而改变调整管的直流内阻，调整输出电压稳定不变。为提高稳压器的性能，比较放大电路常采用两级差动放大器，放大倍数较大，控制能力较强；其次，比较放大电路还要求零点漂移小，温度稳定性好。

上述整流滤波电路与串联型稳压电路合在一起，也称主电源。其稳压原理是这样的：当由于电网电压或负载变化而引起输出电压增大时，经取样电路产生的取样电压也增大，这时取样电压大于基准电压，其差值经比较放大电路放大后，经调整环节使调整管的发射结电压减小，其基极电流减小，调整管的直流内阻增大，其管压降就增大，从而使输出电压减小，维持了输出电压的稳定。同理，当输出电压减小时，通过类似过程，使调整管的直流内阻减小，其管压降减小，也将使输出电压回升，从而基本保持不变。

直流稳压电源除了主电源，一般都有两组辅助电源。第一辅助电源由整流器和稳压器组成，其输出电压也相当稳定；第二辅助电源与主电源电路相似，也由整流滤波电路和串联型稳压电路组成，其输出电压很稳定。第一辅助电源的输出电压一方面作为保护电路的电源电压，另一方面与主电源的输出电压和第二辅助电源的输出电压正向串联后，作为主电源比较放大电路末级差动放大管的电源电压，为比较放大电路提供一个具有较高电压的稳压电源，使其增益较大，这样就提高了主电源串联型稳压电路的调整灵敏度，进一步提高了其输出电压的稳定性。第二辅助电源的输出电压一方面作为主电源比较放大电路差动放大管的电源电压，另一方面通过分压电路输出稳定的电压，作为主电源比较放大电路的基准电压。

在串联型稳压电路中，当过载时，特别是在输出端短路的情况下，输入直流电压几乎全部落在调整管的两端，这种过载现象即使时间很短，也会使调整管和整流二极管立即烧毁。因此，必须采用快速动作的过流自动保护电路。当过载或短路时，通过保护电路使调整管截止。这时，输出电压和电流基本都下降为零，起到保护作用。这种保护电路称为截止式保护电路。

（2）串联型稳压电路

图14-3所示是具有放大环节的串联型晶体管稳压电路。

输入电压 V_i 是由整流滤波电路供给的。电阻 R_1、R_2 组成分压器，把输出电压的变化量取出一部分加到由 VT_1 组成的放大器的输入端，所以叫做取样电路。电阻 R_3 和稳压管 VD_z 组成稳压管稳压电路，用以提供基准电压，使 VT_1 的发射极电位固定不变。晶体管 VT_1 组成放大器，起比较和放大信号的作用。R_4 是 VT_1 的集电极电阻，从 VT_1 集电极输出的信号直接加到调整管 VT_2 的基极。

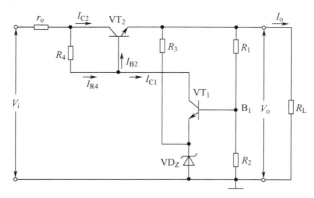

图 14-3　串联型晶体管稳压电路

当由于电网电压降低或负载电流增大使输出电压 V_o 降低时，通过 R_1、R_2 的分压作用，VT_1 的基极电位 V_{B1} 下降，由于 VT_1 的发射极电位 V_{E1} 被稳压管 VD_z 稳住而基本不变，二者比较的结果，使 VT_1 发射结的正向电压减小，从而使 VT_1 的 I_{C1} 减小和 V_{C1} 增高。V_{C1} 的升高又使 VT_2 的 I_{B2} 和 I_{C2} 增大，V_{CE2} 减小，最后使输出电压 V_o 升高到接近原来的数值。以上稳压过程可以表示为：

$$V_o \downarrow \xrightarrow{\text{取样}} V_{B1} \downarrow \xrightarrow{\text{放大}} V_{C1} \uparrow \xrightarrow{\text{控制}} V_{CE2} \downarrow$$

$$V_o \uparrow \xleftarrow{\text{调整}}$$

同理，当 V_o 升高时，通过稳压过程也使 V_o 基本保持不变。

比较放大器可以是一个单管放大电路，但为了提高其增益及输出电压温度稳定性，也可以采用多级差动放大电路和集成运放。调整管通常是功率管，为增大 β 值，使比较放大器的小电流能推动功率管，也可以是两个或三个晶体管组成的复合管；如果调整管的功率不能满足要求，也可以将若干个调整管并联使用，增加支路，以便扩大输出电流。

由于用途不同，取样电路的接法也不同：对稳压源，取样电阻与负载并联；而对稳流源，取样电阻则与负载串联。

有些电子设备需要大小相等而极性相反的双路电源电压。这样的电源电压可以通过对称的双路稳压电路来获得。

（3）辅助电源电路

① 第一辅助电源电路。

在图 14-3 所示的电路中，放大管 VT_1 的负载 R_4 直接接在变化较大的输入电压 V_i 上，因此输入电压的变化会直接通过 R_4 作用到调整管 VT_2 的基极上，从而使输出电压发生变化，影响其稳定性。为了克服这个缺点，可以采用一个独立的辅助电源供电，如图 14-4 所示。这个电源也称第一辅助电源，是由 R 和 VD_{z2} 组成的稳压电路，由同一变压器的另一次级绕组经整流滤波得到电压 V_{i1}，经稳压电路得到稳定电压 V_{i2}，该电压与 V_o 串联后作为 VT_1 的电源。

由于 V_{i2} 与 V_o 都是相当稳定的，所以电源电压的波动对输出电压的影响可大大减小。

由于 V_{i2} 与 V_o 相加作为比较放大器的电源，所以 R_4 可以选得比原来大，以提高放大倍数，从而进一步地增强控制能力，提高输出电压的稳定性。

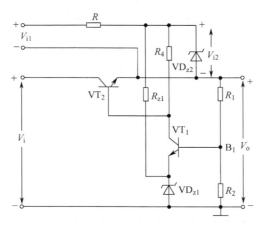

图 14-4　第一辅助电源电路

② 第二辅助电源电路。

在图 14-4 所示的电路中，串联型稳压电路的输出电压 V_o 可以由下式给出：

$$V_o = (V_z + V_{BE1})\frac{R_1 + R_2}{R_2}$$

可见，改变取样电路的分压比，可以调节输出电压的大小。R_1 愈小，则输出电压 V_o 也愈小。当 $R_1=0$ 时，输出电压最低，其值为 $V_{omin}=V_z+V_{BE1}$，即输出电压的最低值仍高于稳压管工作电压 V_z，输出电压不可能调整到零是这种电路的缺点。为了扩大输出电压的调整范围，可增加第二辅助电源，如图 14-5 所示，这种电路稳压管的电压由另一组整流电路的 V_{i2} 供给，从图中可以直观看出，如果 $R_1=0$，则 $V_o=V_{BE1}\approx0$。可见，第二辅助电源提供了调节输出电压接近于零的可能性，只要改变取样电路的分压比，就可实现输出电压在大范围内连续可调的要求。

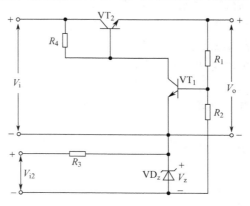

图 14-5　第二辅助电源电路

（4）串联型稳压电路的保护电路

串联型晶体管稳压电路的保护电路可分为限流式和截止式两种。

① 限流式保护电路。

限流式保护电路是当输出电流超过一定数值时，则保护电路开始工作，使调整管处于不完全截止状态，输出电流和输出电压都相应下降，达到保护电源的目的。这种保护电路比较简单，而且当输出过载或短路被排除后，稳压电路便自动地恢复工作。

图 14-6 中虚线包围的部分是较常见的限流式保护电路。VT_3 称为保护管。输出电压经 R_5 和 R_6 分压，取 R_6 上的电压给 VT_3 基极提供反向偏压。R_7 为检测电阻，其阻值较小。输出电流在 R_7 上的压降给 VT_3 基极提供正向偏压。

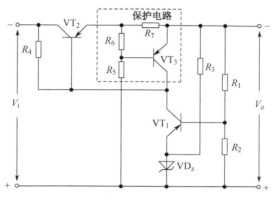

图 14-6　限流式保护电路

在正常情况下，R_6 上的反向偏压超过 R_7 上的正向偏压，所以 VT_3 处于截止状态，对稳压电路工作没有影响。

当过载使输出电流过大时，则 R_7 正向压降也增大，使 VT_3 进入导通状态，于是 VT_3 管两端电压减小，使调整管 VT_2 发射结正向电压也减小，从而使调整管电流减小，输出电流和电压都减小，对调整管起到了保护作用。

这种保护电路维持 VT_3 导通的必要条件是输出电流经过 R_7 产生正向偏压，因此只能把输出电流减小到一定程度，而不能使调整管截止。当输出过载原因被排除后，可以自动恢复到正常状态。优点是简单可靠，缺点是过载时调整管上仍消耗较大的功率。

② 截止式保护电路。

截止式保护电路是当负载过载或短路时，通过保护电路使调整管截止，这时输出电压和电流基本都下降为零，从而起到保护作用（图 14-7）。截止式保护电路稍微复杂。它又可分为两种情况：一种是可自动恢复工作；另一种是当故障排除后必须依靠复位按钮或切断交流电源重新开机，稳压电源才能恢复正常工作。

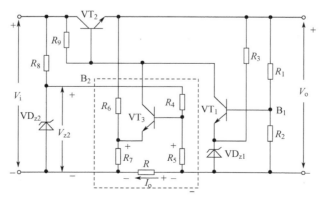

图 14-7　截止式保护电路

图 14-7 中虚线包围的部分为截止式保护电路。图中电阻 R_8、稳压管 VD_{z2} 及分压电阻 R_4、R_5 为保护管 VT_3 提供基极电压，由输出电压 V_o 经电阻 R_6、R_7 分压供给 VT_3 发射极电压，检测电阻 R 接在 R_7 和 R_5 之间，输出电流 I_o 流过它产生电压降，R_5、R_7 和 R 上电压的极性如图 14-7 所示，可见加在保护管 VT_3 的发射结电压为 $V_{BE3}=(V_{R5}+V_R)-V_{R7}$。

当稳压电路正常工作时，I_o 在额定值内，$V_R=I_oR$ 较小，使 $V_{R5}+V_R<V_{R7}$，则 V_{BE3} 为负值，VT_3 管发射结反向偏置而可靠地截止。保护电路不起作用，对稳压电路的正常工作没有影响。

当输出电流 I_o 超过额定值时，R 上电压增加使 VT_3 导通，其集电极电压 V_{C3} 下降，即调整管 VT_2 的 V_{B2} 下降，致使它趋于截止，V_{CE2} 增大，输出电压 V_o 随之减小，结果 R_7 上的电压 V_{R7} 减小，使 VT_3 管进一步导通，又使 V_o 进一步下降，形成正反馈过程，以致调整管 VT_2 迅速截止，输出电压和电流均接近于零。此时靠 R_5 上的电压 V_{R5} 维持 VT_3 导通，VT_2 截止，达到了保护的目的。

5．直流稳压电源的使用

直流稳压电源的使用方法很简单。使用时，应注意所需直流电压的极性。如果需要输出正电压，则应将直流稳压电源的输出端子"−"接用电设备的"地"端，将端子"+"接所需正电压端。如果需要输出负电压，则须把上述接线方法反接即可。通电前，应用万用表测量一下，检查输出电压是否符合使用要求，以免电压过高损坏用电设备。

为了使用电设备能正常工作，不致因直流电源性能不佳而影响用电设备稳定可靠地工作，在用稳压电源前，最好将它简单地测试一下。测试的主要内容有：输出电压的调节范围、稳定程度、纹波电压和过流保护等。

6．直流稳压电源的检修

1）检修程序

（1）表面初步检查

各种稳压电源一般都装有过载或短路保护的熔丝以及输入、输出接线柱，应先检查熔丝有否熔断或松脱，接线柱有否松脱或对地短路，电压指示表的表针有否卡阻。然后打开机壳盖板，查看电源变压器有否焦味或发霉，电阻、电容有否烧焦、霉断、漏液、炸裂等明显的损坏现象。

（2）测量整流输出电压

在各种稳压电源中都有一组或一组以上的整流输出电压，如果这些整流输出电压有一组不正常，则稳压电源将会出现各种故障。因此，检修时，要首先测量有关的整流输出电压是否正常。

（3）测试电子器件

如果整流电压输出正常，而输出稳压不正常，则须进一步测试调整管、放大管等的性能是否良好，电容有否击穿短路或开路，如果发现有损坏、变值的器件，通常更新后即可使稳压电源恢复正常。

（4）检查电路的工作点

若整流电压输出和有关的电子器件都正常，则应进一步检查电路的工作点。对晶体管来说，它的集电极和发射极之间要有一定的工作电压，基极与发射极之间的偏置电压，其极性应符合要求，并保证工作在放大区。

（5）分析电路原理

如果发现某个晶体管的工作电压不正常，有两种可能：一是该晶体管损坏，二是电路中其他元件损坏所致。这时就必须仔细地根据电路原理图来分析发生问题的原因，进一步查明损坏、变值的元器件。

2）稳压电源常见故障检修实例

（1）有调压而无稳压作用

在使用稳压电源时，通常是先开机预热，然后调节输出电压"粗调"电位器，观察调压作用和调节范围是否正常，最后调节到所需的电源电压值，并接上负载。如果空载时电压正常，但接上负载后，输出电压即下降，若排除外电路故障的可能性，此时的故障就是稳压电源无稳压作用。

检修时可用万用表测定大功率调整管的集电极与发射极之间的通断情况。如发现不了问题，可进一步检查整流二极管是否损坏，只要有一只整流管损坏，全波整流就变成半波整流。空载时，大容量的滤波电容仍能提供足够的整流输出电压，以保证稳压输出的调压功能，接上负载以后，整流输出电压立即下降，稳压输出端的电压也随之下降，失去稳压作用。

（2）输出电压过高，无调压、稳压作用

晶体管直流稳压电源在空载情况下，输出电压超过规定值，并且无调压和稳压作用，故障原因如下。

① 复合调整管之一的集电极与发射极击穿短路，整流输出的电压直接通过短路的晶体管加到稳压输出端，且不受调压和稳压的控制。

② 取样放大管的集电极或发射极开断，复合调整管直接处于辅助电源 Dz 的负电压作用下，基极电流很大，使调整管的发射极与集电极之间的内阻变得很小，整流输出的电压直接加到稳压输出端。

（3）各挡电压输出都很小并无调压作用

故障原因如下。

① 主整流器无整流电压输出。

② 上辅助电源 Dz 的电压为零，造成调整管不工作。

③ 取样放大管的 c-e 反向击穿短路，造成调整管不工作。

知识链接 2　直流稳压电源的操作方法

HT-1712F 型稳压电源为双路输出，电流为 1A，输出电压为 0～30V，连续可调。面板设置较为简单，使用时应根据要求操作。

① 开启电源开关，指示灯亮表示电源接通。应预热 30min。

② 面板上设有一块电压表和一块电流表，为两路电源公用。当"电压监视"和"电流监视"开关拨到第Ⅰ路时，可监视第Ⅰ路的电压和电流。开关转换到第Ⅱ路时，可监视第Ⅱ路的电压和电流。

③ 若须监视第Ⅰ路电压、电流，把电压、电流监视开关放在Ⅰ位置，调节"电压粗调"、"电压细调"旋钮即可得到所需电压值。

④ 当过载或短路，电源保护无输出时，应排除过载或短路故障，然后按"启动"按钮，电源即可输出。

⑤ 输出电压由接线柱"+"、"−"端供给，"地"接线柱仅与机壳相连。

⑥ 与其他仪器一起用时须注意共地问题。

知识链接 3　直流稳压电源的应用实例

打开电源开关前先检查输入的电压，将电源线插入后面板上的交流插孔，各控制键见表 14-1。

表 14-1　面板控制键

电源（POWER）	电源开关键弹出
电压调节旋钮（VOLTAGE）	调至中间位置
电流调节旋钮（CURRENT）	调至中间位置
电压/电流开关（V/I）	置弹出位置
跟踪开关 TRACK	置弹出位置
+　GND　−	"−"端接 GND

所有控制键如上设定后，打开电源，一般检查如下内容。

① 调节电压调节旋钮，显示窗口显示的电压值应相应变化。顺时针调节电压调节旋钮，指示值由小变大；逆时针调节，指示值由大变小。

② 输出端口应有输出。

③ 电压/电流开关按入，表头指示值应为零，当输出端口接上相应的负载时，表头应有指示。顺时调节电流调节旋钮，指示值由小变大；逆时针调节，指示值由大变小。

④ 跟踪开关按入，主路负端接地，从路正端接地。此时调节主路电压调节旋钮，从路的显示窗口显示应同主路相一致。

⑤ 固定 5V 输出端口，应有 5V 输出。

操作训练　直流稳压电源的使用

按图 14-8 连接实验电路。取可调工频电源电压为 16V，作为整流电路输入电压 u_2。

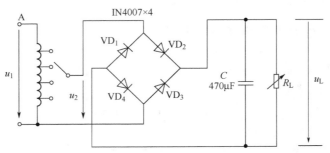

图 14-8　整流滤波电路

① 取 R_L=240Ω，不加滤波电容，测量直流输出电压 u_L 及纹波电压 $\tilde{u}_L$，并用示波器观察 u_2 和 u_L 波形，记入表 14-2。

② 取 R_L=240Ω，C=470μF，重复内容①的要求，记入表 14-2。

③ 取 R_L=120Ω，C=470μF，重复内容①的要求，记入表 14-2。

表 14-2 u_2=16V

电路形式		u_L（V）	$\tilde{u}_L$（V）	u_L 波形
R_L=240Ω				
R_L=240Ω C=470μF				
R_L=120Ω C=470μF				

同步练习

一、填空题

1. 直流稳压电源一般由变压器电路、_____、_____及稳压电路四部分组成。

2. 稳压电源的稳压电路可分为_____型和_____型两种。

3. 整流电路中，利用整流二极管的_____性使交流电变为脉动直流电。

4. 直流稳压电路中滤波电路主要由_____、_____等储能元件组成。

5. 在串联型稳压电路中，为了正常稳压，调整管必须工作在_____区域。

6. 在直流稳压电路中，变压的目的是_____，整流的目的是_____。

7. 整流电路的功能是将交流电压转换成_____电压，滤波电路主要用来滤除整流电路输出中的_____。

二、判断题

1. 直流电源是一种能量转换电路，它将交流能量转换为直流能量。　　　（　　）

2. 直流电源是一种将正弦信号变换为直流信号的波形变换电路。　　　（　　）

3. 稳压二极管是利用二极管的反向击穿特性进行稳压的。　　　（　　）

4. 在变压器副边电压和负载电阻相同的情况下，桥式整流电路的输出电流是半波整流电路输出电流的 2 倍。　　　（　　）

5. 桥式整流电路在接入电容滤波后，输出直流电压会升高。　　　（　　）

6. 用集成稳压器构成稳压电路，输出电压稳定，在实际应用时，不用考虑输入电压大小。　　　（　　）

7. 直流稳压电源中的滤波电路是低通滤波电路。　　　（　　）

8. 滤波电容的容量越大，滤波电路输出电压的纹波就越大。　　　（　　）

数字电桥

 场景描述

　　该项目主要介绍数字电桥的功能特点和使用方法。项目以典型数字电桥为例，通过对数字电桥各功能键钮的介绍，使学习者了解数字电桥的功能、种类以及能够使用数字电桥完成检测操作。

 基础知识

　　ZC2817D 型 LCR 数字电桥是高性价比的测量仪器，能自动测量电感量 L、电容量 C、电阻值 R、复阻抗 Z、相位角 θ、品质因数 Q 和损耗角正切值 D 等元件参数，仪器将强大的功能、优越的性能及简单的操作结合在一起，既能适应生产现场高速测量的需要，又能满足质检、计量、科研实验等部门精密检测的需要。

知识链接1 数字电桥的组成与性能指标

　　为提高仪器测量的直观性和可读性，ZC2817D 型 LCR 数字电桥提供了一块大型的 LCD 专用显示屏，将仪器的测量条件和测量结果同时显示出来。为满足不同使用场合的需求，仪器设有两套分选程序，参数设定位数多、分辨率高，仪器可以通过分选接口与自动测试机连接，从而实现自动化测试。

1. 测量功能

（1）校正功能

开路清"0"：消除测试端或仪器内部杂散电抗的影响。

短路清"0"：消除引线串联电阻和电感的影响。

（2）分选功能

测量仪提供了两种分选方式：开机后，分选处于关（OFF）状态，选择分选开（ON）以后，初始化为 3P（三挡主参数和一挡副参数分选）方式，可以选择 1P（一挡主参数和一挡副参数分选）。在直读绝对偏差（DELTA）和百分比误差（DELTA%）状态时，分选功能皆有效。并在 LCD 显示器上显示 P1，P2，P3，NG 和 AUX 信息。

（3）键盘锁定功能

锁定键盘，保护所有面板功能指示状态。

在键盘锁定时，除"MENU"键外其余按键均处于锁定状态，使键盘不能使用，该方法的使用，使得在参数设定完成后不致因键盘操作的错误而影响内部参数。

（4）RS232 串行接口

使用简化 RS232 标准，不支持硬件联络功能。

传输速率：9600bps。

最大传输距离：15m。

通信命令采用 SCPI 格式，总线上全部命令和数据均采用 ASCII 码传送。

（5）HANDLER 分选接口

可接受触发信号（/TRIG）。

可输出比较信号（/NG，/P1，/P2，/P3，/AUX）。

可输出控制信号（/IDX，/EOM）。

逻辑低电平有效，光电隔离输出。

内置上拉电阻，默认使用外部电源。

2．外形结构

1）仪器前面板说明

ZC2817D 型 LCR 数字电桥前面板如图 15-1 所示。

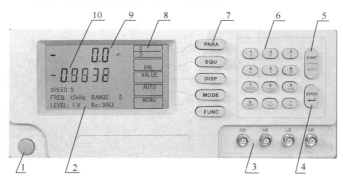

图 15-1　前面板示意图

数字电桥前面板说明见表 15-1。

表 15-1　仪器前面板功能

序　号	名　称	功　能　说　明
1	电源开关	接通或断开仪器 220V 电源，在"｜"状态，电源接通，"o"状态，电源断开
2	测量参数指示区	在此区域显示：当前测量频率、测试电平、测量速度、恒阻、量程状况、分选状况等内容
3	测试端	为被测件测试时提供完整的四端测量 HD：电流激励高端，测试信号从该端输出，在该端可使用相应仪器（如电压表、频率计、示波器等）检测测试信号源电压及频率、波形 HS：电压取样高端，检测加于被测件的高端测试电压 LS：电压取样低端，检测加于被测件的低端测试电压 LD：电流激励低端，流过被测件的电流从该端送至仪器内部电流测量部件 HD、HS 应接至被测件的一个引脚端，LD、LS 接至被测件的另一引脚端
4	回车键（ENTER）	确认输入的数字或命令

续表

序　号	名　　称	功　能　说　明
5	START/SHIFT 键	当仪器被设定为手动触发方式时，按动此键用于触发一次仪器测量；当仪器在设定分选值时，按动此键表示启用数字按键区的 SHIFT 功能，此时数字键盘区域的 6 个具有 SHIFT 功能的按键被启用
6	键盘及功能指示	仪器的所有功能均在键盘的控制下完成
7	功能键	为 5 个直接功能键，相应的功能标示在键上，它们的当前功能被相应显示在液晶显示屏右边的"功能"显示区域
8	直接功能显示区	显示当前状况下 5 个功能键所选定的功能
9	主参数及单位指示	主参数最大为五位数字显示，用于显示主参数测量结果，可以直读、绝对偏差Δ、相对偏差$\Delta\%$三种方式进行显示，以及主参数测量结果的单位
10	副参数及单位指示	副参数最大为五位数字显示，用于显示副参数测量结果，以及副参数测量结果的单位

2）仪器后面板说明

ZC2817D 型 LCR 数字电桥后面板如图 15-2 所示。

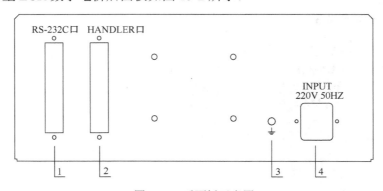

图 15-2　后面板示意图

数字电桥后面板说明见表 15-2。

表 15-2　仪器后面板功能

序　号	名　　称	功　能　说　明
1	RS232C 串行接口	提供仪器与外部设备的串行通信接口，所有参数设置、命令、结果输出均可由外部控制设备通过该接口完成，9 芯孔式插座
2	HANDLER 接口	36 芯插座
3	接地端	用于性能检测或测量时与仪器接地。接地端与仪器外壳金属部分直接相连，即仪器金属部分与该接地端等电位，仪器 220V 输入端保护地与该接地端相连
4	三线电源插座	用于连接 220V，50Hz 交流电源（内含熔丝）

知识链接 2　数字电桥的操作方法

1．LCD 显示说明

液晶屏幕显示部分说明如图 15-3 所示

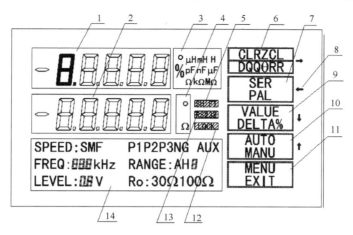

图 15-3 ZC2817D 显示示意图

① 主参数显示区域。

② 副参数显示区域。

③ 主参数单位显示区域。

④ 副参数单位显示区域。

⑤ SHIFT 键使能标记。

⑥ 当前主、副参数名称显示区域，共有 6 种组合：C/D、L/Q、R/Q、Z/θ、C/R、L/R。

⑦ 当前等效方式显示区域，有两种方式：串联方式（SER），并联方式（PAL）。

⑧ 方向复用键指示，共上、下、左、右 4 个，在功能菜单时才显示。

⑨ 当前显示方式显示区域，有三种方式：直读（VALUE）、偏差（DELTA）、百分比偏差（DELTA%）。

⑩ 当前测量模式显示区域，有两种模式：自动连续测量（AUTO），手动单次测量（MANU）。

⑪ 功能菜单状态指示，显示"MENU"时表示按 MENU 键进入功能菜单，显示"EXIT"时表示按 MENU 键退出功能菜单。

⑫ 键锁指示标记，表明此时键盘为锁定状态，此时仅 MENU 键可以进入功能菜单。

⑬ RS232 接口指示标记，表明此时仪器的 RS232 串行接口使能，可进行联机双向操作。

⑭ 仪器当前测量条件和测量状态显示区域，分别显示了测量速度（SPEED）、测量信号频率（FREQ）、测量信号电平（LEVEL）、信号源内阻大小（R_0）、量程状态和分选结果（$P_1 \sim P_3$、NG、AUX）。

2．按键及其说明

仪器键盘如图 15-4 所示。

ZC2817D 型 LCR 数字电桥共有 19 个按键。仪器的所有功能均在键盘的控制下完成。5 个直接功能键 PARA、EQU、DISP、MODE、FUNC 所对应的功能可直接获取，12 个数字/倍率（0～9，－）/功能复用键中的 6 个功能键亦可直接按键获得，6 个单位倍率键须在"SHIFT"状态下获得，12 个数字键在输入数字时使用。以下为各按键及按键序列所表示的功能。

① 功能菜单键，按此键进入仪器的功能菜单设置界面。

② 模式键，按键选择测量模式，按此键后，可改变仪器的测量方式为手动（单次）还是自动（连续），当前选定的测量模式显示在液晶屏幕的右侧区域。

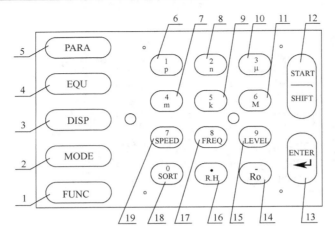

图 15-4　ZC2817D 键盘示意图

③ 显示键，按键选择显示方式，当前选定的显示方式显示在液晶屏幕的右侧区域。

④ 等效键，按键选择等效方式，当前选定的等效状态显示在液晶屏幕的右侧区域。

⑤ 参数键，按键选择测量参数，当前选定的测量参数显示在液晶屏幕的右侧区域。

⑥ 在输入数字时为"1"，在（SHIFT）状态时，为单位倍率符号"p"。

⑦ 在输入数字时为"4"，在（SHIFT）状态时，为单位倍率符号"m"。

⑧ 在输入数字时为"2"，在（SHIFT）状态时，为单位倍率符号"n"。

⑨ 在输入数字时为"5"，在（SHIFT）状态时，为单位倍率符号"k"。

⑩ 在输入数字时为"3"，在（SHIFT）状态时，为单位倍率符号"μ"。

⑪ 在输入数字时为"6"，在（SHIFT）状态时，为单位倍率符号"M"。

⑫ 在单次方式时为启动测量键，在输入分选值单位倍率时，为 SHIFT 键。

⑬ 确认输入的数字或命令。

⑭ 在输入数字时为"-"，在仪器处于测量状态时，为信号源内阻设置键，按此键后，可选择信号源内阻。

⑮ 在输入数字时为"9"，在仪器处于测量状态时，为测量信号电平键，按此键后，可改变仪器的测量电平。

⑯ 在输入数字时为"·"，在仪器处于测量状态时，为量程状态开关键，按此键后，可改变仪器的量程状态为自动或锁定，当前量程在屏幕上相应位置显示出来。

⑰ 在输入数字时为"8"，在仪器处于测量状态时，为测量频率键，按此键后，可改变仪器的测量频率。

⑱ 在输入数字时为"0"，在仪器处于测量状态时，为分选状态键，按此键后，可将仪器的分选结果在屏幕上相应位置显示出来。

⑲ 在输入数字时为"7"，在仪器处于测量状态时，为测量速度键，按此键后，可改变仪器的测量速度。

3. 仪器快捷功能键使用方法

仪器开机后，会出现图 15-5 所示的测量界面，通过快捷功能键的使用，我们可方便地对仪器进行测量所需的设置。

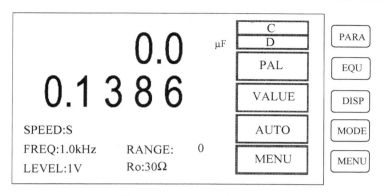

图 15-5 ZC2817D 测量界面

（1）测量参数选择

ZC2817D 可选择测量 C/D、L/Q、R/Q、Z/θ、C/R、L/R 共六种测量参数组合，用户可通过 PARA 快捷功能键来选择参数，当前选择的参数组合将显示在 LCD 屏右边的参数框中。

（2）串、并联等效电路选择

ZC2817D 可选择串联（SER）或并联（PAR）两种等效电路来测量 L、C 或 R。用户可通过 EQU 快捷功能键来选择串联（SER）或并联（PAR）。

仪器开机时，初始化为"并联"，按 EQU 快捷功能键，可选择"串联"，实际电容、电感和电阻都不是理想的纯电阻或纯电抗元件，一般电阻和电抗成分同时存在，一个实际的阻抗元件均可用理想的电阻器和电抗器（理想电感或理想电容）的串联或并联形式来模拟。ZC2817D 可以检测出一个阻抗元件以串联或并联形式组成的电阻成分和电抗成分。

（3）显示方式选择

用户可通过"DISP"快捷功能键来选择显示方式，测量值有 3 种不同的显示方式：VALUE、DELTA 或 DELTA%。

VALUE：直接显示待测元件的数值。

DELTA：显示被测元件与已输入的标称值的偏差值。DELTA=测量值−标称值。

DELTA%：显示被测元件值与输入的标称值相差的正负百分比误差。

（4）测量模式选择

ZC2817D 提供两种测试模式：自动连续测试（显示为"AUTO"）和单次测试（显示为"MANU"）；在测试状态下，按快捷功能键"MODE"选择"AUTO"或"MANU"。

连续测试：仪器不断地测量，每次测量后将结果输出显示。

单次测试：仪器一般处于等待状态，当从键盘或接口获得一个"开始"信号后，进行一次测量并输出结果，而后再等待下一次"开始"。

（5）测量速度选择

用户可通过"7/SPEED"复用功能键来选择测量速度。

共有三种测量速度可供选择：SLOW（慢速）、MEDIUM（中速）以及 FAST（快速）。一般情况下测量速度越慢，仪器的测试结果越稳定，越准确。

SLOW：每秒约 2.5 次测量。

MEDIUM：每秒约 5.1 次测量。

FAST：每秒约 12 次测量。

（6）测量频率选择

用户可通过复用功能键"8/FREQ"来选择测试频率，ZC2817D 有 8 个可设置频率点，分别是：100Hz、120Hz、1kHz、10kHz、20kHz、30kHz、60kHz、100kHz。频率准确度为0.02%。

（7）测试电平选择

用户可通过复用功能键"9/LEVEL"来选择测试电平，ZC2817D 提供 3 种测试电平选择：0.1V、0.3V、1.0V。

（8）量程保持选择

本仪器共有 6 个量程，相互量程的测量范围是互相衔接的。

ZC2817D 在 100Ω 源内阻时，共使用 5 个量程：30Ω，100Ω，1kΩ，10kΩ 和 100kΩ。各量程的有效测量范围见表 15-3。

表 15-3　量程测量范围（100Ω）

序　号	量 程 电 阻	有效测量范围
0	100kΩ	100kΩ～100MΩ
1	10kΩ	10kΩ～100kΩ
2	1kΩ	1kΩ～10kΩ
3	100Ω	50Ω～1kΩ
4	30Ω	0Ω～50Ω

ZC2817D 在 30Ω 源内阻时，共使用 6 个量程：10Ω，30Ω，100Ω，1kΩ，10kΩ 和 100kΩ。各量程的有效测量范围见表 15-4。

表 15-4　量程测量范围（30Ω）

序　号	量 程 电 阻	有效测量范围
0	100kΩ	100kΩ～100MΩ
1	10kΩ	10～100kΩ
2	1kΩ	1～10kΩ
3	100Ω	100Ω～1kΩ
4	30Ω	15～100Ω
5	10Ω	0～15Ω

用户可通过复用功能键"·/R.H"将量程变换到锁定方式。

在批量同规格的元件测试时，需要提高测试速度，而不使仪器量程频繁转换，可使用量程保持功能，使仪器测量固定在某一量程上，这样便节省了量程预测及量程选择后的稳定时间。固定量程的方法如下：选择一只待测元件进行测量，先使量程为自动方式，待其读数稳定后，按复合功能键"·/R.H"。

若当前指示为"RANGE：X"（X 可为 0～5），则表示在量程自动（ AUTO），如当前指示为"RANGE：H X"（X 可为 0～6），则表示在量程保持（HOLD），其中 X 的数值指明6 个量程中的某一个。

需要量程保持时的选择方法如下：当显示 RANGE：X 时，按 ·/R.H 键，显示 RANGE：H X，表示量程保持在"X"状态，再按 ·/R.H 键，显示 RANGE：H X，其中 X 为闪烁状态，此时输入 0～5，该输入值被显示并闪烁，按"ENTER"键确认输入正确，闪烁停止，仪器即处于所选的量程保持测量状态。

（9）分选状态选择

在测试状态下，按复用功能键"0/SORT"可将当前的分选结果显示在屏幕上，有关分选时的具体设置方法见分选指标设置。

ZC2817D 可以将被测元件分成 5 挡（NG，P1，P2，P3 和 AUX）。当被测件的主参数在设定的极限范围之内，但是其副参数超出设定的极限范围，此时被测件属于 AUX 附属挡。

（10）恒阻方式选择

ZC2817D 提供恒阻方式以便得到更精确的测量，由复用功能键"-/R0"来选择测量端的输出阻抗恒定为 30Ω 或 100Ω。当前恒阻状况在液晶屏状态区显示。

知识链接3　其他类型的数字电桥

JK2817 型 LCR 数字电桥是一种高精度、宽测试范围的阻抗测量仪器，可方便选择 100Hz、120Hz、1kHz、10kHz、40/50kHz、100kHz 六个典型测试频率。并可选择 0.1V、0.3V、1.0V 三个测试信号电平。可测量电感 L、电容 C、电阻 R 等多种参数。

1．前面板（图 15-6、表 15-5）

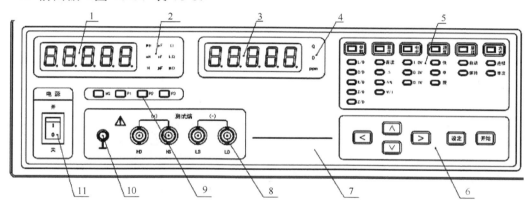

图 15-6　JK2817 型 LCR 数字电桥前面板

表 15-5　数字电桥前面板说明

序　号	名　称	功　能　说　明
1	显示器 A	五位数字显示，用于显示 C、L、Z、R 的测量结果，可以直读、绝对偏差Δ、相对偏差Δ%三种方式进行显示，也用于参数设置时的信息指示等
2	显示器单位指示	显示直读与 Δ 测量时主参数单位
3	显示器 B	用于显示 D、Q 的测量结果，也用于参数设置时的信息指示等
4	显示器 B 单位指示	显示副参数测量项目 D、Q 及方式 PPM
5	功能指示	仪器所有功能通过键盘在三层菜单中获得
6	键盘	仪器所有功能状态均由此六按键键盘完成
7	商标型号	金科，JK2817 LCR 数字电桥
8	测试端	测试时为被测件提供完整的四端测量。HD：电流激励高端，测试信号从该端输出，在该端可使用相应仪器（如电压表、频率计、示波器等）检测测试信号源电压及频率、波形。HS：电压取样高端，检测加于被测件的高端测试电压。LS：电压取样低端，检测加于被测件的低端测量电压。LD：电流激励低端，流过被测件的电流从该端送至仪器内部电流测量部件。HS、HS 应分别接至被测件的一个引脚端，LD、LS 接至被测件的另一引脚端

续表

序　号	名　称	功能说明
9	分选指示	分选 ON 时，指示分选结果
10	接地端（GND）	用于性能检测或测量时的屏蔽接地，接地端与仪器外壳金属部分直接相连，即仪器金属部分与该接地端等电位，仪器 220V 输入端保护地与该接地端相连
11	电源开关	接通或断开仪器 220V 电源，在"ON"状态，电源接通，"OFF"状态，电源断开

2. 后面板（图 15-7、表 15-6）

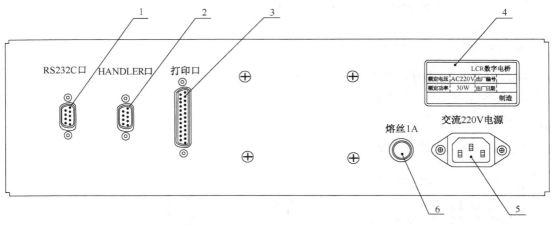

图 15-7　JK2817 型 LCR 数字电桥后面板

表 15-6　数字电桥后面板说明

序　号	名　称	功能说明
1	RS232C 串行接口（9 芯）	提供仪器与外部设备的串行通信接口，所有参数设置、命令、结果输出均可由外部控制设备通过该接口完成
2	HANDLER 接口（9 芯）	仪器出厂时该两接口未安装，分别为 IEEE-488 通信接口与 HANDLER 分选接口，需要安装的话，可与该公司或经销单位联系
3	打印接口（25 芯）	25 芯插座，使用该接口可使仪器与外部具有标准并行接口的打印机相连，可将仪器参数设置情况、测量及分选结果等输出至打印机
4	铭牌	用于指示该台仪器的如下信息：制造计量器具许可证号、使用电源、制造日期、出厂编号、生产厂家
5	三线电源插座	用于连接 220V，50Hz 交流电源
6	熔丝	用于保护仪器，1A

操作训练　数字电桥的使用

可使用随仪器配置的两种测量夹具 LCR001 或 LCR005 连接仪器测量端进行元件测量。当使用 LCR001 测量线时，应注意将单个测量夹上两个一组的 BNC 连接头连到仪器面板上相应的高端（HD、HS）或低端（LD、LS）的插座上。

① 开启仪器电源，仪器在显示型号后进入测量显示界面，如图 15-8 所示。

用"PARE"、"EQU"、"DISP"、"MODE"键依次选择测量参数、等效方式、显示方式及测量方式。

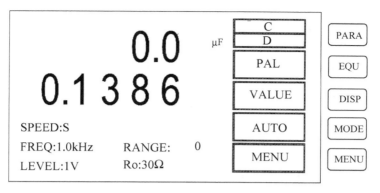

图 15-8　测量显示界面

② 用数字键盘下方的六个复合功能键"7/SPEED"、"8/FREQ"、"9/LEVEL"、"0/SORT"、"·/R.H"及"-/R0"中的"8/FREQ"和"9/LEVEL"键设定测试信号的频率和电平,其他的4个键在一般测量时为开机值即可。

③ 装上测试夹具或测量线,选择合适的清"0"方式,进行清"0"。

④ 接上被测元件,在屏幕上应有确定的测量结果显示出来。

⑤ 测量范围见表 15-7。

表 15-7　频率测量范围

参　　数	频　　率	测　量　范　围
L	100Hz、120Hz	0.1μH～9999.9H
	1kHz	0.01μH～999.99H
	10kHz	0.001μH～99.999H
	20～100kHz	0.0001μH～9.9999H
C	100Hz、120Hz	0.1pF～19999μF
	1kHz	0.01pF～1999.9μF
	10kHz	0.001pF～199.99μF
	20～100kHz	0.0001pF～19.999μF
R		0.0001Ω～99.99MΩ
D		0.0001～9.9999
Q		0.0001～9999.9
θ		−179.99°～179.999°

注:Z 恒为正,其余若为负时,由数值显示区首位指示为"一"。

同步练习

一、填空题

1．数字电桥就是能够测量_____、_____、_____、_____的仪器。

2．测量误差按性质及产生的原因,分为_____误差、_____误差和_____误差。

3．测量电压时,应将电压表_____联接入被测电路;测量电流时,应将电流表_____联接入被测电路。

4．用兆欧表测量设备绝缘时,手柄的转速应接近_____r/min。

5．低频信号发生器的频率范围通常为_____。

6．测量结果的量值包括两部分，即_____和_____。

7．获得扫频信号的常用方法有_____扫频和_____扫频。

8．电子示波器中的阴极射线示波管由_____、_____和_____三大部分组成。其中_____用来产生并形成高速、聚束的电子束。

二、判断题

1．电压互感器的一次侧、二次侧都必须可靠接地。　　　　　　　　　　（　　）

2．用电阻挡测量电阻时，指针不动，说明测量机构已经损坏。　　　　（　　）

3．用电桥测量电阻的方法准确度比较高。　　　　　　　　　　　　　（　　）

4．兆欧表的测量机构采用磁电系仪表。　　　　　　　　　　　　　　（　　）

5．电动系仪表和电磁系仪表一样，既可测量直流，又可测量交流。　　（　　）

6．在功率表中只要选定电流量程和电压量程，一般就不必选择功率量程。（　　）

7．用两表法测量三相电路的有功功率时，每一只表的读数就是每一项电路的功率数值。（　　）

8．钳形电流表中的测量机构常采用整流式的磁电系仪表，可以交直流两用。（　　）

常用电子仪器综合应用

一、实验目的

① 学习电子电路实验中常用的双踪示波器、函数信号发生器、直流稳压电源、交流毫伏表、频率计等仪表的主要技术指标、性能及正确使用方法。

② 初步掌握用双踪示波器观察正弦信号波形和读取波形参数的方法。

二、实验原理

在模拟电子电路实验中，经常使用的电子仪器有双踪示波器、函数信号发生器、直流稳压电源、交流毫伏表及频率计等。它们和万用表一起，可以完成对模拟电子电路的静态和动态工作情况的测试。

实验中要对各种电子仪器进行综合使用，可按照信号流向，以连线简捷、调节顺手、观察与读数方便等原则进行合理布局，各仪器与被测实验装置之间的布局与连接如图 16-1 所示。接线时应注意，为防止外界干扰，各仪器的公共接地端应连接在一起，称为共地。信号源和交流毫伏表的引线通常用屏蔽线或专用电缆线，示波器接线使用专用电缆线，直流电源的接线用普通导线。

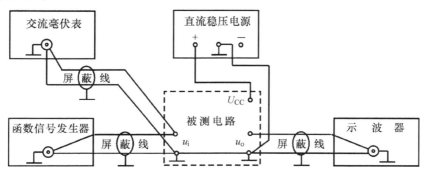

图 16-1　模拟电子电路中常用电子仪器布局图

1. 双踪示波器

双踪示波器是一种用途很广的电子测量仪器，它既能直接显示电信号的波形，又能对电信号进行各种参数的测量。

① 寻找扫描光迹。

将双踪示波器 Y 轴显示方式置 "Y_1" 或 "Y_2"，输入耦合方式置 "GND"，开机预热后，若在显示屏上不出现光点和扫描基线，可按下列操作找到扫描线。

● 适当调节亮度旋钮。

● 触发方式开关置"自动"。

● 适当调节垂直（ $\updownarrow$ ）、水平（ $\rightleftarrows$ ）"位移"旋钮，使扫描光迹位于屏幕中央。若示波器设有"寻迹"按键，可按下"寻迹"按键，判断光迹偏移基线的方向。

② 双踪示波器一般有五种显示方式，即" Y_1 "、" Y_2 "、" Y_1+Y_2 "三种单踪显示方式和"交替"、"断续"两种双踪显示方式。"交替"显示一般适宜于输入信号频率较高时使用。"断续"显示一般适宜于输入信号频率较低时使用。

③ 为了显示稳定的被测信号波形，"触发源选择"开关一般选为"内"触发，使扫描触发信号取自示波器内部的 Y 通道。

④ 触发方式开关通常先置于"自动"调出波形后，若显示的波形不稳定，可置触发方式开关于"常态"，通过调节"触发电平"旋钮找到合适的触发电压，使被测试的波形稳定地显示在示波器屏幕上。

有时，由于选择了较慢的扫描速率，显示屏上将会出现闪烁的光迹，但被测信号的波形不在 X 轴方向左右移动，这样的现象仍属于稳定显示。

⑤ 适当调节"扫描速率"开关及"Y 轴灵敏度"开关使屏幕上显示 1～2 个周期的被测信号波形。在测量幅值时，应注意将"Y 轴灵敏度微调"旋钮置于"校准"位置，即顺时针旋到底，且听到关的声音。在测量周期时，应注意将"X 轴扫速微调"旋钮置于"校准"位置，即顺时针旋到底，且听到关的声音。还要注意"扩展"旋钮的位置。

根据被测波形在屏幕坐标刻度上垂直方向所占的格数（div 或 cm）与"Y 轴灵敏度"开关指示值（V/div）的乘积，即可算得信号幅值的实测值。

根据被测信号波形一个周期在屏幕坐标刻度水平方向所占的格数（div 或 cm）与"扫速"开关指示值（t/div）的乘积，即可算得信号频率的实测值。

2．函数信号发生器

函数信号发生器按需要输出正弦波、方波、三角波 3 种信号波形。输出峰-峰电压最大可达 20V。通过输出衰减开关和输出幅度调节旋钮，可使输出电压在毫伏级到伏级范围内连续调节。函数信号发生器的输出信号频率可以通过频率分挡开关进行调节。

函数信号发生器作为信号源，它的输出端不允许短路。

3．交流毫伏表

交流毫伏表只能在其工作频率范围之内，用来测量正弦交流电压的有效值。为了防止过载而损坏，测量前一般先把量程开关置于量程较大位置上，然后在测量中逐挡减小量程。

三、实验设备与器件

① 函数信号发生器。

② 双踪示波器。

③ 交流毫伏表。

四、实验内容

1. 用机内校正信号对示波器进行自检

1）扫描基线调节

将示波器的显示方式开关置于"单踪"显示（Y_1 或 Y_2），输入耦合方式开关置"GND"，触发方式开关置于"自动"。开启电源开关后，调节"辉度"、"聚焦"、"辅助聚焦"等旋钮，使荧光屏上显示一条细而且亮度适中的扫描基线。然后调节"X 轴位移"（⇄）和"Y 轴位移"（↕）旋钮，使扫描线位于屏幕中央，并且上下左右移动自如。

2）测试"校正信号"波形的幅度、频率

将示波器的"校正信号"通过专用电缆线引入选定的 Y 通道（Y_1 或 Y_2），将 Y 轴输入耦合方式开关置于"AC"或"DC"，触发源选择开关置"内"，内触发源选择开关置"Y_1"或"Y_2"。调节 X 轴"扫描速率"开关（t/div）和 Y 轴"输入灵敏度"开关（V/div），使示波器显示屏上显示出一个或数个周期稳定的方波波形。

（1）校准"校正信号"幅度

将"Y 轴灵敏度微调"旋钮置"校准"位置，"Y 轴灵敏度"开关置适当位置，读取校正信号幅度，记入表 16-1。

表 16-1　校正信号幅度值

	标　准　值	实　测　值
幅度（V）		
频率（kHz）		
上升沿时间（μs）		
下降沿时间（μs）		

注：不同型号示波器标准值有所不同，请按所使用示波器将标准值填入表格中。

（2）校准"校正信号"频率

将"扫速微调"旋钮置"校准"位置，"扫速"开关置适当位置，读取校正信号周期，记入表 16-1。

（3）测量"校正信号"的上升时间和下降时间

调节"Y 轴灵敏度"开关及微调旋钮，并移动波形，使方波波形在垂直方向上正好占据中心轴，且上、下对称，便于阅读。通过扫速开关逐级提高扫描速度，使波形在 X 轴方向扩展（必要时可以利用"扫速扩展"开关将波形再扩展 10 倍），并同时调节触发电平旋钮，从显示屏上清楚地读出上升时间和下降时间，记入表 16-1。

2. 用示波器和交流毫伏表测量信号参数

调节函数信号发生器有关旋钮，使输出频率分别为 100Hz、1kHz、10kHz、100kHz，有效值均为 1V（交流毫伏表测量值）的正弦波信号。

改变示波器"扫速"开关及"Y 轴灵敏度"开关等位置，测量信号源输出电压频率及峰-峰值，记入表 16-2。

表 16-2   信号源输出电压频率及峰-峰值

信号电压频率	示波器测量值		信号电压毫伏表读数（V）	示波器测量值	
	周期（ms）	频率（Hz）		峰-峰值（V）	有效值（V）
100Hz					
1kHz					
10kHz					
100kHz					

3．测量两波形间相位差

（1）观察双踪显示波形"交替"与"断续"两种显示方式的特点

Y_1、Y_2 均不加输入信号，输入耦合方式置"GND"，扫速开关置扫速较低挡位（如 0.5s/div 挡）和扫速较高挡位（如 5μs/div 挡），把显示方式开关分别置"交替"和"断续"位置，观察两条扫描基线的显示特点，并记录。

（2）用双踪显示测量两波形间相位差

① 按图 16-2 连接实验电路， 将函数信号发生器的输出电压调至频率为 1kHz，幅值为 2V 的正弦波，经 RC 移相网络获得频率相同但相位不同的两路信号 u_i 和 u_R，分别加到双踪示波器的 Y_1 和 Y_2 输入端。

为便于稳定波形，比较两波形相位差，应使内触发信号取自被设定作为测量基准的一路信号。

② 把显示方式开关置"交替"挡位，将 Y_1 和 Y_2 输入耦合方式开关置"⊥"挡位，调节 Y_1、Y_2 的 ↕移位旋钮，使两条扫描基线重合。

③ 将 Y_1、Y_2 输入耦合方式开关置"AC"挡位，调节触发电平、扫速开关及 Y_1、Y_2 灵敏度开关位置，使在荧屏上显示出易于观察的两个相位不同的正弦波形 u_i 及 u_R，如图 16-3 所示。根据两波形在水平方向差距 X 及信号周期 X_T，则可求得两波形相位差。

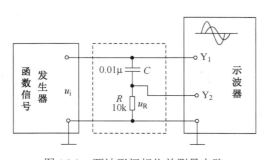

图 16-2　两波形间相位差测量电路

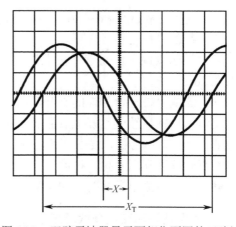

图 16-3　双踪示波器显示两相位不同的正弦波

$$\theta = \frac{X(\mathrm{div})}{X_T(\mathrm{div})} \times 360°$$

式中，X_T——一周期所占格数；

X——两波形在 X 轴方向差距格数。

记录两波形相位差于表 16-3 中。

表 16-3 两波形相位差值

一周期格数	两波形 X 轴差距格数	相 位 差	
		实 测 值	计 算 值
$X_T=$	$X=$	$\theta=$	$\theta=$

为读数和计算方便，可适当调节扫速开关及微调旋钮，使波形一周期占整数格。

五、实验总结

① 整理实验数据，并进行分析。

② 问题讨论。

如何操纵示波器有关旋钮，以便从示波器显示屏上观察到稳定、清晰的波形？

用双踪显示波形，并要求比较相位时，为在显示屏上得到稳定波形，应怎样选择下列开关的位置？

显示方式选择（Y_1，Y_2，Y_1+Y_2，交替，断续）。

触发方式（常态，自动）。

触发源选择（内，外）。

内触发源选择（Y_1，Y_2，交替）。

③ 函数信号发生器有哪几种输出波形？它的输出端能否短接？如用屏蔽线作为输出引线，则屏蔽层一端应该接在哪个接线柱上？

④ 交流毫伏表用来测量正弦波电压还是非正弦波电压？它的表头指示值是被测信号的什么数值？它是否可以用来测量直流电压的大小？

任务二 OTL 低频功率放大器

一、实验目的

① 进一步理解 OTL 功率放大器的工作原理。

② 学会 OTL 电路的调试及主要性能指标的测试方法。

二、实验原理

图 16-4 所示为 OTL 低频功率放大器。其中由晶体三极管 T_1 组成推动级（也称前置放大级），T_2、T_3 是一对参数对称的 NPN 和 PNP 型晶体三极管，它们组成互补推挽 OTL 功放电路。由于每一个管子都接成射极输出器形式，因此具有输出电阻低、负载能力强等优点，适合于作为功率输出级。

T_1 管工作于甲类状态，它的集电极电流 I_{C1} 由电位器 R_{W1} 进行调节。I_{C1} 的一部分流经电位器 R_{W2} 及二极管 D，给 T_2、T_3 提供偏压。调节 R_{W2}，可以使 T_2、T_3 得到合适的静态电流而工作于甲、乙类状态，以克服交越失真。静态时要求输出端中点 A 的电位 $U_A = \frac{1}{2}U_{CC}$，可以通过调节 R_{W1} 来实现，又由于 R_{W1} 的一端接在 A 点，因此在电路中引入交、直流电压并联负反馈，一方面能够稳定放大器的静态工作点，同时也改善了非线性失真。

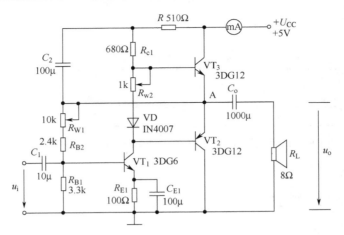

图 16-4　OTL 功率放大器实验电路

当输入正弦交流信号 u_i 时，经 T_1 放大、倒相后同时作用于 VT_2、VT_3 的基极，u_i 的负半周使 VT_2 管导通（VT_3 管截止），有电流通过负载 R_L，同时向电容 C_o 充电，在 u_i 的正半周，VT_3 导通（VT_2 截止），则已充好电的电容器 C_o 起着电源的作用，通过负载 R_L 放电，这样在 R_L 上就得到完整的正弦波。

C_2 和 R 构成自举电路，用于提高输出电压正半周的幅度，以得到大的动态范围。

OTL 电路的主要性能指标如下。

1. 最大不失真输出功率 P_{om}

理想情况下，$P_{om} = \dfrac{1}{8}\dfrac{U_{CC}^2}{R_L}$，在实验中可通过测量 R_L 两端的电压有效值，来求得实际的 $P_{om} = \dfrac{U_0^2}{R_L}$。

2. 效率 η

$$\eta = \frac{P_{om}}{P_E}100\%$$

P_E——直流电源供给的平均功率。

理想情况下，$\eta_{max} = 78.5\%$。在实验中，可测量电源供给的平均电流 I_{dC}，从而求得 $P_E = U_{CC} \cdot I_{dC}$，负载上的交流功率已用上述方法求出，因而也就可以计算实际效率了。

3. 输入灵敏度

输入灵敏度是指输出最大不失真功率时，输入信号 U_i 之值。

三、实验设备与器件

① +5V 直流电源。

② 函数信号发生器。

③ 双踪示波器。

④ 交流毫伏表。

⑤ 直流电压表。

⑥ 直流毫安表。

⑦ 频率计

⑧ 晶体三极管 3DG6（9011）、3DG12（9013）、3CG12（9012），晶体二极管，IN4007，8Ω扬声器，电阻器，电容器若干。

四、实验内容

在整个测试过程中，电路不应有自激现象。

1. 静态工作点的测试

按图 16-4 连接实验电路，将输入信号旋钮旋至零（$u_i=0$），电源进线中串入直流毫安表，电位器 R_{W2} 置最小值，R_{W1} 置中间位置。接通+5V 电源，观察毫安表指示，同时用手触摸输出级管子，若电流过大，或管子温升显著，应立即断开电源检查原因（如 R_{W2} 开路、电路自激，或输出管性能不好等）。如无异常现象，可开始调试。

（1）调节输出端中点电位 U_A

调节电位器 R_{W1}，用直流电压表测量 A 点电位，使 $U_A = \frac{1}{2}U_{CC}$。

（2）调整输出级静态电流及测试各级静态工作点

调节 R_{W2}，使 VT_2、VT_3 管的 $I_{C2}=I_{C3}=5\sim10$mA。从减小交越失真角度而言，应适当加大输出级静态电流，但该电流过大，会使效率降低，所以一般以 5～10mA 左右为宜。由于毫安表串在电源进线中，因此测得的是整个放大器的电流，但一般 VT_1 的集电极电流 I_{C1} 较小，从而可以把测得的总电流近似当做末级的静态电流。如要准确得到末级静态电流，则可从总电流中减去 I_{C1} 之值。

调整输出级静态电流的另一方法是动态调试法。先使 $R_{W2}=0$，在输入端接入 $f=1$kHz 的正弦信号 u_i。逐渐加大输入信号的幅值，此时，输出波形应出现较严重的交越失真（注意：没有饱和和截止失真），然后缓慢增大 R_{W2}，当交越失真刚好消失时，停止调节 R_{W2}，恢复 $u_i=0$，此时直流毫安表读数即为输出级静态电流。一般数值也应在 5～10mA 左右，如过大，则要检查电路。

输出极电流调好以后，测量各级静态工作点，记入表 16-4。

表 16-4　$I_{C2}=I_{C3}=$___mA，$U_A=2.5$V

	T_1	T_2	T_3
U_B（V）			
U_C（V）			
U_E（V）			

注意：

① 在调整 R_{W2} 时，一是要注意旋转方向，不要调得过大，更不能开路，以免损坏输出管。

② 输出管静态电流调好，如无特殊情况，不得随意旋动 R_{W2} 的位置。

2. 最大输出功率 P_{om} 和效率 η 的测试

（1）测量 P_{om}

输入端接 $f=1$kHz 的正弦信号 u_i，输出端用示波器观察输出电压 u_o 波形。逐渐增大 u_i，使输出电压达到最大不失真输出，用交流毫伏表测出负载 R_L 上的电压 U_{om}。

（2）测量 η

当输出电压为最大不失真输出时，读出直流毫安表中的电流值，此电流即为直流电源供给的平均电流 I_{dc}（有一定误差），由此可近似求得 $P_E = U_{CC}I_{dc}$，再根据上面测得的 P_{om}，即可求出 $\eta = \dfrac{P_{om}}{P_E}$。

3．输入灵敏度测试

根据输入灵敏度的定义，只要测出输出功率 $P_o = P_{om}$ 时的输入电压值 U_i 即可。

4．频率响应的测试

在测试时，为保证电路的安全，应在较低电压下进行，通常取输入信号为输入灵敏度的50%。在整个测试过程中，应保持 U_i 为恒定值，且输出波形不得失真，记入表16-5。

表 16-5　$U_i=$____mV

			f_L		f_o		f_H		
f（Hz）					1000				
U_o（V）									
A_V									

5．研究自举电路的作用

① 测量有自举电路，且 $P_o = P_{omax}$ 时的电压增益 $A_V = \dfrac{U_{om}}{U_i}$。

② 将 C_2 开路，R 短路（无自举），再测量 $P_o = P_{omax}$ 的 A_V。

用示波器观察①、②两种情况下的输出电压波形，并将以上两项测量结果进行比较，分析研究自举电路的作用。

6．噪声电压的测试

测量时将输入端短路（$u_i = 0$），观察输出噪声波形，并用交流毫伏表测量输出电压，即噪声电压 U_N，本电路若 $U_N < 15mV$，即满足要求。

7．试听

输入信号改为录音机输出，输出端接试听音箱及示波器。开机试听，并观察语言和音乐信号的输出波形。

五、实验总结

① 整理实验数据，计算静态工作点、最大不失真输出功率 P_{om}、效率 η 等，并与理论值进行比较。画频率响应曲线。

② 分析自举电路的作用。

③ 讨论实验中发生的问题及解决办法。

任务三 集成低频功率放大器

一、实验目的

① 了解功率放大集成块的应用。

② 学习集成功率放大器基本技术指标的测试。

二、实验原理

集成功率放大器由集成功放块和一些外部阻容元件构成。它具有线路简单、性能优越、工作可靠、调试方便等优点，已经成为在音频领域中应用十分广泛的功率放大器。

电路中最主要的组件为集成功放块，它的内部电路与一般分立元件功率放大器不同，通常包括前置级、推动级和功率级等部分。有些还具有一些特殊功能（消除噪声、短路保护等）的电路。其电压增益较高（不加负反馈时，电压增益达 70～80dB，加典型负反馈时电压增益在 40dB 以上）。

集成功放块的种类很多。本实验采用的集成功放块型号为 LA4112，它的内部电路如图 16-5 所示，由三级电压放大，一级功率放大以及偏置、恒流、反馈、退耦电路组成。

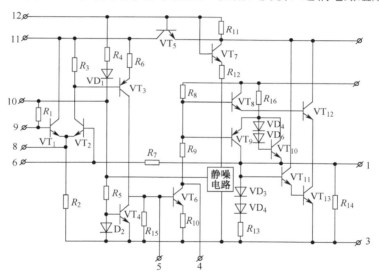

图 16-5 LA4112 内部电路图

1. 电压放大级

第一级选用由 VT_1 和 VT_2 管组成的差动放大器，这种直接耦合的放大器零漂较小，第二级的 VT_3 管完成直接耦合电路中的电平移动，VT_4 是 VT_3 管的恒流源负载，以获得较大的增益；第三级由 VT_6 管等组成，此级增益最高，为防止出现自激振荡，须在该管的 B、C 极之间外接消振电容。

2. 功率放大级

由 VT_8～VT_{13} 等组成复合互补推挽电路。为提高输出级增益和正向输出幅度，须外接"自举"电容。

3．偏置电路

其为建立各级合适的静态工作点而设立。

除上述主要部分外，为了使电路工作正常，还需要和外部元件一起构成反馈电路来稳定和控制增益。同时，还设有退耦电路来消除各级间的不良影响。

LA4112 集成功放块是一种塑料封装十四脚的双列直插器件。它的外形如图 16-6 所示。表 16-6、表 16-7 是它的极限参数和电参数。

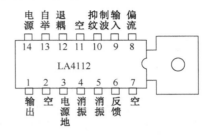

图 16-6　LA4112 外形及引脚排列图

与 LA4112 集成功放块技术指标相同的国内外产品还有 FD403、FY4112、D4112 等，可以互相替代使用。

表 16-6　极限参数

参　　　数	符号与单位	额　定　值
最大电源电压	U_{CCmax}（V）	13（有信号时）
允许功耗	P_o（W）	1.2
		2.25（50mm×50mm 铜箔散热片）
工作温度	T_{Opr}（℃）	−20～+70

表 16-7　电参数

参　　　数	符号与单位	测 试 条 件	典　型　值
工作电压	U_{CC}（V）		9
静态电流	I_{CCQ}（mA）	U_{CC}=9V	15
开环电压增益	A_{VO}（dB）		70
输出功率	P_o（W）	R_L=4Ω，f=1kHz	1.7
输入阻抗	R_i（kΩ）		20

集成功率放大器 LA4112 的应用电路如图 16-7 所示，该电路中各电容和电阻的作用简要说明如下：

C_1、C_9——输入、输出耦合电容，隔直作用。

C_2 和 R_f——反馈元件，决定电路的闭环增益。

C_3、C_4、C_8——滤波、退耦电容。

C_5、C_6、C_{10}——消振电容，消除寄生振荡。

C_7——自举电容，若无此电容，将出现输出波形半边被削波的现象。

三、实验设备与器件

① +9V 直流电源。

② 函数信号发生器。

③ 双踪示波器。

④ 交流毫伏表。

⑤ 直流电压表。

⑥ 电流毫安表。

⑦ 频率计。

⑧ 集成功放块 LA4112。

⑨ 8Ω扬声器、电阻器、电容器若干。

四、实验内容

按图 16-7 连接实验电路，输入端接函数信号发生器，输出端接扬声器。

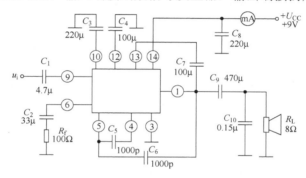

图 16-7　由 LA4112 构成的集成功放实验电路

1．静态测试

将输入信号旋钮旋至零，接通+9V 直流电源，测量静态总电流及集成块各引脚对地电压，记入自拟表格中。

2．动态测试

1）最大输出功率

（1）接入自举电容 C_7

输入端接 1kHz 正弦信号，输出端用示波器观察输出电压波形，逐渐加大输入信号幅度，使输出电压为最大不失真输出，用交流毫伏表测量此时的输出电压 U_{om}，则最大输出功率

$$P_{om} = \frac{U_{om}^2}{R_L}$$

（2）断开自举电容 C_7

观察输出电压波形变化情况。

2）输入灵敏度

要求 $U_i < 100\text{mV}$。

3）噪声电压

要求 $U_N < 2.5\text{mV}$。

五、实验总结

① 整理实验数据，并进行分析。

② 画频率响应曲线。

③ 讨论实验中发生的问题及解决办法。

任务四 串联型晶体管直流稳压电源

一、实验目的

① 研究单相桥式整流、电容滤波电路的特性。

② 掌握串联型晶体管稳压电源主要技术指标的测试方法。

二、实验原理

电子设备一般都需要直流电源供电。这些直流电除了少数直接利用干电池和直流发电机外，大多数采用把交流电（市电）转变为直流电的直流稳压电源。

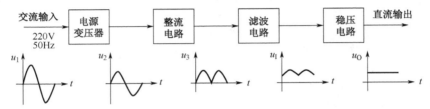

图 16-8　直流稳压电源框图

直流稳压电源由电源变压器、整流、滤波和稳压电路四部分组成，其原理框图如图 16-8 所示。电网供给的交流电压 u_1（220V，50Hz）经电源变压器降压后，得到符合电路需要的交流电压 u_2，然后由整流电路变换成方向不变、大小随时间变化的脉动电压 u_3，再用滤波器滤去其交流分量，就可得到比较平直的直流电压 u_I。但这样的直流输出电压，还会随交流电网电压的波动或负载的变动而变化。在对直流供电要求较高的场合，还需要使用稳压电路，以保证输出直流电压更加稳定。

图 16-9 是由分立元件组成的串联型稳压电源的电路图。其整流部分为单相桥式整流、电容滤波电路。稳压部分为串联型稳压电路，它由调整元件（晶体管 VT_1），比较放大器 VT_2、R_7，取样电路 R_1、R_2、R_W，基准电压 VD_W、R_3 和过流保护电路 VT_3 管及电阻 R_4、R_5、R_6 等组成。整个稳压电路是一个具有电压串联负反馈的闭环系统，其稳压过程如下。

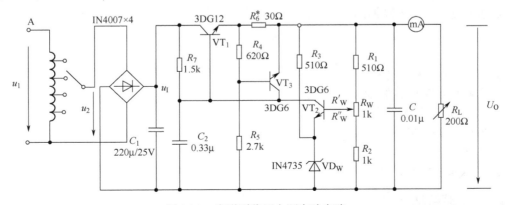

图 16-9　串联型稳压电源实验电路

当电网电压波动或负载变动引起输出直流电压发生变化时，取样电路取出输出电压的一部分送入比较放大器，并与基准电压进行比较，产生的误差信号经 VT_2 放大后送至调整管 VT_1 的基极，使调整管改变其管压降，以补偿输出电压的变化，从而达到稳定输出电压的目的。

由于在稳压电路中，调整管与负载串联，因此流过它的电流与负载电流一样大。当输出电流过大或发生短路时，调整管会因电流过大或电压过高而损坏，所以需要对调整管加以保护。在图 16-9 电路中，晶体管 VT_3、R_4、R_5、R_6 组成减流型保护电路。此电路设计在 $I_{oP}=1.2I_0$ 时开始起保护作用，此时输出电流减小，输出电压降低。故障排除后电路应能自动恢复正常工作。在调试时，若保护提前作用，应减少 R_6 值；若保护作用滞后，则应增大 R_6 值。

稳压电源的主要性能指标如下。

① 输出电压 U_o 和输出电压调节范围。

$$U_o = \frac{R_1 + R_W + R_2}{R_2 + R_W}(U_Z + U_{BE2})$$

调节 R_W 可以改变输出电压 U_o。

② 最大负载电流 I_{om}。

③ 输出电阻 R_o。

输出电阻 R_o 定义为：当输入电压 U_I（指稳压电路输入电压）保持不变，由于负载变化而引起的输出电压变化量与输出电流变化量之比，即

$$R_o = \frac{\Delta U_o}{\Delta I_o} \bigg|_{U_I=常数}$$

④ 稳压系数 S（电压调整率）。

稳压系数定义为：当负载保持不变，输出电压相对变化量与输入电压相对变化量之比，即

$$S = \frac{\Delta U_o / U_o}{\Delta U_I / U_I} \bigg|_{R_L=常数}$$

由于工程上常把电网电压波动±10%做为极限条件，因此也将此时输出电压的相对变化 $\Delta U_o/U_o$ 做为衡量指标，称为电压调整率。

⑤ 纹波电压。

输出纹波电压是指在额定负载条件下，输出电压中所含交流分量的有效值（或峰值）。

三、实验设备与器件

① 可调工频电源。

② 双踪示波器。

③ 交流毫伏表。

④ 直流电压表。

⑤ 直流毫安表。

⑥ 滑线变阻器 200Ω/1A

⑦ 晶体三极管 3DG6×2（9011×2），3DG12×1（9013×1），晶体二极管 IN4007×4，稳压管 IN4735×1，电阻器，电容器若干。

四、实验内容

1．整流滤波电路测试

按图 16-10 连接实验电路。取可调工频电源电压为 16V，作为整流电路输入电压 u_2。

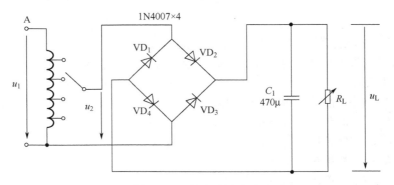

图 16-10　整流滤波电路

① 取 R_L=240Ω，不加滤波电容，测量直流输出电压 U_L 及纹波电压 $\tilde{U}_L$，并用示波器观察 u_2 和 u_L 波形，记入表 16-8。

② 取 R_L=240Ω，C=470μF，重复内容①的要求，记入表 16-8。

③ 取 R_L=120Ω，C=470μF，重复内容①的要求，记入表 16-8。

表 16-8　U_2=16V

电路形式		U_L（V）	$\tilde{U}_L$（V）	u_L 波形
R_L=240Ω	~ ▷ □			u_L 〜 t
R_L=240Ω C=470μF	~ ▷ ⊥ □			u_L 〜 t
R_L=120Ω C=470μF	~ ▷ ⊥ □			u_L 〜 t

注意：

● 每次改接电路时，必须切断工频电源。

● 在观察输出电压 u_L 波形的过程中，"Y 轴灵敏度"旋钮位置调好以后，不要再变动，否则将无法比较各波形的脉动情况。

2．串联型稳压电源性能测试

切断工频电源，在图 16-10 基础上按图 16-9 连接实验电路。

（1）初测

稳压器输出端负载开路，断开保护电路，接通 16V 工频电源，测量整流电路输入电压

U_2，滤波电路输出电压 U_I（稳压器输入电压）及输出电压 U_o。调节电位器 R_W，观察 U_o 的大小和变化情况，如果 U_o 能跟随 R_W 线性变化，这说明稳压电路各反馈环路工作基本正常。否则，说明稳压电路有故障，因为稳压器是一个深负反馈的闭环系统，只要环路中任一个环节出现故障（某管截止或饱和），稳压器就会失去自动调节作用。此时可分别检查基准电压 U_Z，输入电压 U_I，输出电压 U_o，以及比较放大器和调整管各电极的电位（主要是 U_{BE} 和 U_{CE}），分析它们的工作状态是否都处在线性区，从而找出不能正常工作的原因。排除故障以后就可以进行下一步测试了。

（2）测量输出电压可调范围

接入负载 R_L（滑线变阻器），并调节 R_L，使输出电流 $I_o \approx 100mA$。再调节电位器 R_W，测量输出电压可调范围 $U_{omin} \sim U_{omax}$。且使 R_W 动点在中间位置附近时 $U_o=12V$。若不满足要求，可适当调整 R_1、R_2 之值。

（3）测量各级静态工作点

调节输出电压 $U_o=12V$，输出电流 $I_o=100mA$，测量各级静态工作点，记入表 16-9。

表 16-9　$U_2=16V$，$U_o=12V$，$I_o=100mA$

	T_1	T_2	T_3
U_B（V）			
U_C（V）			
U_E（V）			

（4）测量稳压系数 S

取 $I_o=100mA$，按表 16-10 改变整流电路输入电压 U_2（模拟电网电压波动），分别测出相应的稳压器输入电压 U_I 及输出直流电压 U_o，记入表 16-10。

（5）测量输出电阻 R_o

取 $U_2=16V$，改变滑线变阻器位置，使 I_o 为空载、50mA 和 100mA，测量相应的 U_o 值，记入表 16-11。

表 16-10　$I_o=100mA$

测　试　值			计　算　值
U_2（V）	U_I（V）	U_o（V）	S
14			$S_{12}=$
16		12	$S_{23}=$
18			

表 16-11　$U_2=16V$

测　试　值		计　算　值
I_o（mA）	U_o（V）	R_o（Ω）
空载		$R_{o12}=$
50	12	$R_{o23}=$
100		

（6）测量输出纹波电压

取 $U_2=16V$，$U_o=12V$，$I_o=100mA$，测量输出纹波电压 U_o，并记录。

（7）调整过流保护电路

① 断开工频电源，接上保护回路，再接通工频电源，调节 R_W 及 R_L 使 U_o=12V，I_o=100mA，此时保护电路应不起作用。测出 T_3 管各极电位值。

② 逐渐减小 R_L，使 I_o 增加到 120mA，观察 U_o 是否下降，并测出保护起作用时 T_3 管各极的电位值。若保护作用过早或滞后，可改变 R_6 值进行调整。

③ 用导线瞬时短接一下输出端，测量 U_o 值，然后去掉导线，检查电路是否能自动恢复正常工作。

五、实验总结

① 对表 16-8 所测结果进行全面分析，总结桥式整流、电容滤波电路的特点。

② 根据表 16-10 和表 16-11 所测数据，计算稳压电路的稳压系数 S 和输出电阻 R_o，并进行分析。

③ 分析讨论实验中出现的故障及其排除方法。

任务五 集成稳压器

一、实验目的

① 研究集成稳压器的特点和性能指标的测试方法。

② 了解集成稳压器扩展性能的方法。

二、实验原理

随着半导体工艺的发展，稳压电路也制成了集成器件。由于集成稳压器具有体积小、外接线路简单、使用方便、工作可靠和通用性等优点，因此在各种电子设备中应用十分普遍，基本上取代了由分立元件构成的稳压电路。集成稳压器的种类很多，应根据设备对直流电源的要求来进行选择。对于大多数电子仪器、设备和电子电路来说，通常是选用串联线性集成稳压器。而在这种类型的器件中，又以三端式稳压器应用最为广泛。

W7800、W7900 系列三端式集成稳压器的输出电压是固定的，在使用中不能进行调整。W7800 系列三端式稳压器输出正极性电压，一般有 5V、6V、9V、12V、15V、18V、24V 七挡，输出电流最大可达 1.5A（加散热片）。同类型 78M 系列稳压器的输出电流为 0.5A，78L 系列稳压器的输出电流为 0.1A。若要求负极性输出电压，则可选用 W7900 系列稳压器。

图 16-11 为 W7800 系列的外形和接线图。

它有三个引出端：

输入端（不稳定电压输入端），标以"1"。

输出端（稳定电压输出端），标以"3"。

公共端，标以"2"。

除固定输出三端稳压器外，还有可调式三端稳压器，后者可通过外接元件对输出电压进行调整，以适应不同的需要。

本实验所用集成稳压器为三端固定正稳压器 W7812，它的主要参数有：输出直流电压 U_o=+12V，输出电流 L 为 0.1A，M 为 0.5A，电压调整率为 10mV/V，输出电阻 R_o=0.15Ω，输入电压 U_I 的范围 15～17V。因为一般 U_I 要比 U_o 大 3～5V，才能保证集成稳压器工作在线性区。

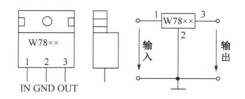

图 16-11　W7800 系列外形及接线图

　　图 16-12 是用三端式稳压器 W7812 构成的单电源电压输出串联型稳压电源的实验电路图。其中整流部分采用了由四个二极管组成的桥式整流器成品（又称桥堆），型号为 2W06（或 KBP306），内部接线和外部引脚引线如图 16-13 所示。滤波电容 C_1、C_2 一般选取几百至几千微法。当稳压器距离整流滤波电路比较远时，在输入端必须接入电容器 C_3（数值为 0.33μF），以抵消线路的电感效应，防止产生自激振荡。输出端电容 C_4（0.1μF）用以滤除输出端的高频信号，改善电路的暂态响应。

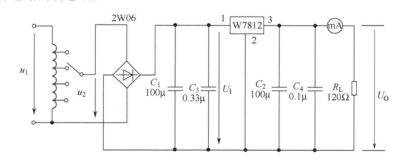

图 16-12　由 W7812 构成的串联型稳压电源

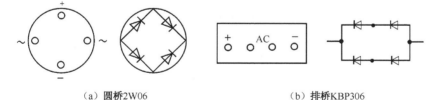

（a）圆桥2W06　　　　　　　（b）排桥KBP306

图 16-13　桥堆引脚图

　　图 16-14 为正、负双电压输出电路，例如需要 U_{o1}=+15V，U_{o2}=−15V，则可选用 W7815 和 W7915 三端稳压器，这时的 U_I 应为单电压输出时的两倍。

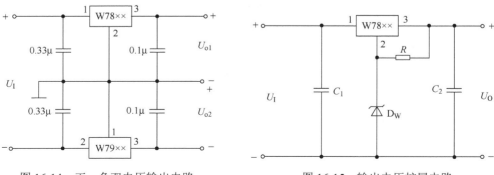

图 16-14　正、负双电压输出电路　　　　　　图 16-15　输出电压扩展电路

当集成稳压器本身的输出电压或输出电流不能满足要求时，可通过外接电路来进行性能扩展。图 16-15 是一种简单的输出电压扩展电路。如 W7812 稳压器的 3、2 端间输出电压为 12V，因此只要适当选择 R 的值，使稳压管 D_W 工作在稳压区，则输出电压 $U_O=12+U_z$，可以高于稳压器本身的输出电压。

图 16-16 是通过外接晶体管 VT 及电阻 R_1 来进行电流扩展的电路。电阻 R_1 的阻值由外接晶体管的发射结导通电压 U_{BE}、三端式稳压器的输入电流 I_i（近似等于三端稳压器的输出电流 I_{o1}）和 T 的基极电流 I_B 来决定，即

$$R_1 = \frac{U_{BE}}{I_R} = \frac{U_{BE}}{I_i - I_B} = \frac{U_{BE}}{I_{o1} - \dfrac{I_C}{\beta}}$$

式中，I_C 为晶体管 VT 的集电极电流，$I_C=I_O-I_{o1}$；β 为 VT 的电流放大系数；对于锗管 U_{BE} 可按 0.3V 估算，对于硅管 U_{BE} 按 0.7V 估算。

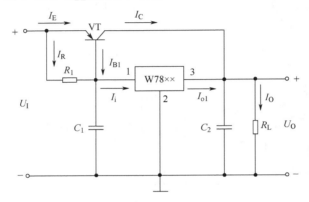

图 16-16　输出电流扩展电路

附：① 图 16-17 为 W7900 系列（输出负电压）外形及接线图。

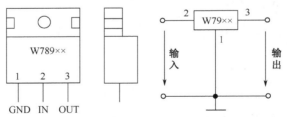

图 16-17　W7900 系列外形及接线图

② 图 16-18 为可调输出正三端稳压器 W317 外形及接线图。

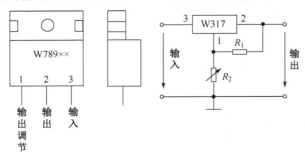

图 16-18　W317 外形及接线图

输出电压计算公式：$U_o \approx 1.25\left(1+\dfrac{R_2}{R_1}\right)$

最大输入电压：$U_{Im}=40V$

输出电压范围：$U_o=1.2\sim37$（V）

三、实验设备与器件

① 可调工频电源。

② 双踪示波器。

③ 交流毫伏表。

④ 直流电压表。

⑤ 直流毫安表。

⑥ 三端稳压器 W7812、W7815、W7915。

⑦ 桥堆 2W06（或 KBP306）、电阻器、电容器若干。

四、实验内容

1. 整流滤波电路测试

按图 16-19 连接实验电路，取可调工频电源 14V 电压作为整流电路输入电压 u_2。接通工频电源，测量输出端直流电压 U_L 及纹波电压 $\tilde{U}_L$，用示波器观察 u_2，u_L 的波形，把数据及波形记入自拟表格中。

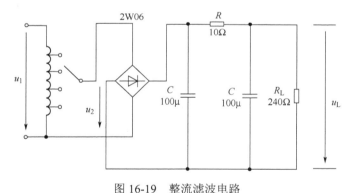

图 16-19　整流滤波电路

2. 集成稳压器性能测试

断开工频电源，按图 16-12 改接实验电路，取负载电阻 $R_L=120\Omega$。

（1）初测

接通工频 14V 电源，测量 U_2 值；测量滤波电路输出电压 U_o（稳压器输入电压），集成稳压器输出电压 U_o，它们的数值应与理论值大致符合，否则说明电路出了故障。设法查找故障并加以排除。

电路经初测进入正常工作状态后，才能进行各项指标的测试。

（2）各项性能指标测试

① 输出电压 U_o 和最大输出电流 I_{Omix} 的测量。

在输出端接负载电阻 $R_L=120\Omega$，由于 W7812 输出电压 $U_o=12V$，因此流过 R_L 的电流 $I_{Omix}=\dfrac{12}{120}=100mA$。这时 U_o 应基本保持不变，若变化较大则说明集成块性能不良。

② 稳压系数 S 的测量。

③ 输出电阻 R_0 的测量。

④ 输出纹波电压的测量。

五、实验总结

① 整理实验数据，计算 S 和 R_0，并与手册上的典型值进行比较。

② 分析讨论实验中发生的现象和问题。

任务六　晶闸管可控整流电路

一、实验目的

① 学习单结晶体管和晶闸管的简易测试方法。

② 熟悉单结晶体管触发电路（阻容移相桥触发电路）的工作原理及调试方法。

③ 熟悉用单结晶体管触发电路控制晶闸管调压电路的方法。

二、实验原理

可控整流电路的作用是把交流电变换为电压值可以调节的直流电。图 16-20 所示为单相半控桥式整流实验电路。主电路由负载 R_L（灯炮）和晶闸管 VT_1 组成，触发电路为单结晶体管 VT_2 及一些阻容元件构成的阻容移相桥触发电路。改变晶闸管 VT_1 的导通角，便可调节主电路的可控输出整流电压（或电流）的数值，这点可由灯炮负载的亮度变化看出。晶闸管导通角的大小决定于触发脉冲的频率 f，由公式

$$f = \frac{1}{RC}\ln\left(\frac{1}{1-\eta}\right)$$

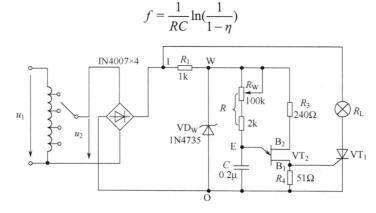

图 16-20　单相半控桥式整流实验电路

可知，当单结晶体管的分压比 η（一般在 0.5～0.8 之间）及电容 C 值固定时，则频率 f 大小由 R 决定，因此，通过调节电位器 R_w，使可以改变触发脉冲频率，主电路的输出电压也随之改变，从而达到可控调压的目的。

用万用表的电阻挡（或用数字万用表二极管挡）可以对单结晶体管和晶闸管进行简易测试。

图 16-21 为单结晶体管 BT33 引脚排列、结构图及电路符号。好的单结晶体管 PN 结正向电阻 R_{EB1}、R_{EB2} 均较小，且 R_{EB1} 稍大于 R_{EB2}，PN 结的反向电阻 R_{B1E}、R_{B2E} 均应很大，根据所测阻值，即可判断出各引脚及管子的质量优劣。

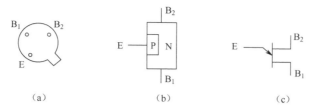

图 16-21　单结晶体管 BT33 引脚排列、结构图及电路符号

图 16-22 为晶闸管 3CT3A 引脚排列、结构图及电路符号。晶闸管阳极（A）-阴极（K）及阳极（A）-门极（G）之间的正、反向电阻 R_{AK}、R_{KA}、R_{AG}、R_{GA} 均应很大，而 G-K 之间为一个 PN 结，PN 结正向电阻应较小，反向电阻应很大。

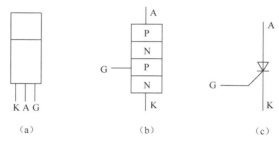

图 16-22　晶闸管引脚排列、结构图及电路符号

三、实验设备及器件

① ±5V、±12V 直流电源。
② 可调工频电源。
③ 万用表
④ 双踪示波器。
⑤ 交流毫伏表。
⑥ 直流电压表。
⑦ 晶闸管 3CT3A、单结晶体管 BT33、二极管 IN4007×4、稳压管 IN4735、灯炮 12V/0.1A。

四、实验内容

1．单结晶体管的简易测试

用万用电表 $R\times10\Omega$ 挡分别测量 EB_1、EB_2 间正、反向电阻，记入表 16-12。

表 16-12　单结晶体管极间电阻

R_{EB1}（Ω）	R_{EB2}（Ω）	R_{B1E}（kΩ）	R_{B2E}（kΩ）	结　　论

2．晶闸管的简易测试

用万用表 $R\times1k$ 挡分别测量 A-K、A-G 间正、反向电阻，用 $R\times10\Omega$ 挡测量 G-K 间正、反向电阻，记入表 16-13。

表 16-13　晶闸管极间电阻

R_{AK}（kΩ）	R_{KA}（kΩ）	R_{AG}（kΩ）	R_{GA}（kΩ）	R_{GK}（kΩ）	R_{KG}（kΩ）	结　　论

3. 晶闸管导通，关断条件测试

断开±12V、±5V 直流电源，按图 16-23 连接实验电路。

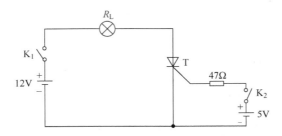

图 16-23　晶闸管导通、关断条件测试

① 晶闸管阳极加 12V 正向电压，门极开路加 5V 正向电压，观察管子是否导通（导通时灯炮亮，关断时灯炮熄灭），管子导通后，去掉+5V 门极电压、反接门极电压（接-5V），观察管子是否继续导通。

② 晶闸管导通后，去掉+12V 阳极电压，反接阳极电压（接-12V），观察管子是否关断，并记录。

4. 晶闸管可控整流电路

按图 16-20 连接实验电路。取可调工频电源 14V 电压作为整流电路输入电压 u_2，电位器 R_W 置中间位置。

（1）单结晶体管触发电路

① 断开主电路（把灯炮取下），接通工频电源，测量 U_2 值。用示波器依次观察并记录交流电压 u_2、整流输出电压 u_I（I-0）、削波电压 u_W（W-0）、锯齿波电压 u_E（E-0）、触发输出电压 u_{B1}（B_1-0）。记录波形时，注意各波形间对应关系，并标出电压幅度及时间。

② 改变移相电位器 R_W 阻值，观察 u_E 及 u_{B1} 波形的变化及 u_{B1} 的移相范围，记入表 16-14。

表 16-14　测量电压值

u_2	u_I	u_W	u_E	u_{B1}	移 相 范 围

（2）可控整流电路

断开工频电源，接入负载灯泡 R_L，再接通工频电源，调节电位器 R_W，使电灯由暗到中等亮，再到最亮，用示波器观察晶闸管两端电压 u_{T1}、负载两端电压 u_L，并测量负载直流电压 U_L 及工频电源电压 U_2 有效值，记入表 16-15。

表 16-15　测量电压有效值

	暗	较 亮	最 亮
u_L 波形			
u_T 波形			
导通角 θ			
U_L（V）			
U_2（V）			

五、实验总结

① 总结晶闸管导通、关断的基本条件。

② 画出实验中记录的波形（注意各波形间对应关系），并进行讨论。

③ 将实验数据 U_L 与理论计算数据 $U_L = 0.9U_2 \dfrac{1+\cos\alpha}{2}$ 进行比较，并分析产生误差原因。

④ 分析实验中出现的异常现象。

任务七　晶体管共射极单管放大器

一、实验目的

① 学会放大器静态工作点的调试方法，分析静态工作点对放大器性能的影响。

② 掌握放大器电压放大倍数、输入电阻、输出电阻及最大不失真输出电压的测试方法。

③ 熟悉常用电子仪器及模拟电路实验设备的使用。

二、实验原理

图 16-24 为电阻分压式工作点稳定单管放大器实验电路图。它的偏置电路采用 R_{B1} 和 R_{B2} 组成的分压电路，并在发射极中接有电阻 R_E，以稳定放大器的静态工作点。当在放大器的输入端加入输入信号 u_i 后，在放大器的输出端便可得到一个与 u_i 相位相反，幅值被放大了的输出信号 u_0，从而实现了电压放大。

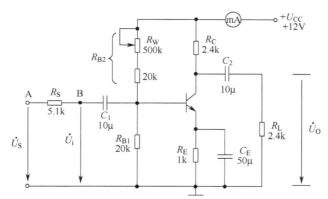

图 16-24　共射极单管放大器实验电路

在图 16-24 电路中，当流过偏置电阻 R_{B1} 和 R_{B2} 的电流远大于晶体管 VT 的基极电流 I_B 时（一般为 5～10 倍），则它的静态工作点可用下式估算：

$$U_B \approx \frac{R_{B1}}{R_{B1}+R_{B2}}U_{CC}$$

$$I_E \approx \frac{U_B-U_{BE}}{R_E} \approx I_C$$

$$U_{CE}=U_{CC}-I_C(R_C+R_E)$$

电压放大倍数

$$A_V = -\beta\frac{R_C \text{ // } R_L}{r_{be}}$$

输入电阻

$$R_i = R_{B1} /\!/ R_{B2} /\!/ r_{be}$$

输出电阻

$$R_o \approx R_C$$

由于电子器件性能的分散性比较大，因此在设计和制作晶体管放大电路时，离不开测量和调试技术。在设计前应测量所用元器件的参数，为电路设计提供必要的依据，在完成设计和装配以后，还必须测量和调试放大器的静态工作点和各项性能指标。一个优质放大器，必定是理论设计与实验调整相结合的产物。因此，除了学习放大器的理论知识和设计方法外，还必须掌握必要的测量和调试技术。

放大器的测量和调试一般包括：放大器静态工作点的测量与调试，消除干扰与自激振荡及放大器各项动态参数的测量与调试等。

1. 放大器静态工作点的测量与调试

（1）静态工作点的测量

测量放大器的静态工作点，应在输入信号 $u_i=0$ 的情况下进行，即将放大器输入端与地端短接，然后选用量程合适的直流毫安表和直流电压表，分别测量晶体管的集电极电流 I_C 以及各电极对地的电位 U_B、U_C 和 U_E。一般实验中，为了避免断开集电极，所以采用测量电压 U_E 或 U_C，然后算出 I_C 的方法，例如，只要测出 U_E，即可用

$$I_C \approx I_E = \frac{U_E}{R_E}$$

算出 I_C（也可根据 $I_C = \dfrac{U_{CC} - U_C}{R_C}$，由 U_C 确定 I_C），同时也能算出 $U_{BE}=U_B-U_E$，$U_{CE}=U_C-U_E$。

为了减小误差，提高测量精度，应选用内阻较高的直流电压表。

（2）静态工作点的调试

放大器静态工作点的调试是指对管子集电极电流 I_C（或 U_{CE}）的调整与测试。

静态工作点是否合适，对放大器的性能和输出波形都有很大影响。如工作点偏高，放大器在加入交流信号以后易产生饱和失真，此时 u_o 的负半周将被削底，如图 16-25（a）所示；如工作点偏低则易产生截止失真，即 u_o 的正半周被缩顶（一般截止失真不如饱和失真明显），如图 16-25（b）所示。这些情况都不符合不失真放大的要求。所以在选定工作点以后还必须进行动态调试，即在放大器的输入端加入一定的输入电压 u_i，检查输出电压 u_o 的大小和波形是否满足要求。如不满足，则应调节静态工作点的位置。

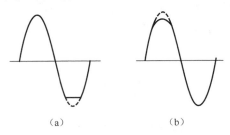

（a）　　　　　　　（b）

图 16-25　静态工作点对 u_o 波形失真的影响

改变电路参数 U_{CC}、R_C、R_B（R_{B1}、R_{B2}）都会引起静态工作点的变化，如图 16-26 所示。但通常多采用调节偏置电阻 R_{B2} 的方法来改变静态工作点，如减小 R_{B2}，则可使静态工作点提

高等。

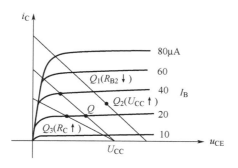

图 16-26　电路参数对静态工作点的影响

最后还要说明的是，上面所说的工作点"偏高"或"偏低"不是绝对的，应该是相对信号的幅度而言，如输入信号幅度很小，即使工作点较高或较低也不一定会出现失真。所以确切地说，产生波形失真是信号幅度与静态工作点设置配合不当所致。如须满足较大信号幅度的要求，静态工作点最好尽量靠近交流负载线的中点。

2．放大器动态指标测试

放大器动态指标包括电压放大倍数、输入电阻、输出电阻、最大不失真输出电压（动态范围）和通频带等。

（1）电压放大倍数 A_V 的测量

调整放大器到合适的静态工作点，然后加入输入电压 u_i，在输出电压 u_o 失真的情况下，用交流毫伏表测出 u_i 和 u_o 的有效值 U_i 和 U_o，则

$$A_V = \frac{U_o}{U_i}$$

（2）输入电阻 R_i 的测量

为了测量放大器的输入电阻，按图 16-27 电路在被测放大器的输入端与信号源之间串入一已知电阻 R，在放大器正常工作的情况下，用交流毫伏表测出 U_S 和 U_i，则根据输入电阻的定义可得

$$R_i = \frac{U_i}{I_i} = \frac{U_i}{\dfrac{U_R}{R}} = \frac{U_i}{U_S - U_i} R$$

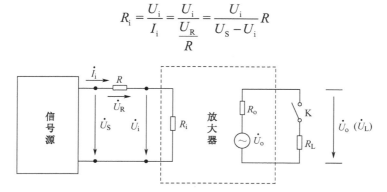

图 16-27　输入、输出电阻测量电路

测量时应注意下列几点。

① 由于电阻 R 两端没有电路公共接地点，所以测量 R 两端电压 U_R 时必须分别测出 U_S 和 U_i，然后按 $U_R = U_S - U_i$ 求出 U_R 值。

② 电阻 R 的值不宜取得过大或过小，以免产生较大的测量误差，通常取 R 与 R_i 为同一数量级为好，本实验可取 $R=1\sim2k\Omega$。

（3）输出电阻 R_o 的测量

在放大器正常工作条件下，测出输出端不接负载 R_L 的输出电压 U_o 和接入负载后的输出电压 U_L，根据

$$U_L = \frac{R_L}{R_o + R_L}U_o$$

即可求出

$$R_o = (\frac{U_o}{U_L}-1)R_L$$

在测试中应注意，必须保持 R_L 接入前后输入信号的大小不变。

（4）最大不失真输出电压 U_{OPP} 的测量（最大动态范围）

如上所述，为了得到最大动态范围，应将静态工作点调在交流负载线的中点。为此在放大器正常工作情况下，逐步增大输入信号的幅度，并同时调节 R_W（改变静态工作点），用示波器观察 u_o，当输出波形同时出现削底和缩顶现象（图 16-28）时，说明静态工作点已调在交流负载线的中点。然后反复调整输入信号，使波形输出幅度最大，且无明显失真时，用交流毫伏表测出 U_o（有效值），则动态范围等于 $2\sqrt{2}U$，或用示波器直接读出 U_{OPP} 来。

（5）放大器幅频特性的测量

放大器的幅频特性是指放大器的电压放大倍数 A_U 与输入信号频率 f 之间的关系曲线。单管阻容耦合放大电路的幅频特性曲线如图 16-29 所示，A_{um} 为中频电压放大倍数，通常规定电压放大倍数随频率变化下降到中频放大倍数的 $1/\sqrt{2}$ 倍，即 $0.707A_{um}$ 所对应的频率分别称为下限频率 f_L 和上限频率 f_H，则通频带 $f_{BW}=f_H-f_L$。

放大器的幅率特性就是测量不同频率信号时的电压放大倍数 A_U。为此，可采用前述测 A_U 的方法，每改变一个信号频率，测量其相应的电压放大倍数，测量时应注意取点要恰当，在低频段与高频段应多测几点，在中频段可以少测几点。此外，在改变频率时，要保持输入信号的幅度不变，且输出波形不得失真。

（6）干扰和自激振荡的消除

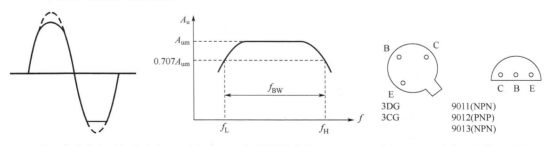

图 16-28　输入信号太大引起的失真　　图 16-29　幅频特性曲线　　图 16-30　晶体三极管引脚排列

三、实验设备与器件

① +12V 直流电源。
② 函数信号发生器。
③ 双踪示波器。

④ 交流毫伏表。

⑤ 直流电压表。

⑥ 直流毫安表。

⑦ 频率计。

⑧ 万用表

⑨ 晶体三极管 3DG6×1（β=50～100）或 9011×1（引脚排列如图 16-30 所示），电阻器、电容器若干。

四、实验内容

实验电路如图 16-24 所示，为防止干扰，各仪器的公共端必须连在一起，同时信号源、交流毫伏表和示波器的引线应采用专用电缆线或屏蔽线，如使用屏蔽线，则屏蔽线的外包金属网应接在公共接地端上。

1．调试静态工作点

接通直流电源前，先将 R_W 调至最大，函数信号发生器输出旋钮旋至零。接通+12V 电源、调节 R_W，使 I_C=2.0mA（即 U_E=2.0V），用直流电压表测量 U_B、U_E、U_C 及用万用表测量 R_{B2} 值，记入表 16-16。

表 16-16　I_C=2mA

测 量 值				计 算 值		
U_B（V）	U_E（V）	U_C（V）	R_{B2}（kΩ）	U_{BE}（V）	U_{CE}（V）	I_C（mA）

2．测量电压放大倍数

在放大器输入端加入频率为 1kHz 的正弦信号 u_S，调节函数信号发生器的输出旋钮使放大器输入电压 U_i≈10mV，同时用示波器观察放大器输出电压 u_o 波形，在波形不失真的条件下用交流毫伏表测量下述三种情况下的 U_o 值，并用双踪示波器观察 u_o 和 u_i 的相位关系，记入表 16-17。

表 16-17　I_C=2.0mA，U_i=_____ mV

R_C（kΩ）	R_L（kΩ）	U_o（V）	A_V	观察记录一组 u_o 和 u_i 波形
2.4	∞			u_i　　　　　　　u_o
1.2	∞			
2.4	2.4			t　　　　　　　t

3．观察静态工作点对电压放大倍数的影响

置 R_C=2.4kΩ，R_L=∞，U_i 适量，调节 R_W，用示波器监视输出电压波形，在 u_o 不失真的条件下，测量数组 I_C 和 U_o 值，记入表 16-18。

测量 I_C 时，要先将信号源输出旋钮旋至零（即使 U_i=0）。

表 16-18　R_C=2.4kΩ，R_L=∞，U_I=____mV

I_C（mA）			2.0	
U_o（V）				
A_V				

4．观察静态工作点对输出波形失真的影响

置 R_C=2.4kΩ，R_L=2.4kΩ，u_i=0，调节 R_W 使 I_C=2.0mA，测出 U_{CE} 值，再逐步加大输入信号，使输出电压 u_o 足够大但不失真。然后保持输入信号不变，分别增大和减小 R_W，使波形出现失真，绘出 u_o 的波形，并测出失真情况下的 I_C 和 U_{CE} 值，记入表 16-19 中。每次测 I_C 和 U_{CE} 值时都要将信号源的输出旋钮旋至零。

表 16-19　R_C=2.4kΩ，R_L=∞，U_I=____mV

I_C（mA）	U_{CE}（V）	u_o 波形	失 真 情 况	管子工作状态
2.0				

5．测量最大不失真输出电压

置 R_C=2.4kΩ，R_L=2.4kΩ，按照实验原理中所述方法，同时调节输入信号的幅度和电位器 R_W，用示波器和交流毫伏表测量 U_{OPP} 及 U_o 值，记入表 16-20。

表 16-20　R_C=2.4kΩ，R_L=2.4kΩ

I_C（mA）	U_{Im}（mV）	U_{om}（V）	U_{OPP}（V）

6．测量输入电阻和输出电阻

置 R_C=2.4kΩ，R_L=2.4kΩ，I_C=2.0mA。输入 f=1kHz 的正弦信号，在输出电压 u_o 不失真的情况下，用交流毫伏表测出 U_S，U_i 和 U_L 记入表 16-21。

保持 U_S 不变，断开 R_L，测量输出电压 U_o，记入表 16-21。

表 16-21　I_C=2mA，R_C=2.4kΩ，R_L=2.4kΩ

U_S（mV）	U_i（mV）	R_i（kΩ）		U_o（V）	R_o（kΩ）	
		测量值	计算值		测量值	计算值

7．测量幅频特性曲线

取 $I_C=2.0\text{mA}$，$R_C=2.4\text{k}\Omega$，$R_L=2.4\text{k}\Omega$。保持输入信号 u_i 的幅度不变，改变信号源频率 f，逐点测出相应的输出电压 U_o，记入表 16-22。

表 16-22　U_i=＿＿mV

	f_l	f_o	f_n	
f（kHz）				
U_o（V）				
$A_V=U_o/U_i$				

为了使信号源频率 f 取值合适，可先粗测一下，找出中频范围，然后再仔细读数。

说明：本实验内容较多，其中 6、7 可作为选做内容。

五、实验总结

① 列表整理测量结果，并把实测的静态工作点、电压放大倍数、输入电阻、输出电阻之值与理论计算值比较（取一组数据进行比较），分析产生误差原因。

② 总结 R_C，R_L 及静态工作点对放大器电压放大倍数、输入电阻、输出电阻的影响。

③ 讨论静态工作点变化对放大器输出波形的影响。

④ 分析讨论在调试过程中出现的问题。

任务八　波形发生器

一、实验目的

① 学习用集成运算放大器构成正弦波、方波和三角波发生器。

② 学习波形发生器的调整和主要性能指标的测试方法。

二、实验原理

由集成运放构成正弦波、方波和三角波发生器有多种形式，本实验选用最常用的、线路比较简单的几种电路加以分析。

图 16-31 为 RC 桥式正弦波振荡器。其中 RC 串、并联电路构成正反馈支路，同时兼做选频网络，R_1、R_2、R_W 及二极管等元件构成负反馈和稳幅环节。调节 R_W 可以改变负反馈深度，以满足振荡的振幅条件和改善波形。

电路的振荡频率 $f_o = \dfrac{1}{2\pi RC}$

起振的幅值条件 $\dfrac{R_F}{R_1} > 2$

式中 $R_F = R_W + R_2 + (R_3 /\!/ r_D)$，$r_D$ 为二极管正向导同电阻。

调整反馈电阻 R_F（R_W），使电路起振，且波形失真最小。如不能起振，则说明负反馈太强，应适当加大 R_F。如波形失真严重，则应适当减小 R_F。

改变选频网络的参数 C 或 R，即可调节振荡频率。一般采用改变电容 C 作为频率量程切换，而调节 R 作为量程内的频率细调。

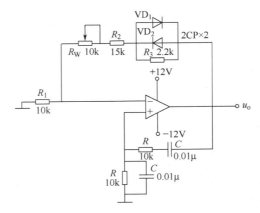

图 16-31　RC 桥式正弦波振荡器

1．方波发生器

由集成运放构成的方波发生器和三角波发生器，一般均包括比较器和 RC 积分器两大部分。图 16-32 所示为由滞回比较器及简单 RC 积分电路组成的三角波发生器。它的特点是线路简单，但三角波的线性度较差。主要用于产生方波或三角波要求不高的场合。

该电路的振荡频率　$f_o = \dfrac{1}{2R_f C_f \ln(1 + \dfrac{2R_2}{R_1})}$

式中 $R_1 = R_1' + R_w'$，$R_2 = R_2' + R_w$

方波的输出幅值　　$U_{om} = \pm U_Z$

三角波的幅值　　　$U_{cm} = \dfrac{R_2}{R_1 + R_2} U_Z$

调节电位器 R_W（即改变 R_2/R_1），可以改变振荡频率，但三角波的幅值也随之变化。如要互不影响，则可通过改变 R_f（或 C_f）来实现振荡频率的调节。

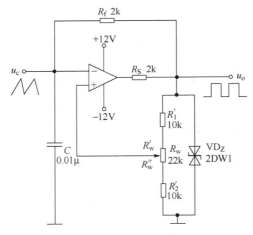

图 16-32　方波发生器

2．三角波和方波发生器

如把滞回比较器和积分器首尾相接形成正反馈闭环系统，如图 16-33 所示，则比较器输出的方波经积分器积分可得到三角波，三角波又触发比较器自动翻转形成方波，这样即可构成三角波、方波发生器。由于采用运放组成的积分电路,因此可实现恒流充电,使三角波线性大大改善。

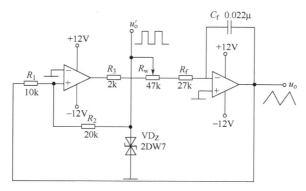

图 16-33　三角波、方波发生器

电路的振荡频率
$$f_0 = \frac{R_2}{4R_1(R_f + R_w)C_f}$$

方波的幅值
$$U'_{om} = \pm U_Z$$

三角波的幅值
$$U_{om} = \frac{R_1}{R_2}U_Z$$

调节 R_w 可以改变振荡频率,改变比值 $\dfrac{R_1}{R_2}$ 可调节三角波的幅值。

三、实验设备与器件

① ±12V 直流电源。
② 双踪示波器。
③ 交流毫伏表。
④ 频率计。
⑤ μA741×2、2DW7×1、2CP×2。
⑥ 电阻器、电容器若干。

四、实验内容

1. RC 桥式正弦波振荡器

按图 16-31 连接实验电路,输出端接示波器。

① 接通±12V 电源,调节电位器 R_w,使输出波形从无到有,从正弦波到出现失真。描绘 u_o 的波形,记下临界起振、正弦波输出及失真情况下 R_w 值,分析负反馈强弱对起振条件及输出波形的影响。

② 调节电位器 R_w,使输出电压 u_o 幅值最大且不失真,用交流毫伏表分别测量输出电压 U_o,反馈电压 U_+ 和 U_-,分析研究振荡的幅值条件。

③ 用示波器或频率计测量振荡频率 f_0,然后在选频网络的两个电阻 R 上并联同一阻值电阻,观察记录振荡频率的变化情况,并与理论值进行比较。

④ 断开二极管 D_1、D_2,重复②的内容,将测试结果与②进行比较,分析 D_1、D_2 的稳幅作用。

2．方波发生器

按图 16-32 连接实验电路。

① 将电位器 R_w 调至中心位置，用双踪示波器观察并描绘方波 u_o 及三角波 u_c 的波形（注意对应关系），测量其幅值及频率，并记录。

② 改变 R_w 动点的位置，观察 u_o、u_c 幅值及频率变化情况。把动点调至最上端和最下端，测量频率范围，并记录。

③ 将 R_w 恢复至中心位置，将一只稳压管短接，观察 u_o 波形，分析 VD_z 的限幅作用。

3．三角波和方波发生器

按图 16-33 连接实验电路。

① 将电位器 R_w 调至合适位置，用双踪示波器观察并描绘三角波输出 u_o 的波形及方波输出 u_o'，测其幅值、频率及 R_w 值，并记录。

② 改变 R_w 的位置，观察对 u_o、u_o' 幅值及频率的影响。

③ 改变 R_1（或 R_2），观察对 u_o、u_o' 幅值及频率的影响。

五、实验报告

1．正弦波发生器

① 列表整理实验数据，画出波形，把实测频率与理论值进行比较。

② 根据实验分析 RC 振荡器的幅值条件。

③ 讨论二极管 VD_1、VD_2 的稳幅作用。

2．方波发生器

① 列表整理实验数据，在同一坐标纸上，按比例画出方波和三角波的波形图（标出时间和电压幅值）。

② 分析 R_w 变化时，对 u_o 波形的幅值及频率的影响。

③ 讨论 VD_z 的限幅作用。

3．三角波和方波发生器

① 整理实验数据，把实测频率与理论值进行比较。

② 在同一坐标纸上，按比例画出三角波及方波的波形，并标明时间和电压幅值。

③ 分析电路参数变化（R_1、R_2 和 R_w）对输出波形频率及幅值的影响。

参 考 文 献

[1] 毛端海．常用电子仪器维修．北京：机械工业出版社，2009．
[2] 李明生．常用电子测量仪器．北京：高等教育出版社，2007．
[3] 马全喜．电子元器件与电子实习．北京：机械工业出版社，2008．
[4] 蔡杏山．零起步轻松学电子测量仪器．北京：人民邮电出版社，2010．
[5] 吴昕．电子测量与智能仪器．北京：化学工业出版社，2014．
[6] 邱勇进．电子仪器仪表的使用与速修技巧．北京：机械工业出版社，2009．
[7] 陈小瑜．电子技能与训练．北京：人民邮电出版社，2008．
[8] 王成安．电子测量与常用仪器的使用．北京：人民邮电出版社，2010．
[9] 韩雪涛．常用仪器仪表使用与维护．北京：电子工业出版社，2010．

反侵权盗版声明

电子工业出版社依法对本作品享有专有出版权。任何未经权利人书面许可，复制、销售或通过信息网络传播本作品的行为；歪曲、篡改、剽窃本作品的行为，均违反《中华人民共和国著作权法》，其行为人应承担相应的民事责任和行政责任，构成犯罪的，将被依法追究刑事责任。

为了维护市场秩序，保护权利人的合法权益，我社将依法查处和打击侵权盗版的单位和个人。欢迎社会各界人士积极举报侵权盗版行为，本社将奖励举报有功人员，并保证举报人的信息不被泄露。

举报电话：（010）88254396；（010）88258888

传　　真：（010）88254397

E-mail：　dbqq@phei.com.cn

通信地址：北京市万寿路 173 信箱

　　　　　电子工业出版社总编办公室

邮　　编：100036